华夏英才基金学术文库

π 逆半群的子半群格

田振际 著

科学出版社
北京

内 容 简 介

本书在给出半群和格的基础知识和基本理论后,有选择地介绍了 π 逆半群(包括逆半群)的 π 逆子半群格方面的若干最新研究成果. 全书共分七章. 第一章介绍了格、半群、拟周期半群和逆半群的基础知识和基本理论;第二章首先介绍了 π 逆半群的基本性质,然后利用这些性质研究了具有某些类型 π 逆子半群格的 π 逆半群的特性及结构;第三章介绍了具有某些类型全逆子半群格的逆半群;第四章讨论了具有各种类型全子半群格和凸逆子半群格的逆半群;第五章讨论了具有某些类型全 π 逆子半群格的 π 逆半群;第六章讨论了 π 逆半群和逆半群上的若干有限性条件;第七章介绍了逆半群的格同构. 书中近一半的内容是作者的研究成果.

本书可作为数学专业代数方向的研究生教材,也可供相关专业教师阅读参考.

图书在版编目（CIP）数据

π 逆半群的子半群格/田振际著. —北京：科学出版社,2007
（华夏英才基金学术文库）
ISBN 978-7-03-018485-6

Ⅰ. π… Ⅱ. 田… Ⅲ. ①半群②格 Ⅳ. O152.7 O153.1

中国版本图书馆 CIP 数据核字（2007）第 012463 号

责任编辑：鄢德平 赵彦超／责任校对：刘亚琦
责任印制：张 伟／封面设计：王 浩

科 学 出 版 社 出版
北京东黄城根北街 16 号
邮政编码：100717
http://www.sciencep.com

北京东华虎彩印刷有限公司 印刷
科学出版社发行 各地新华书店经销

*

2007 年 2 月第 一 版 开本：B5（720×1000）
2018 年 5 月第二次印刷 印张：10 1/4
字数：191 000

定价：69.00 元
（如有印装质量问题，我社负责调换）

序

任何代数系统的研究，都可以以它的某个外部环境(诸如其子系统格)的研究作为途径而得以实现. 因此, 半群的子半群格的研究是半群研究的重要途径和方法之一.

子半群格的研究, 自 20 世纪 60 年代开始至今, 已获蓬勃发展. 田振际博士一直从事 π 逆半群及其子半群格的研究, 在该领域获得了一系列在国内外处于领先水平的研究成果. 本书是作者以及其他国内外学者在 π 逆半群(包括逆半群)的某些特殊子半群格方面的一系列研究成果的汇总和整体阐释. 书中在给出 π 逆半群、逆半群和格的基本概念之后, 有选择地介绍了这一研究领域的若干最新研究成果.

无论对于半群方向研究生的培养, 还是对于具有半群理论基础而有志于从事半群研究的读者而言, 该书的出版是非常必要、非常适时和非常有意义的. 当前同类著作只有俄罗斯的半群专家 Shevrin 于 1990 年出版的俄文专著"Полугруппы и их подполугрупповые решетки"(该书经过修改后于 1996 年用英文再次出版, 即"Semigroups and Their Subsemigroups Lattices"), 国内同类出版物尚属空白. 相信本书的出版必然会对正则和某些广义正则半群的研究起到促进作用.

郭聿琦
2006 年 7 月于西南大学

前 言

任何代数系统都和它的子系统格相对应,子系统格是对应于代数系统本身的最重要的导出对象之一. 关于一个代数系统和它的某些类型的子系统格之间各种关系的研究是非常久远而广阔的研究领域. 20 世纪 30 年代,相应的研究首先在群论中展开. 几乎就在同时,人们又开始了域上的向量空间的子空间格的研究. 目前该研究领域已经得到充分发展,并已经推广到了模与其子模格的研究以及环、代数、李代数的子系统格的研究. 20 世纪 70 年代,类似的问题在格论中也已开始研究.

半群与其子半群格关系的研究真正始于 20 世纪 60 年代. 1961 年,在 Ляпин 出版的专著 "Полугруппы" 一书中,就有两节内容是介绍子半群格的最早期的研究成果,而 Petrich 于 1977 年出版的 "Lectures in Semigroups" 一书中,有一章内容是关于子半群格的研究成果. 20 世纪 60 年代以来,在信息科学和理论计算机科学的推动下,半群理论已经成为代数学和应用代数学中的一个十分活跃的数学分支. 目前,半群理论又从非线性动力系统复杂性理论和拓扑动力学中得到了新的推动. 在半群代数理论的这种强烈背景下,半群与子半群格的研究已有了蓬勃发展,可以说,这一研究领域在半群理论中一枝独秀. 1990 年,世界著名的俄罗斯半群专家 Shevrin 出版的该领域迄今唯一的专著 "Полугруппы и их подполугрупповые решетки" 表明半群与子半群格的一般理论研究的日趋成熟(该书修改后于 1996 年用英文以书名 "Semigroups and Their Subsemigroups Lattices" 再次出版), 这本书系统详实地介绍了半群与子半群格这一研究领域中的一般理论和基本成果. 尽管如此,由于半群与子半群格理论的迅速发展,因而有必要介绍近年来的这一领域的新成果.

作者自 1989 年以来师从著名半群专家郭聿琦教授,一直从事 π 逆半群及其特殊子半群格方面的研究,并在该领域取得了一系列有意义和在国内外有一定影响的重要成果. 因此,将作者本人和国内外学者在 π 逆半群(包括逆半群)的某些特殊子半群格方面的一系列研究成果进行汇总和综合是非常必要和及时的. 本书正是作者基于这一想法和理念而写.

本书在给出半群和格的基础知识和基本理论后,有选择地介绍了这一研究领域的若干最新研究成果. 全书共分七章. 第一章介绍了格、半群、拟周期半群、逆半群的基础知识和基本理论;第二章首先介绍了 π 逆半群的基本性质,然后利用这些性质研究了 π 逆子半群格分别是半模格、0 模格、 0 分配格、下半分配格的 π 逆半群的特性及结构,同时,还介绍了 π 子半群格是有补格、相对补格、布尔格

的 π 逆半群；第三章介绍了具有某些类型全逆子半群格的逆半群；第四章讨论了具有某些类型全子半群格的逆半群和半格的凸子半群格；第五章讨论了具有某些类型全 π 逆子半群格的 π 逆半群；第六章讨论了 π 逆半群和逆半群的若干有限性条件；第七章介绍了逆半群的格同构.

作者认为，本书无论是为培养半群理论方向的研究生，还是对具有半群理论基础知识而有志于从事半群理论研究的读者而言都是非常有意义的. 同时，在国内同类出版物尚属空白的情况下，本书的出版必然会对 π 逆半群的理论研究起到很大的促进作用.

本书的出版得到了中央统战部华夏英才出版基金的资助，作者表示衷心的感谢；这里也要感谢甘肃省委统战部四处的秦耀处长和兰州理工大学统战部的李骐部长的大力支持.

作者特别衷心感谢导师郭聿琦教授多年来的教诲、培养、指导、帮助和鼓励，本书的出版一直得到他的关心和支持；还要感谢作为师兄、老师的中国科学技术大学的宋光天教授和西北师范大学的刘仲奎教授，他们曾给予作者诸多帮助和支持；作者还要感谢的是科学出版社数理编辑部的编辑，从本书撰写的前期准备工作到最后出版的整个过程都得到了他们的指点和帮助；我的研究生王宇同学在校稿方面做了大量细致的工作，在此也一并表示感谢.

由于水平所限，书中难免有出错的地方，而且在内容的取材和章节的安排等诸多方面也或有不当之处，敬请读者批评指正.

田振际
2006 年 8 月 30 日

目 录

第一章 基本概念与基本理论 ………………………………………………1
   1.1 格的基本概念 …………………………………………………………1
   1.2 逆半群及性质 …………………………………………………………5
   1.3 拟周期半群 ……………………………………………………………11
   1.4 任意半群的子半群格 …………………………………………………13

第二章 π 逆半群的 π 逆子半群格 ……………………………………20
   2.1 π 逆半群的基本性质 ………………………………………………20
   2.2 π 逆子半群格是半模格的 π 逆半群 …………………………28
   2.3 0 分配性和 0 模性 ……………………………………………………35
   2.4 π 逆子半群格是下半分配格的 π 逆半群 ……………………37
   2.5 π 逆子半群格是链或是可补格的 π 逆半群 …………………46
   2.6 拟周期幂幺半群和诣零半群 …………………………………………48

第三章 逆半群的全逆子半群格 …………………………………………55
   3.1 全逆子半群格的分解 …………………………………………………55
   3.2 半模逆半群 ……………………………………………………………58
   3.3 分配逆半群 ……………………………………………………………59
   3.4 半分配逆半群 …………………………………………………………68
   3.5 模逆半群 ………………………………………………………………80
   3.6 全逆子半群格是链的逆半群 …………………………………………92
   3.7 0 分配逆半群 …………………………………………………………96

第四章 逆半群的全子半群格和凸逆子半群格 …………………………100
   4.1 逆半群的全子半群格的分解 …………………………………………100
   4.2 全子半群格是分配格和模格的逆半群 ………………………………102
   4.3 全子半群格是链的逆半群 ……………………………………………107
   4.4 半格的凸子半群格 ……………………………………………………109

第五章 π 逆半群的全 π 逆子半群格 ……………………………119
   5.1 分配 π 逆半群 ……………………………………………………119
   5.2 链 π 逆半群 ………………………………………………………124

第六章 π 逆半群上的有限性条件 ……………………………………127
   6.1 一个抽象有限性条件 …………………………………………………127
   6.2 其他有限性条件 ………………………………………………………130

6.3	诣零半群上的有限性条件 ································· 132
6.4	全逆子半群格的长度 ··································· 133

第七章 逆半群的格同构 ································· 136
  7.1 部分基本双射和基本双射 ······························· 136
  7.2 模逆半群的格同构 ····································· 138
  7.3 组合逆半群的格同构 ··································· 142
  7.4 完全半单逆半群的格同构 ······························· 145
  7.5 基本逆半群的格同构 ··································· 152

参考文献 ··· 154

第一章 基本概念与基本理论

我们假设读者熟知格论和半群理论的基本概念和基本理论,甚至也熟悉群论的基本结果,这里只给出在本书中多次使用的概念和结论. 这些结论中的大部分在相关的书籍都能找到,比如,有关格的基本知识可以参阅文献 [1], [2],关于半群的有关概念和结论可以参考文献 [3]~[8],而关于半群的子半群格方面的大多数信息在文献 [9], [10] 中可以找到. 此外,还有些在以上提及的书中没有出现和发现的,但在本书中又需要多次使用的有关格论和半群理论中的结论,这里都给出了证明. 有关群论的知识和结论这里不再叙述,读者可以直接参考文献 [11], [12].

1.1 格的基本概念

设 L 是偏序集, $X \subseteq L$. 称 $a \in L$ 为 X 的下界,如果对所有的 $x \in X$ 都有 $a \leqslant x$. 如果存在 $a \in L$,使得 a 是 X 的下界,且对 X 的任意下界 z 都有 $z \leqslant a$,那么称 a 为 X 的下确界. 简单地说, X 的下确界是指 X 的最大 (如果存在的话) 下界. 对偶地,有 X 的上界和上确界的概念. 特别地,如果 $X = \{x, y\}$,那么 X 的下 (上) 确界说成 x 和 y 的下 (上) 确界. 如果 x 和 y 存在下 (上) 确界,那么将其表示为 $x \wedge y$ ($x \vee y$).

如果偏序集 L 的任意两个元素都有下 (上) 确界,那么称 L 是下 (上) 半格. 称 L 是格,如果 L 的任意两个元素既有下确界,也有上确界. 如果格 L 子集 X 也是格,则 X 称为 L 的子格.

设 L 是格,则容易验证,对任意的 $x, y, z \in L$,有

$$x \wedge x = x, \quad x \wedge y = y \wedge x, \quad (x \wedge y) \wedge z = x \wedge (y \wedge z),$$

$$x \vee x = x, \quad x \vee y = y \vee x, \quad (x \vee y) \vee z = x \vee (y \vee z).$$

如果格 L 的任意子集 X 都有下确界和上确界,那么 L 称为完全格,并分别用 $\bigwedge_{x \in X} x$ 和 $\bigvee_{x \in X} x$ 表示 X 的下确界和上确界.

如果 L 是格, $a, b \in L$,且 $a \leqslant b$,则称集合

$$[a, b] = \{x \in L : a \leqslant x \leqslant b\}$$

为 L 的区间,显然区间 $[a, b]$ 是 L 的子格.

如果格 L 的两个元素 a,b 满足 $a\leqslant b$ 或者 $b\leqslant a$, 那么就说 a 与 b 可比较的, 并表示为 $a\lessgtr b$; 否则就说 a 与 b 是不可比较的, 表示为 $a\|b$. 如果格 L 的子集 X 中的任意两个元素是可比较的, 那么 X 称为 L 中的一个链. 如果 L 的任意两个元素可比较, 则 L 称为链. L 的子集 X 称为 L 中的一个反链, 如果 X 中的任意两个元素不可比较.

格 L 称为分配格, 如果对任意的 $a,b,c\in L$, 有

$$a\wedge(b\vee c)=(a\wedge b)\vee(a\wedge c).$$

定理 1.1.1 关于格 L, 下列条件等价:

(1) L 是分配格;

(2) 对任意的 $a,b,c\in L$, 则 $a\vee(b\wedge c)=(a\vee b)\wedge(a\vee c)$;

(3) L 不包含图 1.1 和图 1.2 所示的子格.

格 L 称为是模格, 如果对任意的 $a,b,c\in L$, 有

$$a\leqslant b\Rightarrow b\wedge(c\vee a)=(b\wedge c)\vee a.$$

定理 1.1.2 关于格 L, 下列条件等价:

(1) L 是模格;

(2) 对任意的 $a,b,c\in L$, 则 $a\leqslant b\leqslant c\vee a\Rightarrow b=(b\wedge c)\vee a$;

(3) 对任意的 $a,b,c\in L$, 则 $a\vee(b\wedge(a\vee c))=(a\vee b)\wedge(a\vee c)$;

(4) L 不包含图 1.1 所示的子格.

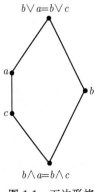

图 1.1 五边形格

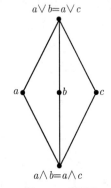

图 1.2 菱形格

设 L 是一个格, $x,y\in L$. 如果 $x<y$, 但不存在 $z\in L$, 使得 $x<z<y$, 那么称 y 覆盖 x, 写成 $y\succ x$. 格 L 称为是 (上) 半模格, 如果对任意的 $a,b\in L$, 有

$$a\succ a\wedge b\Rightarrow a\vee b\succ b.$$

任何模格一定是半模格[1,2], 但反之则不然. 显然, 分配格一定是模格, 所以也一定是半模格, 但模格未必是分配格.

引理 1.1.3　设 X 是任意一个集合, $\varepsilon(X)$ 是 X 上所有等价关系的集合, 则 $\varepsilon(X)$ 是半模格; $\varepsilon(X)$ 是模格 (分配格) 当且仅当 $|X| \leqslant 3$ ($|X| \leqslant 2$).

完全格 L 的元素 a 称为紧致的, 如果对 L 的任何子集 $X \subseteq L$, 当 $a \leqslant \bigvee_{x \in X} x$ 时, 一定存在 X 的有限子集 $Y \subseteq X$, 使得 $a \leqslant \bigvee_{y \in Y} y$. 如果完全格 L 的每个元素是紧致的, 则 L 称为代数格.

格 L 称为下半分配格, 如果对任意的 $a, b, c \in L$, 有

$$a \wedge b = a \wedge c \Rightarrow a \wedge (b \vee c) = a \wedge b.$$

对偶地, 可以定义上半分配格, 也即对任意的 $a, b, c \in L$, 有

$$a \vee b = a \vee c \Rightarrow a \vee (b \wedge c) = a \vee b.$$

下 (上) 半分配格是分配格的自然推广, 它也是人们非常感兴趣的一类格.

引理 1.1.4　如果 L 是下半分配代数格, 那么对任意的 $a, b \in L$, 集合

$$\{x \in L : a \wedge b = a \wedge x\}$$

一定存在最大元.

设 φ 是格 L 到格 L' 中的映射. 称 φ 是 $\wedge$ 同态 ($\vee$ 同态), 如果对任意的 $a, b \in L$, 有 $(a \wedge b)\varphi = a\varphi \wedge b\varphi$ $((a \vee b)\varphi = a\varphi \vee b\varphi)$; φ 称为 (格) 同态, 如果 φ 既是 $\wedge$ 同态, 又是 $\vee$ 同态; 如果 φ 是格同态, 并且是单射 (满射), 那么称 φ 为单同态 (满同态); 称 φ 是 (格) 同构, 如果 φ 是同态, 并且是双射. φ 称为保序的, 如果 $a \leqslant b$ 蕴涵 $a\varphi \leqslant b\varphi$.

可以证明, 任何格同态一定是保序的; φ 是格同构, 当且仅当 φ 是双射, 且 φ 和 φ 的逆映射 φ^{-1} 都是保序的.

格 L 到格 L' 中的映射 φ 称为完全 $\vee$ 同态, 如果任意的 $X \subseteq L$,

$$\Big(\bigvee_{x \in X} x\Big)\varphi = \bigvee_{x \in X}(x\varphi).$$

对偶地, 可定义完全 $\wedge$ 同态. 完全格同态是指既是完全 $\wedge$ 同态, 也是完全 $\vee$ 同态.

引理 1.1.5　设 L 是完全下半分配格, $\phi : L \to M$ 是满同态, 且 ϕ 是完全 $\vee$ 同态, 那么 M 是下半分配格.

证明　对每个 $m \in M$, 令 m' 表示集合

$$m\phi^{-1} = \{x \in L : x\phi = m\}$$

的最大元 (事实上, 因为 ϕ 是完全 $\vee$ 同态, 所以 $m' = \bigvee\{x : x \in m\phi^{-1}\}$). 如果设 $m, n \in M$ 且 $m \leqslant n$, 那么

$$(m' \vee n')\phi = m'\phi \vee n'\phi = m \vee n = n.$$

由此 $m' \vee n' \leqslant n'$, 即 $m' \leqslant n'$. 现在任取 $m, n \in M$, 则 $(m \wedge n)' \leqslant m'$, $(m \wedge n)' \leqslant n'$, 从而 $(m \wedge n)' \leqslant m' \wedge n'$. 另一方面, 因为

$$(m' \wedge n')\phi = m'\phi \wedge n'\phi = m \wedge n,$$

因此, $(m \wedge n)' \geqslant m' \wedge n'$. 这样就有 $(m \wedge n)' = m' \wedge n'$.

任取 $m, n, r \in M$, 且 $m \wedge n = m \wedge r$. 那么 $m' \wedge n' = m' \wedge r'$, 于是由 L 的下半分配性可得 $m' \wedge (n' \vee r') = m' \wedge n'$. 于是有 $m \wedge (n \vee r) = m \wedge n$, 从而证明了 M 是下半分配格. ∎

引理 1.1.6 如果格 L 中存在满足 $a \wedge b = a \wedge c, b \vee a = b \vee c$, 且 $a \| b$ 的元素 a, b, c, 那么 L 既不是下半分配格, 也不是上半分配格.

证明 事实上, 假设 a, b, c 满足引理的条件, 那么

$$a \wedge (b \vee c) = a \wedge (b \vee a) = a \neq a \wedge b,$$

$$b \vee (a \wedge c) = b \vee (a \wedge b) = b \neq b \vee a.$$

这说明 L 既不是下半分配格, 也不是上半分配格. ∎

定理 1.1.7 设 L 是模格, 则下列条件等价:

(1) L 是分配格;

(2) L 是下半分配格;

(3) L 是上半分配格.

证明 设 L 是下半分配格或是上半分配格, 但 S 不是分配格, 那么 L 一定包含图 1.2 所示的子格 (因为 L 是模格), 这也就是说 L 包含满足 $a \wedge b = a \wedge c$, $b \vee a = b \vee c$, 且 $a \| b$ 的元素 a, b, c. 于是根据引理 1.1.6, L 既不是下半分配格, 也不是上半分配格, 矛盾. ∎

设 L 是有最小元 0 和最大元 1 的格, 称 L 为可补格, 如果对任意的 $a \in L$, 存在 $b \in L$, 使得

$$a \wedge b = 0, \quad a \vee b = 1.$$

满足上述等式的 b 通常叫做 a 的补元. 格 L 称为相对可补格, 如果对任意的 $a, b \in L$, 当 $a \leqslant b$ 时, 区间子格 $[a, b]$ 是可补格. 一个分配的可补格称为布尔格.

一族格 L_i $(i \in I)$ 的直积 $\prod_{i \in I} L_i$ 是指满足 $i\alpha \in L_i$ 的所有映射 $\alpha : I \to \bigcup_{i \in I} L_i$ 构成的集合, 且对任意 $\alpha, \beta \in \prod_{i \in I} L_i$ 以及 $i \in I$, 如下定义 $\alpha \wedge \beta$ 和 $\alpha \vee \beta$:

$$i(\alpha \wedge \beta) = i\alpha \wedge i\beta,$$

$$i(\alpha \vee \beta) = i\alpha \vee i\beta.$$

设 L 是格 L_i $(i \in I)$ 的直积. L 的子格 C 称为 L_i $(i \in I)$ 的子直积, 如果对任意的 $i \in I$ 以及 $x_i \in L_i$, 存在 $\alpha \in C$, 使得 $i\alpha = x_i$.

格 L 上的等价关系 θ 称为同余, 如果对任意的 $a, b, c, d \in L$, $a\theta b$, $c\theta d$ 蕴涵 $(a \wedge c)\theta(b \wedge d)$, $(a \vee c)\theta(b \vee d)$.

引理 1.1.8 设 θ_i $(i \in I)$ 是格 L 上的一族同余, 且 $\bigwedge_{i \in I} \theta_i = 0$. 那么 L 同构于 L/θ_i $(i \in I)$ 的子直积.

1.2 逆半群及性质

设 S 为任一半群, A 为 S 的子集. 用 $\langle A \rangle$ 表示 S 的由 A 所生成的子半群; 用 E_A 表示 A 中的所有幂等元的集合, 在 E_A 上可以定义自然偏序 "$\leqslant$":

$$e \leqslant f \Leftrightarrow ef = fe = e.$$

如果 $ef = fe = e$, 但 $e \neq f$, 则记为 $e < f$. A 的非零幂等元 e 称为本原的, 如果对任意的 $f \in E_A$, $f \leqslant e$ 蕴涵 $e = f$. A 中的元素 a 称为 A 的群元, 如果 a 包含在 A 的某个子群中, 用 $\mathrm{Gr} A$ 表示 A 中的所有群元的集合. 若 $e \in E_S$, 则用 G_e 表示 S 中的包含 e 的极大子群.

半群 S 上的等价关系 θ 称为右 (左) 同余, 如果 $a\theta b$, 则对任意的 $x \in S$ 都有 $ax\theta bx$ ($xa\theta xb$). θ 称为同余, 如果 $a\theta b$, $c\theta d$, 则 $ac\theta bd$. 等价关系 θ 是同余, 当且仅当 θ 既是左同余, 也是右同余.

半群 S 的子集合 I 称为 S 的理想, 如果对任意的 $x \in I$ 和 $s \in S$, 总有 $xs, sx \in I$. 设 I 是半群 S 的理想, Rees 商半群 S/I 实际是 S 模同余 $\rho_I = (I \times I) \cup 1_S$ 的商半群 S/ρ_I. 对任意 $a, b \in S \backslash I$, 如果定义运算 "·" 如下:

$$a \cdot b = \begin{cases} ab, & \text{如果 } ab \notin I, \\ 0, & \text{如果 } ab \in I, \end{cases}$$

那么 $S/I \cong (S \backslash I) \cup \{0\}$. 于是可以认为, 对任意 $a \in S$, 若 $a \notin I$, 则 $a\rho_I = a$, 若 $a \in I$, 则 $a\rho_I = 0$.

半群 S 上的 Green 关系是如下定义的等价关系 $\mathcal{L}, \mathcal{R}, \mathcal{D}, \mathcal{H}, \mathcal{J}$：

$$a\mathcal{L}b \Leftrightarrow S^1 a = S^1 b,$$

$$a\mathcal{R}b \Leftrightarrow aS^1 = bS^1,$$

$$a\mathcal{J}b \Leftrightarrow S^1 a S^1 = S^1 b S^1,$$

$$\mathcal{H} = \mathcal{L} \cap \mathcal{R},$$

$$\mathcal{D} = \mathcal{L} \vee \mathcal{R}.$$

易见

$$a\mathcal{L}b \Leftrightarrow 存在\ x, y \in S^1, 使得\ a = xb, b = ya,$$

$$a\mathcal{R}b \Leftrightarrow 存在\ x, y \in S^1, 使得\ a = bx, b = ay,$$

$$a\mathcal{J}b \Leftrightarrow 存在\ x, y, u, v \in S^1, 使得\ a = xby, b = uav.$$

由此可以证明，$\mathcal{D} = \mathcal{L}\mathcal{R} = \mathcal{R}\mathcal{L}$ ($\mathcal{L}\mathcal{R}$ 表示等价关系的合成)；$\mathcal{L}$ 是 S 上的右同余，$\mathcal{R}$ 是 S 上的左同余；$\mathcal{L}$ 类 ($\mathcal{R}$ 类) 中的幂等元是其中元素的右 (左) 单位元. 以后，分别用 L_a (R_a, H_a, D_a, J_a) 表示 S 的元素 a 所在的 $\mathcal{L}$ 类 ($\mathcal{R}$ 类，$\mathcal{H}$ 类，$\mathcal{D}$ 类，$\mathcal{J}$ 类)，用 $S/\mathcal{L}$ ($S/\mathcal{R}, S/\mathcal{H}, S/\mathcal{D}, S/\mathcal{J}$) 表示所有 $\mathcal{L}$ 类 ($\mathcal{R}$ 类，$\mathcal{H}$ 类，$\mathcal{D}$ 类，$\mathcal{J}$ 类) 的集合.

半群 S 称为单半群，如果 S 不包含不同于 S 的理想. 有零半群 $S = S^0$ 称为 0 单半群，如果 S 不包含不同于 S 和 $\{0\}$ 的理想，且 $S^2 \neq \{0\}$. 显然，半群 S 是单半群，则 S 只有一个 $\mathcal{J}$ 类；S 是 0 单半群，则 S 只有两个 $\mathcal{J}$ 类 $S\setminus\{0\}$ 和 $\{0\}$. (0) 单半群 S 称为完全 (0) 单的，如果 S 中存在一个本原幂等元 (事实上是所有非零幂等元都是本元的).

定理 1.2.1　逆半群 S 是 (0) 单半群，当且仅当对任意的 $e, f \in E_S$，存在 $g \in E_S$，使得

$$g \leqslant f, \quad 且\ g\mathcal{D}e.$$

由两个元素 a, b 生成的满足 $ab = 1$ 的半群 $\mathcal{B}(a, b)$ 称为双循环半群.

定理 1.2.2　设 S 是 0 单半群，那么 S 不是完全 0 单半群的充分必要条件是 S 包含一个双循环子半群.

半群 S 的元素 a 称为正则的，如果存在 $x \in S$，使得 $axa = a$. 如果 x 同时满足 $xax = a$，那么 x 称为 a 的逆元. 显然，如果 x 和 a 是逆元，则 a 也是 x 的逆元，即它们互为逆元. S 的元素 a 的所有逆元的集合表示为 $V(a)$，即

$$V(a) = \{x \in S : axa = a, xax = a\}.$$

1.2 逆半群及性质

如果 A 是 S 的子集，那么用 Reg A 表示 A 中的所有正则元的集合，即

$$\text{Reg}A = \{a \in A : 存在 x \in A, 使得 axa = a\}.$$

设 D_a 是半群 S 的一个 $\mathcal{D}$ 类。如果 a 是正则的，则 D_a 中每个元素都是正则的[5]，并且 $V(a) \subseteq D_a$. 所以我们把包含一个正则元的 $\mathcal{D}$ 类称为 S 正则 $\mathcal{D}$ 类。

引理 1.2.3 设 S 为任意一个半群，$x \in \text{Reg}S$，且

$$x = x_1 x_2 \cdots x_n, \quad x_1, x_2, \cdots, x_n \in S,$$

则存在 $e_1, e_2, \cdots, e_n \in E_S$，使得

(1) $x = (e_1 x_1)(e_2 x_2) \cdots (e_n x_n)$;

(2) $x \mathcal{D} e_i x_i$，$e_i x_i$ 是正则的，其中 $i = 1, 2, \cdots, n$;

(3) $X_n' e_n X_{n-1}' e_{n-1} \cdots X_1' e_1$ 是 x 的逆元，其中 $X_i = e_i x_i$，x' 表示 x 的逆元，而 X_i' 表示 X_i 的逆元，$i = 1, 2 \cdots, n$.

证明 (1) 设 x' 为 x 逆元。令 $e_1 = x_1 x_2 \cdots x_n x'$，并记

$$e_i = x_i x_{i+1} \cdots x_n x' x_1 x_2 \cdots x_{i-1}, \quad i = 2, 3, \cdots, n,$$

$X_i = e_i x_i$. 那么

$$(e_1 x_1)(e_2 x_2) \cdots (e_n x_n) = (x_1 \cdots x_n x' x_1)(x_2 \cdots x_n x' x_1 x_2) \cdots (x_n x' x_1 \cdots x_n)$$
$$= x_1 x_2 \cdots x_n x' x_1 x_2 \cdots x_n$$
$$= x_1 x_2 \cdots x_n$$
$$= x.$$

(2) 对任意一个 X_i，有

$$x = (xx' X_1 \cdots X_i) X_{i+1} \cdots X_n,$$

$$X_i = x_i x_{i+1} \cdots x_n x'(xx' X_1 \cdots X_i).$$

所以 $x \mathcal{R} xx' X_1 \cdots X_i$，$xx' X_1 \cdots X_i \mathcal{L} X_i$，即 $x \mathcal{D} X_i$. 这证明了 X_i 包含在 x 所在的正则 $\mathcal{D}$ 类中，从而 $X_i = e_i x_i$ 是正则的。

(3) 直接验证即可证明。 ■

半群 S 称为正则半群，如果 S 的每个元素是正则的。易见，正则半群的每个 $\mathcal{L}$ 类 ($\mathcal{R}$ 类) 都至少包含一个幂等元，因此，它的每个 $\mathcal{D}$ 类都是正则 $\mathcal{D}$ 类。

引理 1.2.4 设 S 为正则半群，$a, b \in S$，$e, f \in E_S$，那么

(1) $a\mathcal{R}b$ 当且仅当存在 $a' \in V(a)$ 以及 $b' \in V(b)$, 使得 $aa' = bb'$;
(2) $a\mathcal{L}b$ 当且仅当存在 $a' \in V(a)$ 以及 $b' \in V(b)$, 使得 $a'a = b'b$;
(3) $e\mathcal{D}f$ 当且仅当存在 $a \in S$ 以及 $a' \in V(a)$, 使得 $aa' = e, a'a = f$.

一个正则半群称为逆半群, 如果 S 的每个元素有唯一的逆元. 逆半群 S 的元素 a 的唯一逆元通常表示为 a^{-1}.

定理 1.2.5 设 S 为正则半群, 则下列条件等价:
(1) S 是逆半群;
(2) E_S 是半格;
(3) S 的每个 $\mathcal{L}$ 类和 $\mathcal{R}$ 类包含且仅包含一个幂等元.

设 S 为逆半群, $a, b \in S$, 则容易验证, $(ab)^{-1} = b^{-1}a^{-1}$. 事实上, 有更一般的结论, 即对任意的 $a_1, a_2, \cdots, a_n \in S$, 有

$$(a_1 a_2 \cdots a_n)^{-1} = a_n^{-1} a_{n-1}^{-1} \cdots a_2^{-1} a_1^{-1}.$$

特别地, $(a^n)^{-1} = (a^{-1})^n$. 因此, 用 a^{-n} 表示 $(a^n)^{-1}$.

在逆半群 S 中, 定义自然偏序关系如下:

$$a \leqslant b \Leftrightarrow a = aa^{-1}b.$$

自然, $a < b$ 表示 $a \leqslant b$ 但 $a \neq b$. 显然, 如果 $e, f \in E_S$, 那么 $e \leqslant f \Leftrightarrow e = ef$.

设 A 是逆半群 S 的子集, 我们用 $\mathrm{inv}\langle A \rangle$ 表示由 A 生成的 S 的逆子半群.

引理 1.2.6 设 S 为逆半群, $a, x \in S, e \in E_S$, 且 $x = ae$, 那么存在 $f \in E_S$, 使得 $x = ae = fa$. 进而 $xx^{-1} \leqslant f, x = xx^{-1}a$, 且 $xx^{-1} \leqslant aa^{-1}$.

证明 事实上, 令 $f = aea^{-1}$, 则

$$x = ae = a(a^{-1}a)e = (aea^{-1})a = fa.$$

此时

$$xx^{-1}f = x(a^{-1}f)f = x(a^{-1}f) = xx^{-1},$$

所以 $xx^{-1} \leqslant f$, 从而 $x = xx^{-1}a$. 最后, 又因为

$$xx^{-1}aa^{-1} = x(a^{-1}f)aa^{-1} = xa^{-1}(faa^{-1}) = xa^{-1}aa^{-1}f = xa^{-1}f = xx^{-1},$$

所以 $xx^{-1} \leqslant aa^{-1}$. ∎

下面的引理是非常有用的.

引理 1.2.7 设 S 为逆半群, $x \in S$.
(1) 如果 $a \in \langle E_S, x \rangle \setminus E_S$, 那么存在 $k \in Z^+$, 使得 $a = aa^{-1}x^k$, 且 $aa^{-1} \leqslant xx^{-1}$;

(2) 如果 $a \in \text{inv}\langle E_S, x\rangle \backslash E_S = \langle E_S, x, x^{-1}\rangle \backslash E_S$, 那么存在非零整数 k, 使得 $a = aa^{-1}x^k$, 并且当 $k > 0$ 时, $aa^{-1} \leqslant xx^{-1}$, 而当 $k < 0$ 时, $aa^{-1} \leqslant x^{-1}x$.

证明 (1) 设 $a \in \langle E_S, x\rangle \backslash E_S$, 那么存在 $e_0, e_n \in E_{S^1}$, 以及 $e_1, e_2, \cdots, e_{n-1} \in E_S$, $x_1, x_2, \cdots, x_n \in \langle x\rangle$, 使得 $a = e_0x_1e_1x_2e_2\cdots x_ne_n$. 于是根据引理 1.2.6, 存在 $g \in E_S$, 使得 $a = gx_1x_2\cdots x_n$. 因为 $x_1, x_2, \cdots, x_n \in \langle x\rangle$, 因此存在 $k \in Z^+$, 使得 $a = aa^{-1}x^k$. 进一步, 因为

$$aa^{-1}xx^{-1} = a(x^{-k}aa^{-1})xx^{-1} = a(x^{-k}xx^{-1})aa^{-1} = a(x^{-k}aa^{-1}) = aa^{-1},$$

由此有 $aa^{-1} \leqslant xx^{-1}$.

(2) 和 (1) 完全类似即可证明. ∎

引理 1.2.8 (1) 双循环半群 $\mathcal{B}(a, b)$ 是逆半群, 它的每个元素都可唯一表示为 $b^m a^n$ 的形式, 其中 m, n 是正整数 ($a^0 = b^0 = 1$), 且 $b^m a^n$ 是幂等元当且仅当 $m = n$.

(2) 若 a 是逆半群 S 的满足 $a^{-1}a < aa^{-1}$ 的元素, 则由 a 生成的逆子半群 $\text{inv}\langle a\rangle$ 是双循环半群, 且 aa^{-1} 是其中的单位元.

逆半群 S 中的元素 x 称作是 (严格) 右正则的, 如果 $x^2\mathcal{R}x$ ($x^2\mathcal{R}x$, 且 x^2 与 x 没有 $\mathcal{H}$ 关系), 或者等价地 (只对逆半群而言), 如果 $x^{-1}x \leqslant xx^{-1}$ ($x^{-1}x < xx^{-1}$). (严格) 左正则性可以对偶地定义. 注意到如果 x 是严格左正则的 (或者右正则), 那么 $\langle x, x^{-1}\rangle$ 是双循环半群, 且对任意的 $n \in Z^+$, 则 $x^n\mathcal{R}x$, $x^{-1}x > x^{-2}x^2 > \cdots > x^{-n}x^n > \cdots$.

逆半群 S 称为 E 酉的, 若 $ex = e, e \in E$ 蕴涵 $x \in E_S$. 逆半群 S 上的关系

$$\sigma = \{(x, y) \in S \times S : \text{对某个 } e \in E_S, ex = ey\}$$

是 S 上的最小群同余 [4,5]. 如果 S 是 E 酉逆半群, 那么对 S 的任一逆子半群 T, $\sigma \cap (T \times T) = \sigma_T$ 是 T 上的最小群同余 [13]. 半群 S 称为局部 E 酉的, 如果对任意的 $e \in E_S$, 幺半群 eSe 是 E 酉的, 同时, 称 eSe 为 S 的局部逆子半群.

定理 1.2.9 设 S 为逆半群, 1_S 表示 S 上的恒等关系, 则下列条件等价:

(1) S 是 E 酉的;

(2) $\mathcal{R} \cap \sigma = 1_S$;

(3) $\mathcal{L} \cap \sigma = 1_S$.

设 S 为逆半群, 称 E_S 在 S 中是阿基米德的, 如果对任意的 $g \in E_S$ 以及 S 的任意严格右正则元 x, 存在 $n \in Z^+$, 使得 $x^{-n}x^n < g$.

引理 1.2.10 设 S 是单逆半群, 且 S 的每个 $\mathcal{D}$ 类 D 是逆子半群, 那么 E_S 在 S 中是阿基米德的, 当且仅当对 S 的每个 $\mathcal{D}$ 类 D, E_D 在 D 中是阿基米德的.

证明   必要性是显然的, 所以只需要证明充分性. 假设对 S 的每个 $\mathcal{D}$ 类 D, E_D 在 D 中是阿基米德的. 任取 $g \in E_S$ 以及 S 的任意严格右正则元 c. 如果 $g\mathcal{D}c$, 那么存在 $n \in Z^+$, 使得 $c^{-n}c^n < g$. 如果 $c \notin D_g$, 那么由 S 是单半群可知, 存在 $h \in E_S$, 使得 $h \leqslant g$, 且 $h\mathcal{D}c$. 于是关于 h, 存在 $n \in Z^+$, 使得 $c^{-n}c^n < h$, 进而 $c^{-n}c^n < g$. ∎

设 S 是任一半群. 若 $J \in S/\mathcal{J}$, 我们定义 J 对应的主因子 $\mathrm{PF}(J)$ 为集合 J^0, 且对任意的 $a, b \in \mathrm{PF}(J)$, 定义运算 "·" 如下:

$$a \cdot b = \begin{cases} ab, & \text{如果 } ab \in J, \\ 0, & \text{如果 } ab \notin J. \end{cases}$$

显然, $ab = 0$(在 $\mathrm{PF}(J)$) 当且仅当 $J_{ab} < J$(在 S 中) (这与通常的主因子的定义有些细微的差别, 读者不难发现其中的差别). 那么 $\mathrm{PF}(J)$ 是一个 0 单半群或者是零积半群. 如果 S 是逆半群, 则 S 的每个主因子是 0 单的逆半群.

完全 0 单逆半群称为 Brandt 半群. 逆半群 S 称为完全半单的, 如果 S 的每个主因子是 Brandt 半群. 任何 Brandt 半群同构于一个 Rees 矩阵型半群 $\mathcal{M}^0(I, G, I; E)$, 其中 E 是群 G^0 上的单位矩阵. 设 $S = \mathcal{M}^0(I, G, I; E)$ 是 Brandt 半群, 如果 $|I| = n$ 是有限的, 那么 S 称为有限维 Brandt 半群, 并记为 $B(G, n)$.

引理 1.2.11   任何有限维 Brandt 半群 $B(G, n)$ 都可被有限个 Brandt 半群 $B(G, 2)$ 覆盖.

半群 S 称为组合的, 如果 S 不包含非平凡子群. 组合的 Brandt 半群同构于 Rees 矩阵型半群 $\mathcal{M}^0(I, \{1\}, I; E)$, 其中 E 是群 $\{1\}^0$ 上的单位矩阵, $\{1\}$ 是平凡群; 反之, 任何这样的半群都是组合的 Brandt 半群.

设 X 是非空集合, $X^{-1} = \{x^{-1} : x \in X\}$, 且 $X \cap X^{-1} = \varnothing$. 在自由半群 $F(X) = (X \cup X^{-1})^+$ 上再定义一元运算 "$^{-1}$" 如下: 对任意的 $y \in X \cup X^{-1}$, 若 $y \in X$, 则定义 $y^{-1} = y^{-1}$, 若 $y \in X^{-1}$, 则定义 $y^{-1} = y$; 若 $y_1, y_2, \cdots, y_n \in (X \cup X^{-1})^+$, 则定义 $(y_1 y_2 \cdots y_n)^{-1} = y_n^{-1} \cdots y_2^{-1} y_1^{-1}$.

在 $F(X)$ 上定义关系

$$\rho = \{(ww^{-1}w, w) : w \in F(X)\} \cup \{(uu^{-1}vv^{-1}, vv^{-1}uu^{-1}) : u, v \in F(X)\},$$

并用 $\rho^\sharp$ 表示由 ρ 生成的同余. 那么半群 $FI(X) = F(X)/\rho^\sharp$ 是逆半群, 这个半群称为集合 X 上的自由逆半群[4,7,8].

自由逆半群是组合的 E 酉的完全半单半群, 它的每个 $\mathcal{J}$ 类是有限的, 且对任意的正整数 n, 一定存在包含 n 个幂等元的 $\mathcal{D}$ 类[7,8,15].

设 R 是 $FI(X)$ 上的关系, 如果逆半群 S 同构于商半群 $FI(X)/R^\sharp$, 则 S 称为由逆半群表示 $(X : R)$ 所确定的逆半群, 并表示为 $S = \mathrm{inv}\langle X : R \rangle$.

五元素的组合 Brandt 半群就是由下列表示所给出的半群 B_5:
$$B_5 = \text{inv}\langle a, b : aba = a, bab = b, a^2 = b^2 = 0\rangle.$$

由一个元素生成的逆半群称为单演逆半群; 如果它还是自由逆半群, 则称为自由单演逆半群.

引理 1.2.12 单演逆半群 $\text{inv}\langle a\rangle = \langle a, a^{-1}\rangle$ 是下列半群之一, 其中 $k \in Z^+$.
(1) 自由单演逆半群;
(2) 由表示 $\text{inv}\langle a : a^{-1}a^k = a^k a^{-1}\rangle$ 确定的逆半群;
(3) 由表示 $\text{inv}\langle a : a^k = a^{k+1}a^{-1}\rangle$ 确定的逆半群;
(4) 由表示 $\text{inv}\langle a : a^k = a^{k+h}\rangle$ 确定的逆半群.

特别地, 在 (2), (3), (4) 中, 如果 $k = 1$, 那么 $\text{inv}\langle a\rangle$ 分别是无限循环群, 双循环半群, 有限循环群.

半群 S 的核 $\ker S$ 是指 S 的最小理想. 不难得到, 由引理 1.2.12 的 (2)~(4) 所确定类型的单演逆半群都有核:

如果是类型 (2), 则 $\ker(\text{inv}\langle a\rangle) = \text{inv}\langle a^k a^{1-k}\rangle$ 是无限循环群;

如果是类型 (3), 则 $\ker(\text{inv}\langle a\rangle) = \text{inv}\langle a^{k+1} a^{-k}\rangle$ 是双循环半群;

如果是类型 (4), 则 $\ker(\text{inv}\langle a\rangle) = \{a^k, a^{k+1}, \cdots, a^{k+h-1}\}$ 是阶数为 h 的循环群.

单演逆半群 $\text{inv}\langle a\rangle$ 的任意幂等元都有形式 $a^{-k}a^l a^{k-l}$, 其中 $0 \leqslant k \leqslant l, k+l > 0$. 进一步, 如果 $\text{inv}\langle a\rangle$ 是类型 (1), 那么对任意满足 $0 \leqslant k_i \leqslant l_i$ 和 $k_i + l_i > 0$ $(i=1,2)$ 的 k_1, k_2, l_1, l_2, 有

$$a^{-k_1}a^{l_1}a^{k_1-l_1} \leqslant a^{-k_2}a^{l_2}a^{k_2-l_2} \Leftrightarrow k_1 \geqslant k_2,\ l_1 - k_1 \geqslant l_2 - k_2, \tag{2.1}$$

$$a^{-k_1}a^{l_1}a^{k_1-l_1} = a^{-k_2}a^{l_2}a^{k_2-l_2} \Leftrightarrow k_1 = k_2,\ l_1 = l_2. \tag{2.2}$$

如果 $\text{inv}\langle a\rangle$ 是类型 (2) 或者 (3) 或者 (4), 那么对所有满足 $0 \leqslant k_i \leqslant l_i$ 和 $k_i + l_i > 0$ $(i = 1, 2)$ 的 $k_1, k_2, l_1, l_2 < k$, 蕴涵式 (2.1) 和 (2.2) 也成立 [9].

1.3 拟周期半群

如果半群 S 的任一元素的若干次幂为群元, 则称 S 是拟周期半群. 对任意的 $e \in E_S$, 称集合
$$K_e = \{x \in S : 存在\ n \in Z^+, 使得\ x^n \in G_e\}$$
为 S 的包含幂等元 e 的幂幺类. 显然, 如果 S 是一个拟周期半群, 则关系
$$\mathcal{K} = \bigcup_{e \in E_S} K_e \times K_e$$

是 S 上的一个等价关系.

半群 S 的元素 a 称为周期的, 如果存在正整数 h,d, 使得

$$a^h = a^{h+d}.$$

通常, 把满足上述等式的最小正整数 h,d 分别叫做 a 的指数和周期. 易见, S 的一个元素 a 是周期的, 当且仅当 a 的若干次幂是幂等元. 半群 S 称为周期的, 如果 S 的每个元素是周期的. 显然, 周期半群是拟周期半群. 对一个周期半群 S 来说, S 的包含幂等元 e 的幂幺类 K_e 通常称为挠类, 并可以如下定义:

$$K_e = \{x \in S : \text{存在 } n \in Z^+, \text{使得 } x^n = e\}.$$

拟周期半群 S 的子集 A 所生成的拟周期子半群通常表示为 $\text{ep}\langle A\rangle$. 下面的关于拟周期半群的结论均来自文献 [3], [9], [10], [16], [17].

引理 1.3.1 设 S 为拟周期半群, $e \in E_S$, 则 e 与 $\text{ep}\langle K_e\rangle$ 中的所有元是可换的, 且 G_e 是 $\text{ep}\langle K_e\rangle$ 中的核.

命题 1.3.2 拟周期的单 (0 单) 半群是完全单 (0 单) 半群.

引理 1.3.3 拟周期半群中不含双循环子半群.

只含一个幂等元的半群称为幂幺半群; 拟周期幂幺半群是指只含一个幂等元的拟周期半群. 为简单起见, 我们把拟周期幂幺半群称为 π 群.

定理 1.3.4 半群 S 是拟周期幂幺半群的链, 当且仅当 S 是拟周期半群, 且 E_S 是链.

设半群 $S = S^0$. 如果关于 S 的任意元素 a, 存在 $n \in Z^+$, 使得 $a^n = 0$, 那么 S 称为诣零半群, 同时称使得 $a^n = 0$ 的最小自然数 n 为元素 a 的诣零指数, 并将其记为 $r(a)$. 如果诣零半群 S 的任何元素的诣零指数都不超过某个固定的正整数 m, 则 S 称为 m 诣零的. 若存在 $n \in N$, 使得诣零半群 S 满足 $S^n = \{0\}$, 则称 S 为幂零的 (或称为 n 幂零的); 特别地, 把 $S^2 = \{0\}$ 的诣零半群称为零积半群. 借助于诣零半群所作的某个半群的理想扩张通常简称为这个半群的诣零扩张.

半群 S 称为 U 半群, 如果关于任意的 $x,y \in S$, 总有

$$xy, yx \in \langle x\rangle \cup \langle y\rangle.$$

显然, 半群 S 是 U 半群, 当且仅当关于 S 的任意子半群 A,B, $\langle A,B\rangle = A \cup B$. 借助于 U 诣零半群所作的某个半群的理想扩张也简称为这个半群的 U 诣零扩张.

命题 1.3.5 半群 S 是拟周期幂幺半群 (即 π 群), 当且仅当 S 是群的诣零扩张.

关于诣零半群, 以后需要下面两个结论[10].

引理 1.3.6　如果诣零半群 S 的所有幂零子半群是有限的, 那么 S 本身是有限的.

半群 S 的基是指 S 的极小生成集.

推论 1.3.7　如果诣零半群 S 是无限的, 那么 S 中存在一个无限的幂零子半群, 从而 S 中存在一个具有唯一无限基的子半群.

1.4　任意半群的子半群格

众所周知, 一个半群 S 的所有子半群 (包括空集) 的集合 $\mathrm{sub}S$ 在集合的包含关系下构成一个格, 并且对任意的 $A, B \in \mathrm{sub}S$, 有

$$A \wedge B = A \cap B, \quad A \vee B = \langle A, B \rangle.$$

关于任意半群的子半群格的主要研究成果都已经收集在文献[9],[10]中, 这里只给出部分成果.

半群 S 称为半群 $S_i(i \in I)$ 的 U 带, 如果 S 是 S_i 的带, 且关于任意的 $x \in S_i$, $y \in S_j$, $xy \in \langle x \rangle \cup \langle y \rangle$.

半群 S 称为半群 $S_i(i \in I)$ 的 U 链, 如果 S 是 S_i 的链, 且关于任意的 $x \in S_i$, $y \in S_j$ 及 $i < j$, $xy \in \langle x \rangle$.

群 G 称为 M 群 (UM 群), 如果 G 的子群格 $\mathrm{subg}G$ 是模格 (半模格). 群 G 称为局部循环的, 如果 G 的任何有限生成的子群是循环群.

定理 1.4.1　半群 S 的子半群格 $\mathrm{sub}S$ 是模格 (分配格), 当且仅当 S 是周期幂幺半群 $S_i(i \in I)$ 的 U 带, 而每个 $S_i(i \in I)$ 是 M 群 (局部循环群) 的 U 诣零扩张.

定理 1.4.2　半群 S 的子半群格 $\mathrm{sub}S$ 是半模格, 当且仅当 S 是周期半群 $S_i(i \in I)$ 的 U 链, 而每个 $S_i(i \in I)$ 是周期幂幺半群的带, 每个 $S_i(i \in I)$ 同时也是左零半群或右零半群与 UM 群的直积的 U 诣零扩张.

子半群格是下半分配格的半群是 Shiryaev 在文献 [18] 中研究的, 这一研究成果在文献 [9], [10] 中没有被收集, 所以这里将给出有关的结果及其证明.

引理 1.4.3　如果半群 S 的子半群格 $\mathrm{sub}S$ 是下半分配格, 那么

(1) S 是周期半群, 且 S 的每个元素的指数不超过 5;

(2) 对任意的 $e, f \in E_S$, 则 $ef = e$ 或者 $ef = f$;

(3) S 的每个挠类是子半群;

(4) 对任意的 $e, f \in E_S$, 若 $ef = e$, 则 $K_e K_f \subseteq K_e$, 若 $ef = f$, 则 $K_e K_f \subseteq K_f$;

(5) 对任意的 $e \in E_S$, 则 $\mathrm{sub}(K_e/G_e)$ 是下半分配格;

(6) 对任意的 $e \in E_S$, 则 K_e 是由 5 幂零 U 半群作的局部循环群的理想扩张.

证明 (1) 假设存在 $a \in S$, 使得 a 的指数超过 5, 则 $a, a^2, a^3, a^4, a^5 \notin \mathrm{Gr}\langle a \rangle$. 令
$$A = \{a^4, a^5, a^6, a^7, \cdots\},$$
$$B = \{a^2, a^4, a^6, a^7, \cdots\},$$
$$C = \{a^3, a^4, a^6, a^7, \cdots\}.$$

显然, $A, B, C \in \mathrm{sub} S$, 且
$$A \cap B = \{a^4, a^6, a^7, \cdots\} = A \cap C.$$

于是根据下半分配性有
$$A \cap (B \vee C) = A \cap B = \{a^4, a^6, a^7, \cdots\}.$$

然而
$$B \vee C = \{a^2, a^3, a^4, a^5, a^6, a^7, \cdots\} > A,$$

因此
$$A \cap (B \vee C) = A \neq A \cap B.$$

这是矛盾, 从而证明了 (1).

(2) 设 $e, f \in E_S$, 下面来证明 $ef \in \{e, f\}$. 事实上, 假设 $ef \notin \{e, f\}$, 则根据 (1), 存在 $g \in E_{\langle e, f \rangle} \setminus \{e, f\}$ 以及 $n \in Z^+$, 使得 $(ef)^n = g$. 显然, $\langle g \rangle \cap \langle e \rangle = \varnothing = \langle g \rangle \cap \langle f \rangle$. 因此, 由下半分配性有
$$\langle g \rangle = \langle g \rangle \cap (\langle e, f \rangle) = \langle g \rangle \cap (\langle e \rangle \vee \langle f \rangle) = \varnothing,$$

这是矛盾. 所以 $ef \in \{e, f\}$, 即 $ef = e$ 或者 $ef = f$.

(3) 设 $e \in E_S, a, b \in K_e$. 假设 $ab \in K_f$, 其中 $f \in E_S, f \neq e$, 那么
$$\langle ab \rangle \cap \langle a \rangle = \varnothing = \langle ab \rangle \cap \langle b \rangle.$$

于是由下半分配性得
$$\langle ab \rangle = \langle ab \rangle \cap (\langle a \rangle \vee \langle b \rangle) = \varnothing,$$

矛盾. 所以 $ab \in K_e$, 故 K_e 是子半群.

(4) 设 $e, f \in E_S, e \neq f$. 假设存在 $a \in K_e$ 以及 $b \in K_f$, 使得 $ab \notin K_e \cup K_f$, 则存在 $g \in E_S \setminus \{e, f\}$, 使得 $ab \in K_g$. 显然, $\langle ab \rangle \cap \langle a \rangle = \varnothing = \langle ab \rangle \cap \langle b \rangle$, 所以由下半分配性又可得 $\langle ab \rangle = \langle ab \rangle \cap (\langle a \rangle \vee \langle b \rangle) = \varnothing$, 矛盾. 这样, $K_e K_f \subseteq K_e \cup K_f$, 同理,

$K_f K_e \subseteq K_e \cup K_f$. 如果再假设 $ef = e$, 且存在 $a \in K_e, b \in K_f$, 使得 $ab \in K_f$, 那么由 (3) 不难证明, $af \in G_f \subseteq K_f$, 进而对任意的 $n \in Z^+$, 都有 $a^n f = (af)^n \in G_f$. 但另一方面, 存在 $k \in Z^+$, 使得 $a^k \in G_e$, 因此, $a^k f = a^k ef = a^k \in G_e$, 从而得出矛盾. 这证明了当 $ef = e$ 时, $K_e K_f \subseteq K_e$. 完全类似, 当 $ef = f$ 时, $K_e K_f \subseteq K_f$.

(5) 不难看出, $\mathrm{sub}(K_e/G_e) \backslash \{\varnothing\}$ 同构与 $\mathrm{sub} K_e$ 的区间 $[G_e, K_e]$, 而 $\mathrm{sub} K_e$ 是下半分配格, 因此, 格区间 $[G_e, K_e]$ 也是下半分配格, 故 $\mathrm{sub}(K_e/G_e)$ 是下半分配格.

(6) 由 (5) 知, 诣零半群 K_e/G_e 的非空子半群格 $\mathrm{sub}(K_e/G_e) \backslash \{\varnothing\}$ 是下半分配格, 因此, K_e/G_e 是 5 幂零半群 (见定理 2.6.5), 进而 K_e 是由 5 幂零 U 半群作的局部循环群的理想扩张. ■

半群 S 称为一族半群 $S_\alpha (\alpha \in Y)$ 的序和, 如果 S 是 $S_\alpha (\alpha \in Y)$ 的链, 且对任意的 $\alpha, \beta \in Y$ 以及 $x \in S_\alpha, y \in S_\beta$, 由 $\alpha < \beta$ 蕴涵 $xy = yx = x$.

推论 1.4.4 如果半群 S 的子半群格 $\mathrm{sub} S$ 是下半分配格, 那么 E_S 是左零半群或右零半群的序和.

推论 1.4.5 设 S 为任意半群, $\mathrm{sub} S$ 是下半分配格, $e, f \in E_S$.

(1) 若 $\{e, f\}$ 是左 (右) 零半群, 则 $G_e \cup G_f$ 是 $K_e \cup K_f$ 的理想;

(2) 若 $e < f$, 则 G_e 是 $K_e \cup K_f$ 的理想.

半群 S 的子半群 A 称为 G 子半群, 如果 $\bigcup_{e \in E_A} G_e \subseteq A$. 周期半群 S 称为 UG 半群, 如果 S 的任意两个 G 子半群的并集是 S 的子半群.

引理 1.4.6 设 S 为任意半群, $\mathrm{sub} S$ 是下半分配格. 若 $e, f \in E_S, a \in K_e, b \in K_f$, 那么
$$ab, ba \in \langle a \rangle \cup \langle b \rangle \cup G_e \cup G_f.$$

证明 如果 $e = f$, 则根据引理 1.4.3 的 (6), 结论是显然的. 现在设 $e \neq f$.

若 $\{e, f\}$ 是左 (右) 零半群, 则根据推论 1.4.5 的 (1), $G_e \cup G_f$ 是 $K_e \cup K_f$ 的理想. 所以 $\mathrm{sub}((K_e \cup K_f)/(G_e \cup G_f)) \backslash \{\varnothing\}$ 同构于 $\mathrm{sub}(K_e \cup K_f)$ 的区间 $[G_e \cup G_f, K_e \cup K_f]$, 故 $\mathrm{sub}((K_e \cup K_f)/(G_e \cup G_f))$ 是下半分配格. 于是由引理 1.4.3 的 (6), $ab, ba \in \langle a \rangle \cup \langle b \rangle \cup G_e \cup G_f$.

现在假设 $f < e$, 则根据推论 1.4.5 的 (2), G_f 是 $K_e \cup K_f$ 的理想. 用 $|b|$ 表示 b 的指数, 对 $|b|$ 进行归纳来证明 $ab, ba \in \langle b \rangle \cup G_f$.

当 $|b| = 1$ 时, 显然有 $ab, ba \in \langle b \rangle \cup G_f$. 今假设 $b \notin G_f$, 那么对任意的 $k > 1$, 有 $|b^k| < |b|$. 因此由归纳假设可得 $ab^k, b^k a \in \langle b \rangle \cup G_f$. 令
$$C = (\langle b \rangle \cup G_f) \cap (\langle ab \rangle \cup G_f).$$

假设 $C = G_f$, 并设 $A = \langle a \rangle \cup G_f$, 则显然, $A \in \mathrm{sub} S$, $(\langle ab \rangle \cup G_f) \cap A = G_f$. 于

是由下半分配性得

$$ab \in (\langle ab \rangle \cup G_f) \cap (A \vee (\langle b \rangle \cup G_f)) = G_f.$$

以下假设 $C \neq G_f$. 若 $ab \in C$, 则显然有 $ab \in \langle b \rangle \cup G_f$. 所以下面再假设 $ab \notin C$.

(1) 若 $b \in C$, 则 $b \in C \backslash G_f \subset \langle ab \rangle$, 进而, 存在 $n \in Z^+$, 使得 $b = (ab)^n$. 但当 $n > 1$ 时,

$$b = (ab)^n = (ab)^{n-1}ab = ((ab)^{n-1}a)b \in G_f,$$

所以 $n = 1$, 即有 $ab = b \in \langle b \rangle \cup G_f$.

(2) 若 $b \notin C$. 令 $B = \langle a \rangle \vee C$. 显然, $C \subseteq B \cap (\langle ab \rangle \cup G_e)$. 反之, 若 $y \in B \cap (\langle ab \rangle \cup G_f)$, 并设 $y \notin G_f$. 注意到 $C \subseteq \langle b \rangle \cup G_f$ 以及 $b \notin C$ 和 $ab \notin C$, 则存在 $x_1, x_2, \cdots, x_n \in \{a\} \cup (\langle b \rangle \backslash (\{b\} \cup G_f))$, 使得 $y = x_1 x_2 \cdots x_n$. 由此, 利用归纳假设可得 $y \in \langle b \rangle \cup G_f$, 从而有 $y \in C$. 故 $B \cap (\langle ab \rangle \cup G_f) = C$. 于是由 sub$S$ 的下半分配性,

$$\langle ab \rangle \cup G_f = (\langle ab \rangle \cup G_f) \cap (A \vee B) = (\langle ab \rangle \cup G_f) \cap A = C.$$

因此, $ab \in C$, 这是矛盾. 矛盾的得来是由于假设 $ab \notin C$, 所以在上述假设下, 一定有 $ab \in C$, 从而 $ab \in \langle b \rangle \cup G_f$. 类似可证, $ba \in \langle b \rangle \cup G_f$.

这样就证明了 $ab, ba \in \langle a \rangle \cup \langle b \rangle \cup G_e \cup G_f$. ∎

推论 1.4.7 设 S 为任意半群, sub$S$ 是下半分配格, 那么 S 是 UG 半群.

现在利用上面的引理和推论可得子半群格是下半分配格的半群的刻画定理:

定理 1.4.8 半群 S 的子半群格 sub$S$ 是下半分配格, 当且仅当

(1) S 是周期半群, 且 S 的每个元素的指数不超过 5;

(2) E_S 是左零半群或右零半群的序和;

(3) $\mathcal{K}$ 是同余;

(4) 对任意的 $e \in E_S$, 则 K_e 是由 5 幂零 U 半群作的局部循环群的理想扩张;

(5) S 是 UG 半群.

证明 必要性. 由引理 1.4.3, 引理 1.4.4, 引理 1.4.5 和推论 1.4.7 即可证明.

充分性. 设 $A, B, C \in $ sub$S$, 且 $A \cap B = A \cap C$, 下证 $A \cap \langle B, C \rangle = A \cap B$. 显然只需证明 $A \cap \langle B, C \rangle \subseteq A \cap B$ 即可.

任取 $x \in A \cap \langle B, C \rangle$, 且不妨设 $x \in K_e$, 其中 $e \in E_S$.

若 $x \notin G_e$. 令

$$B' = B \cup \left(\bigcup_{f \in B \cap E_S} G_f \right),$$

$$C' = C \cup \left(\bigcup_{f \in C \cap E_S} G_f \right).$$

则由已知条件不难证明, $B', C' \in \text{sub} S$, 且 $\langle B', C' \rangle = B' \cup C'$. 这时,

$$x \in A \cap \langle B, C \rangle \subseteq A \cap \langle B', C' \rangle$$
$$= A \cap (B' \cup C') = (A \cap B') \cup (A \cap C').$$

于是 $x \in B' \cup C'$, 从而 $x \in B \cup C$, 即有 $x \in A \cap B = A \cap C$.

若 $x \in G_e$, 则易见 $e \in A \cap (B \cup C)$. 而 $A \cap B = A \cap C$, 所以 $e \in A \cap B \cap C$. 另一方面, 存在 $x_1, x_2, \cdots, x_n \in B \cup C$, 使得 $x = x_1 x_2 \cdots x_n$. 这时用归纳法不难证明,

$$x = ex = (ex_1 e)(ex_2 e) \cdots (ex_n e),$$

且 $ex_i e \in B \cup C$. 进而,

$$ex_i e \in (B \cup C) \cap G_e = (B \cap G_e) \cup (C \cap G_e).$$

于是由 G_e 是局部循环群以及 $\langle B \cap G_e, C \cap G_e \rangle$ 就是 G_e 的子群, 即得

$$x \in (A \cap G_e) \cap \langle B \cap G_e, C \cap G_e \rangle$$
$$= \langle (A \cap G_e) \cap (B \cap G_e), (A \cap G_e) \cap (C \cap G_e) \rangle$$
$$= \langle A \cap B \cap G_e, A \cap C \cap G_e \rangle$$
$$= \langle A \cap B \cap G_e \rangle$$
$$= A \cap B \cap G_e.$$

所以 $x \in A \cap B$.

综上所述, $A \cap \langle B, C \rangle \subseteq A \cap B$, 故 $A \cap \langle B, C \rangle = A \cap B$. 从而证明了 $\text{sub} S$ 是下半分配格. ∎

设 A 和 B 是两个不交的有限循环群, φ 是 A 到 B 的非平凡同态. 令 $\Sigma = A \cup B$, 在 Σ 上定义运算 "$\circ$" 如下: 对任意的 $x, y \in \Sigma$,

$$x \circ y = \begin{cases} xy, & \text{如果 } x, y \in A \text{ 或 } x, y \in B, \\ (x\varphi) y, & \text{如果 } x \in A, y \in B, \\ x(y\varphi), & \text{如果 } x \in B, y \in A. \end{cases}$$

那么 Σ 是半群[3]. 如果设 e, f 分别是 A 和 B 中的单位元, 则 $e\varphi = f$, 所以 $ef = fe = f$. 注意到 Σ 是周期半群, 而 $K_e = A$, $K_f = B$, $K_e K_f \cup K_e K_f \subseteq K_f$, 因此, $\mathcal{K}$ 是同余, 且 Σ 显然是 UG 半群. 故 $\text{sub}\Sigma$ 是下半分配格.

另一方面, 因为 φ 是非平凡同态, 所以存在 $x \in A$, $x \neq e$, 使得 $x\varphi \neq f$. 令

$$X = \langle x\varphi \rangle, \quad Y = \langle x \rangle, \quad Z = \{f\}.$$

那么 $X\cap(Y\vee Z)=X$, 但由 $x\varphi\neq f$ 可知,

$$(X\cap Y)\vee(X\cap Z)=X\cap Z=Z\neq X,$$

所以 $X\cap(Y\vee Z)\neq(X\cap Y)\vee(X\cap Z)$, 即 sub$\Sigma$ 不是分配格.

其次, 如果 $I_L=\{i,j\}$ 是二元左零半群, A 是由 a 生成的有限非平凡循环群, 并令 $\Sigma_L=A\times I_L$. 则 Σ_L 是有两个挠类 $K_{(e,i)}$ 和 $K_{(e,j)}$ 的周期半群, 其中 e 是 A 的单位元. 进一步不难看出, Σ_L 满足定理 1.4.8 的 (1)~(5), 因此, subΣ_L 是下半分配格. 但注意到, $(e,i)(a,j)=(a,i)\notin\langle(e,i)\rangle$, 所以 sub$\Sigma_L$ 不是分配格. 类似地, 如果 I_R 是二元右零半群, 则 $\Sigma_R=A\times I_R$ 的子半群格 subΣ_R 是下半分配格, 但不是分配格.

定理 1.4.9 设 S 是半群, 且 S 的子半群格 sub$S$ 是下半分配格, 那么 sub$S$ 不是分配格, 当且仅当 S 中包含一个形如 Σ 或 Σ_L 或 Σ_R 的子半群.

证明 充分性由上述分析已经证明, 下面证明必要性.

设半群 S 的子半群格 sub$S$ 是下半分配格但不是分配格, 则根据定理 1.4.1 和定理 1.4.8, 存在 $e,f\in E_S$, $e\neq f$ 以及 $x\in K_e$, $y\in K_f$, 使得 $xy\notin\langle x\rangle\cup\langle y\rangle$, 但 $xy\in(G_e\cup G_f)\setminus(\langle x\rangle\cup\langle y\rangle)$.

首先假设 $f<e$. 那么 $xy\in G_f\setminus\langle y\rangle$. 令 $G=\langle xe\rangle$, 显然, G 是 G_e 中的循环群. 若 $xe=e$, 则

$$xy=xyf=(xf)yf=(xef)yf=efyf=yf\in\langle y\rangle,$$

这是矛盾. 所以 G 是非平凡循环群. 作映射 $\varphi:G\to G_f$, 使得对任意的 $a\in G$, 有

$$a\varphi=af.$$

易见, φ 是同态. 如果 $(xe)\varphi=f$, 那么

$$f=(xe)\varphi=(xe)f=xf,$$

于是有

$$xy=xyf=(xf)yf=(xf)yf=fyf=fy\in\langle y\rangle,$$

矛盾. 因此 $(xe)\varphi\neq f$, 这说明 φ 是非平凡同态. 再令

$$H=\langle yf,(xe)\varphi\rangle.$$

显然, H 是 G_f 中的非平凡循环子群, 且满足

$$(xe)(yf)=(xef)(yf)=(xe)\varphi(yf),$$

$$(yf)(xe) = (yf)f(xe) = (yf)(xe)f = (yf)(xe)\varphi,$$

$$(xe)(xe)\varphi = (xe)(xef) = (xe)f(xe)f = (xe)\varphi(xe)\varphi,$$

$$(xe)\varphi(xe) = (xef)(xe) = (xe)f(xe)f = (xe)\varphi(xe)\varphi.$$

于是 $G \cup H$ 就是形如 Σ 的半群.

其次假设 $\{e, f\}$ 是左零半群, 则 $xy \in G_e \backslash \langle x \rangle$. 令 $C = \langle xy, f \rangle$, $\Sigma_L = \langle xy \rangle \times \{e, f\}$. 因为对任意的 $k > 0$, 有

$$f(xy)^k = (fxy)^k, \quad e(fxy)^k = (xy)^k,$$

所以 $C = \langle xy \rangle \vee \langle fxy \rangle = \langle xy \rangle \cup \langle fxy \rangle \cong \Sigma_L$. 对称地, 若 $\{e, f\}$ 是右零半群, 则 S 包含形如 Σ_R 的子半群. 定理得证. ∎

半群 S 称为 K 半群, 如果 S 的子半群格 sub$S$ 是可补格.

定理 1.4.10 任何 K 半群是单半群的链; 任何半群都嵌入到某个 K 半群中. 上述结论说明, K 半群的局部结构是任意的.

定理 1.4.11 周期的 K 半群是幂等元生成半群, 并且是完全单半群的链.

定理 1.4.12 半群 S 的子半群格 sub$S$ 是链, 当且仅当 S 是下列类型的半群之一:

(1) 拟循环 p 群 (即 $\bigcup\limits_{n=1}^{+\infty} \{a \in C : a^{p^n} = 1\}$);

(2) $S = \langle a \rangle$, 且 $a^{p^n+1} = a$;

(3) $S = \langle a \rangle$, 且 $a^{p^n+2} = a^2$;

(4) $S = \langle a \rangle$, 且 $a^{p^n+3} = a^3$, $p \neq 2$.

这里, p 是素数, n 是非负整数, C 是复数集.

第二章 π 逆半群的 π 逆子半群格

设 $a \in S$ 是半群 S 的任意一个元素, 若存在正整数 $n \in Z^+$, 使得 $a^n \in \mathrm{Reg}S$, 则称 a 是 S 中的 π 正则元. 同时, 把使得 $a^m \in \mathrm{Reg}S$ 的最小自然数 m 称为元素 a 在 S 中的正则指数, 且记其为 $r(a)$. 半群 S 称为 π 正则的, 如果 S 的每个元素是 π 正则的; π 正则半群 S 称为 π 逆的, 如果 S 的每个正则元 x 有唯一的逆元; x 的唯一逆元通常表示为 x^{-1}.

π 逆半群类是广义正则半群类, 其中包含很多重要的半群类. 逆半群类、诣零半群类、拟周期幂幺半群 π 群类等都是 π 逆半群类的真子类. 任意一个拟周期幂幺半群的半格也是 π 逆半群, 甚至 π 逆半群的半格也是 π 逆半群; 借助于 π 逆半群作的 π 逆半群的理想扩张也是 π 逆半群. 所以, π 逆半群类是一个非常广泛的半群类.

π 逆半群 S 的子集 A 称为 S 的 π 逆子半群, 如果 A 是 S 的子半群, 且关于任意的 $a \in A$, $a^{r(a)} \in \mathrm{Reg}A$. 显然, S 的子半群 A 是 S 的 π 逆子半群, 当且仅当关于任意的 $a \in A$, $a \in \mathrm{Reg}S$ 蕴涵 $a \in \mathrm{Reg}A$, 即 $A \cap \mathrm{Reg}S = \mathrm{Reg}A$. 由 π 逆半群 S 的子集 A 所生成的 π 逆子半群表示为 $\pi\langle A \rangle$.

设 S 为 π 逆半群, 用 $\mathrm{sub}\pi S$ 表示 S 的所有 π 逆子半群 (包括空集) 构成的集合. 容易证明, $\mathrm{sub}\pi S$ 构成一个完全格. 事实上, 对任意的 $A, B \in \mathrm{sub}\pi S$, 有

$$A \wedge B = A \cap B, \quad A \vee B = \pi\langle A, B \rangle.$$

$\mathrm{sub}\pi S$ 称为 π 逆半群 S 的 π 逆子半群格. 特别地, 如果 S 是逆半群, 那么 $\mathrm{sub}\pi S$ 就是逆半群 S 的逆子半群格 $\mathrm{sub i}S$.

这一章首先讨论了 π 逆半群的基本性质, 再利用这些性质主要研究 π 逆子半群格分别是半模格、0 模格、0 分配格、下半分配格以及补格的 π 逆半群的特性及结构. 作为特殊的 π 逆半群, 在本章的最后一节还研究了诣零半群的非空子半群的格. 这一章的结果主要来自文献 [18], [22] ∼ [25], [29] ∼ [33].

2.1 π 逆半群的基本性质

命题 2.1.1 若 S 为 π 逆半群, 则 $\langle E_S \rangle$ 是周期半群.

证明 设 $a \in \langle E_S \rangle$, $a^m \in \mathrm{Reg}S$, x 是 a^m 的唯一逆元, 则存在 $e_1, e_2, \cdots, e_n \in$

2.1 π 逆半群的基本性质

E_S, 使得 $a = e_1 e_2 \cdots e_n$, 且

$$(e_1 e_2 \cdots e_n)^m = (e_1 e_2 \cdots e_n)^m x (e_1 e_2 \cdots e_n)^m.$$

于是

$$x e_1 (e_1 e_2 \cdots e_n)^m x e_1 = x e_1$$

且

$$(e_1 e_2 \cdots e_n)^m x e_1 (e_1 e_2 \cdots e_n)^m = (e_1 e_2 \cdots e_n)^m.$$

根据 π 逆半群的定义, 有 $x e_1 = x$. 同理, $e_n x = x$.

如果 $m = 1$, 那么 $x = x e_1 e_2 \cdots e_n x = x e_2 \cdots e_n x$. 令 $y = e_2 \cdots e_n x e_2 \cdots e_n$. 则 $xyx = x, yxy = y$. 由 x 的逆元的唯一性,

$$y = e_2 e_3 \cdots e_n x e_2 e_3 \cdots e_n = e_1 e_2 \cdots e_n.$$

因此, $e_2 y = y = e_2 (e_1 e_2 \cdots e_n)$. 这时

$$x e_2 (e_1 e_2 \cdots e_n) x e_2 = x e_2,$$

且

$$e_1 e_2 \cdots e_n = (e_1 e_2 \cdots e_n) x e_2 (e_1 e_2 \cdots e_n).$$

根据 $e_1 e_2 \cdots e_n$ 的逆元的唯一性有 $x e_2 = x$.

如果重复上述过程, 我们有

$$x e_1 = x e_2 = \cdots = x e_n = x.$$

同理

$$e_n x = e_{n-1} x = \cdots = e_2 x = e_1 x = x.$$

所以

$$\begin{aligned} e_1 e_2 \cdots e_n &= e_1 e_2 \cdots e_n x e_1 e_2 \cdots e_n \\ &= x = x(e_1 e_2 \cdots e_n) x = x^2, \end{aligned}$$

进而, $e_1 e_2 \cdots e_n$ 是 S 的幂等元.

如果 $m \geqslant 2$, 令

$$y = e_2 \cdots e_n (e_1 e_2 \cdots e_n)^{m-2} e_1 e_2 \cdots e_{n-1},$$

则 $e_2 y = y = y e_{n-1}$, 且 $xyx = x$. 因此, yxy 是 x 的逆元. 于是

$$yxy = (e_1 e_2 \cdots e_n)^m,$$

所以
$$e_2(e_1e_2\cdots e_n)^m = (e_1e_2\cdots e_n)^m = (e_1e_2\cdots e_n)^m e_{n-1}.$$
进而
$$xe_2(e_1e_2\cdots e_n)^m xe_2 = xe_2,$$
且
$$(e_1e_2\cdots e_n)^m = (e_1e_2\cdots e_n)^m xe_2(e_1e_2\cdots e_n)^m.$$
利用 $(e_1e_2\cdots e_n)^m$ 的逆元的唯一性有 $xe_2 = x$. 同理, $e_{n-1}x = x$. 这时
$$\begin{aligned}x &= x(e_1e_2\cdots e_n)^m x\\&= x(e_3e_4\cdots e_n)(e_1e_2\cdots e_n)^{m-2}(e_1e_2\cdots e_{n-2})x.\end{aligned}$$

重复上述过程, 我们有
$$xe_1 = xe_2 = \cdots = xe_n = x = e_n x = e_{n-1}x = \cdots = e_1 x.$$
于是
$$\begin{aligned}(e_1e_2\cdots e_n)^m &= (e_1e_2\cdots e_n)^m x(e_1e_2\cdots e_n)^m\\&= x = x(e_1e_2\cdots e_n)^m x = x^2.\end{aligned}$$
故 $(e_1e_2\cdots e_n)^m$ 是幂等元. ∎

推论 2.1.2 设 S 为 π 逆半群.

(1) 若 $x \in \text{Reg}S \cap \langle E_S \rangle$, 则 $x \in E_S$;

(2) 若 $e, f, ef, fe \in E_S$, 则 $ef = fe$;

(3) 若 $e, f \in E_S$, 且 $ef = e$ $(ef = f)$, 那么 $e \leqslant f$ $(f \leqslant e)$.

证明 (1) 由命题 2.1.1 的证明即可得.

(2) 若 $e, f, ef, fe \in E_S$, 那么 $(ef)(fe)(ef) = ef$, $(fe)(ef)(fe) = fe$, 因此, $ef = fe$.

(3) 若 $ef = f$, 那么 $(fe)^2 = fefe = fe$, 也即 $fe \in E_S$. 由此 $ef = fe = e$, 即 $e \leqslant f$. ∎

推论 2.1.3 设 S 为 π 逆半群, 则 $\langle E_S \rangle$ 是 S 的 π 逆子半群.

推论 2.1.4 设 S 为 π 逆半群. 若 $x, y \in \langle E_S \rangle$, 且 $(xy)^n = e \in E_S$, 则 $xe = ex = ye = ey = e$.

利用命题 2.1.1 的证明即可得.

定理 2.1.5 关于 π 正则半群 S, 下列条件等价:

(1) S 为 π 逆半群;

(2) S 的每个 $\mathcal{L}$ 类和每个 $\mathcal{R}$ 类最多包含一个幂等元;

(3) $\langle E_S \rangle$ 是诣零半群的半格;

(4) 关于任意的 $e_1, e_2, \cdots, e_m \in E_S$, 存在 $n \in Z^+$, 使得

$$(e_1 e_2 \cdots e_m)^n = (e_{1\sigma} e_{2\sigma} \cdots e_{m\sigma})^n,$$

其中 σ 是集合 $\{1, 2, \cdots, m\}$ 上的任意一个置换;

(5) 关于任意的 $e, f \in E_S$, 存在 $n \in Z^+$, 使得 $(ef)^n = (fe)^n$;

(6) $\langle E_S \rangle$ 是 π 逆半群.

证明 (1) $\Rightarrow$ (2) 设 S 为 π 逆半群. 如果 $e, f \in E_S$, 且 $e\mathcal{L}f$, 则 $ef = e, fe = f$, 于是, 由推论 2.1.2 的 (2), $e = f$. 所以, S 的每个 $\mathcal{L}$ 类最多包含一个幂等元. 同理, S 的每个 $\mathcal{R}$ 类最多也包含一个幂等元.

(2) $\Rightarrow$ (1) 只证 S 的每个正则元有唯一逆元即可. 设 b, c 是 a 的两个逆元, 那么 $ba\mathcal{L}a\mathcal{L}ca$, $ab\mathcal{R}a\mathcal{R}ac$. 因而, $ba = ca$, $ab = ac$. 这时,

$$b = bab = b(aca)b = (ba)(ca)b = (ca)(ca)b = cab = cac = c.$$

从而证明了 (2) $\Rightarrow$ (1).

(1) $\Rightarrow$ (3) 设 S 为 π 逆半群, 则 $\langle E_S \rangle$ 是周期半群. 先证 $\langle E_S \rangle$ 中的任意挠类 $K_e (e \in E_S)$ 是诣零子半群. 任取 $a, b \in K_e$. 如果 $ab \notin K_e$, 那么存在 $f \in E_S$, $f \neq e$, 使得 $ab \in K_f$. 由推论 2.1.4 及 $(ab)^{r(ab)} = f$ 可知

$$e = e(ab)^{r(ab)} = ef = a^{r(a)}f = f,$$

这是个矛盾. 因此, 再由引理 1.3.1 即可证明 $\langle E_S \rangle$ 中的每个挠类是诣零子半群.

再证 $\langle E_S \rangle$ 是 $K_e (e \in E_S)$ 的半格. 设 $e, f, g \in E_S$, 且 $ef \in K_g$, 则有推论 2.1.4 可得 $g \leqslant e, g \leqslant f$, 且 $fe \in K_g$. 如果存在 $a \in K_e, b \in K_f$, 使得 $ab \in K_h, g \neq h \in E_S$, 那么 $ah = bh = ha = hb = h$, 且

$$eh = a^{r(a)}h = h = he, \quad fh = b^{r(b)}h = h = hb.$$

于是

$$g = g(ab)^{r(ab)} = gh = (ef)^{r(ef)}h = h.$$

这是个矛盾. 因此, $K_e K_f \subseteq K_g$. 同理, $K_f K_e \subseteq K_g$. 故 $\langle E_S \rangle$ 是 $K_e (e \in E_S)$ 的半格.

(3) $\Rightarrow$ (4) 设 $k, l \in Z^+$, 且

$$(e_1 e_2 \cdots e_m)^k = e \in E_S,$$

$$(e_{1\sigma}e_{2\sigma}\cdots e_{m\sigma})^l = f \in E_S.$$

根据命题 2.1.1 的证明及推论 2.1.4, $e \leqslant e_i, f \leqslant e_i, i = 1, 2, \cdots, m$. 于是

$$f = f(e_1 e_2 \cdots e_m)^k = fe, \quad e = e(e_{1\sigma}e_{2\sigma}\cdots e_{m\sigma})^l = ef,$$

进而 $e = f$. 这时 $(e_1 e_2 \cdots e_m)^{kl} = (e_{1\sigma}e_{2\sigma}\cdots e_{m\sigma})^{kl}$.

(4) $\Rightarrow$ (5) 显然.

(1) $\Leftrightarrow$ (5) 由文献 [20] 中第四章的引理 1 即可证.

最后, (5)$\Rightarrow$(6) 和 (6)$\Rightarrow$(1) 可由 (1) 和 (5) 的等价性而证明. ∎

π 逆半群 S 的包含幂等元集 E_S 的 π 逆子半群称为 S 的全 π 逆子半群.

命题 2.1.6 设 A, B 为 π 逆半群 S 的全 π 逆子半群, 则

$$\pi\langle A, B\rangle = \langle A, B\rangle.$$

证明 只需证明关于任意的 $x \in \langle A, B\rangle$, $x^{r(x)}$ 在 $\langle A, B\rangle$ 中有逆元即可. 事实上, 设 $x^{r(x)} = x_1 x_2 \cdots x_n$, 且 $x^{r(x)}$ 在 S 中的逆元为 x', 其中 $x_1, x_2, \cdots, x_n \in A \cup B$. 那么根据引理 1.2.3, 存在 $e_1, e_2, \cdots, e_n \in E_S$, 使得 $x^{r(x)} = X_1 X_2 \cdots X_n$, 且 $X_i = e_i x_i \in \operatorname{Reg} S, i = 1, 2, \cdots, n$. 因为 $E_S \subseteq A \cap B$, 所以 $X_i \in A \cup B$. 又因为 A 和 B 都是 (全)π 逆子半群, 因此 $X_i^{-1} \in A \cup B$, 其中 $i = 1, 2, \cdots, n$. 进而,

$$X_n^{-1} e_n X_{n-1}^{-1} e_{n-1} \cdots X_1^{-1} e_1 \in \langle A, B\rangle.$$

而另一方面, 根据引理 1.2.3, $X_n^{-1} e_n X_{n-1}^{-1} e_{n-1} \cdots X_1^{-1} e_1$ 就是 $x^{r(x)}$ 的逆元.

这证明了 $\langle A, B\rangle \cap \operatorname{Reg} S = \operatorname{Reg}\langle A, B\rangle$, 从而命题得证. ∎

引理 2.1.7 设 S 是 π 逆半群, $x, a \in \operatorname{Reg} S, e \in E_S$. 如果 $x = ea$, 则

(1) $xx^{-1} \leqslant e$, 进而 $x = xx^{-1}a$;

(2) $x = ax^{-1}x$;

(3) $xx^{-1} \leqslant aa^{-1}$;

(4) $x^{-1} = a^{-1}xx^{-1}$.

证明 (1) 显然, $ex = x$, 因此 $exx^{-1} = xx^{-1}$. 由推论 2.1.2 的 (3), $xx^{-1} \leqslant e$, 进而, $x = xx^{-1}a$.

(2) 易见, $x = xx^{-1}x = (xx^{-1}a)x^{-1}(xx^{-1}a) = xx^{-1}(ax^{-1})a$. 令 $f = ax^{-1}$, 则

$$f^2 = (ax^{-1})(ax^{-1}) = ax^{-1}(xx^{-1}a)x^{-1} = ax^{-1} = f,$$

$$xx^{-1}f = xx^{-1}(ax^{-1}) = (xx^{-1}a)x^{-1} = xx^{-1},$$

$$fxx^{-1} = (ax^{-1})xx^{-1} = ax^{-1} = f,$$

2.1 π 逆半群的基本性质

由此可得 $xx^{-1} = f = ax^{-1}$. 于是 $x = fx = (ax^{-1})x = ax^{-1}x$.

(3) 由 (2) 知 $x = ax^{-1}x$. 于是, $aa^{-1}x = x$, 进而, $aa^{-1}xx^{-1} = xx^{-1}$. 故 $xx^{-1} \leqslant aa^{-1}$.

(4) 根据 (2) 和 (3), $xx^{-1} \leqslant e$, $xx^{-1} \leqslant aa^{-1}$. 因此,

$$x(a^{-1}e)x = (xx^{-1}a)(a^{-1}e)(xx^{-1}a) = xx^{-1}a = x.$$

于是, 由逆元的唯一性有

$$x^{-1} = (a^{-1}e)x(a^{-1}e) = (a^{-1}e)(xx^{-1}a)(a^{-1}e)e = a^{-1}xx^{-1}.$$

故引理得证. ∎

设 S 为 π 逆半群, X 是 S 的子集. 用 $\langle X \rangle^{-1}$ 表示下面的集合：

$$\{x^{-1} : x \in \langle X \rangle \cap \mathrm{Reg} S\}.$$

引理 2.1.8 设 S 是 π 逆半群, X 是 S 的子集, 那么

$$\pi\langle E_S, X \rangle = \langle \langle E_S, X \rangle, \langle E_S, X \rangle^{-1} \rangle = \langle X, \langle E_S, X \rangle^{-1} \rangle.$$

特别地, 如果 $x \in S$, 则 $\pi\langle E_S, x \rangle = \langle x, \langle E_S, x \rangle^{-1} \rangle$.

证明 显然, $E_S \subseteq \langle E_S, X \rangle^{-1}$, 所以, $\langle \langle E_S, X \rangle, \langle E_S, X \rangle^{-1} \rangle = \langle X, \langle E_S, X \rangle^{-1} \rangle$. 由 π 逆子半群的定义, $\pi\langle E_S, X \rangle \supseteq \langle \langle E_S, X \rangle, \langle E_S, X \rangle^{-1} \rangle$. 因此, 现在只需要证明

$$\langle \langle E_S, X \rangle, \langle E_S, X \rangle^{-1} \rangle \cap \mathrm{Reg} S \subseteq \mathrm{Reg}\langle \langle E_S, X \rangle, \langle E_S, X \rangle^{-1} \rangle.$$

设 $a \in \langle \langle E_S, X \rangle, \langle E_S, X \rangle^{-1} \rangle \cap \mathrm{Reg} S$. 那么存在 $\langle E_S, X \rangle \cup \langle E_S, X \rangle^{-1}$ 中的元素 $a_1, a_2, \cdots, a_k$ 和正整数 k, 使得 $a = a_1 a_2 \cdots a_k$. 根据引理 1.2.3 的 (1) 和 (2), 存在 $e_1, e_2, \cdots, e_k \in E_S$, 使得 $a = (e_1 a_1)(e_2 a_2) \cdots (e_n a_k)$, 且 $a \mathcal{D} e_i a_i$, 其中 $i = 1, 2, \cdots, k$. 记 $x_i = e_i a_i$, 则 $x_i \in \mathrm{Reg} S$. 再利用引理 1.2.3 的 (3),

$$a^{-1} = x_k^{-1} e_k x_{k-1}^{-1} e_{k-1} \cdots x_1^{-1} e_1.$$

注意到, 对某个 $1 \leqslant i \leqslant k$, 如果 $a_i \in \langle E_S, X \rangle$, 那么 $x_i = e_i a_i \in \langle E_S, X \rangle$, 进而, $x_i^{-1} \in \langle E_S, X \rangle^{-1}$; 如果 $a_i \in \langle E_S, X \rangle^{-1}$, 那么 $a_i^{-1} \in \langle E_S, X \rangle$, 进而由引理 2.1.7 可得 $x_i^{-1} = a_i^{-1}(x_i x_i^{-1}) \in \langle E_S, X \rangle$. 所以 $a^{-1} \in \langle \langle E_S, X \rangle, \langle E_S, X \rangle^{-1} \rangle$, 即 $a \in \mathrm{Reg}\langle \langle E_S, X \rangle, \langle E_S, X \rangle^{-1} \rangle$. 从而引理得证. ∎

引理 2.1.9 设 ρ 是 π 逆半群 S 上的同余, $a\rho$ 是 S/ρ 中的幂等元, 则存在幂等元 $e \in E_S$, 使得 $a\rho = e\rho$, 且 $R_e \leqslant R_a$, $L_e \leqslant L_a$.

证明 设 $r(a^2) = n$ 且 $(a^2)^n = (a^n)^2 = a^{2n}$ 的逆元为 x, 显然

$$a\rho = a^2\rho = a^n\rho = a^{2n}\rho.$$

令 $e = a^n x a^n$, 那么

$$e^2 = (a^n x a^n)(a^n x a^n) = a^n(xa^{2n}x)a^n = a^n x a^n = e,$$

即 e 是 S 中的幂等元. 于是

$$a^n\rho = a^{2n}\rho \Rightarrow a^n x a^n \rho = a^{2n} x a^{2n} \rho$$
$$\Rightarrow e\rho = a^{2n}\rho$$
$$\Rightarrow e\rho = a\rho.$$

最后, 显然有 $R_e \leqslant R_a, L_e \leqslant L_a$. ∎

推论 2.1.10 设 T 是 π 逆半群 S 在同态 ϕ 下的同态像, 那么 $E_S\phi = E_T$.

引理 2.1.11 设 S 是 π 逆半群, 映射 $\phi: S \to T$ 是满同态. 那么

(1) 若 A 是 S 的全 π 逆子半群, 则 $A\phi$ 也是 T 的全 π 逆子半群; 反之, 若 B 是 T 的全 π 逆子半群, 则 $B\phi^{-1}$ 也是 S 的全 π 逆子半群;

(2) 若 $A_i\ (i \in I)$ 是 S 的任意一族全 π 逆子半群, 则 $\langle A_i : i \in I\rangle\phi = \langle A\phi : i \in I\rangle$.

证明 (1) 显然, $A\phi$ 是 T 的全子半群. 下面证明 $A\phi$ 是 T 的全 π 逆子半群. 设 $a \in A$, 并假设 $c = a\phi \in \mathrm{Reg}T$. 令 $c^{-1} = b\phi$, 其中 $b \in S$. 那么存在整数 $n > 1$, 使得 $(ab)^n \in \mathrm{Reg}S$, 记 $((ab)^n)^{-1} = z$. 则 $(ab)^n z \in E_S$, 因此, $(ab)^n za \in A$. 注意到,

$$\begin{aligned}c &= cc^{-1}c = (cc^{-1})^n c = (a\phi b\phi)^n c = ((ab)^n)\phi c \\ &= ((ab)^n z(ab)^n)\phi c = (a\phi b\phi)^n(z\phi)(a\phi b\phi)^n c \\ &= (cc^{-1})^n(z\phi)(cc^{-1})^n c = cc^{-1}(z\phi)cc^{-1}c \\ &= cc^{-1}(z\phi)c.\end{aligned}$$

于是

$$((ab)^n za)\phi = (cc^{-1})^n(z\phi)c = (cc^{-1})(z\phi)c = c.$$

又因为

$$((ab)^n za)(b(ab)^{n-1}z)((ab)^n za) = (ab)^n za,$$

因此, $(ab)^n za \in A \cap \mathrm{Reg}S = \mathrm{Reg}A$. 所以, $c \in \mathrm{Reg}(A\phi)$, 故 $A\phi$ 是 T 的全 π 逆子半群.

反之, 如果 B 是 T 的全 π 逆子半群, 则 $B\phi^{-1}$ 是 S 的全子半群. 假设 $a \in B\phi^{-1} \cap \mathrm{Reg}S$, 那么 $a^{-1}\phi$ 是 $a\phi \in B \cap \mathrm{Reg}T$ 的逆元. 进而, 因为 B 是全 π 逆子半群, 所以 $a^{-1}\phi \in B$, 从而 $a^{-1} \in B\phi^{-1}$. 这样, $B\phi^{-1}$ 是 S 的全 π 逆子半群.

(2) 根据命题 2.1.6 即可证明. ■

命题 2.1.12 设 T 是 (强)π 逆半群 S 在同态 ϕ 下的同态像, 那么

(1) $(\mathrm{Reg}S)\phi = \mathrm{Reg}T$;

(2) T 是 (强)π 逆半群.

证明 (1) 如果 x 是 S 的正则元, 那么易见, $x^{-1}\phi$ 是 $x\phi$ 的逆元, 因此, $(\mathrm{Reg}S)\phi \subseteq \mathrm{Reg}T$.

反之, 设 $c \in \mathrm{Reg}T$, 那么存在 $a, b \in S$, 使得 $c = a\phi$, $c^{-1} = b\phi$. 因为 S 是 π 正则的, 所以存在整数 $n > 1$, 使得 $(ab)^n \in \mathrm{Reg}S$, 并记 $((ab)^n)^{-1} = z$. 那么完全类似于引理 2.1.11 的 (1) 的证明可得, $(ab)^n za \in \mathrm{Reg}S$, $((ab)^n za)\phi = c$. 这就说明 $(\mathrm{Reg}S)\phi \supseteq \mathrm{Reg}T$. 故 $(\mathrm{Reg}S)\phi = \mathrm{Reg}T$.

(2) 任取 $a \in T$, 设 $x\phi = a$, y 是 $x^{r(x)}$ 的逆元. 那么

$$\begin{aligned}a^{r(x)} &= (x^{r(x)})\phi = (x^{r(x)}yx^{r(x)})\phi \\ &= (x^{r(x)})\phi y\phi (x^{r(x)})\phi = a^{r(x)}(y\phi)a^{r(x)}.\end{aligned}$$

这证明了 T 的任一元素是 π 正则的, 从而 S 是 π 正则半群.

再取 $g, h \in E_T$. 根据推论 2.1.10, 存在 $e, f \in E_S$, 使得 $e\phi = g$, $f\phi = h$. 又由定理 2.1.5, 存在 $n \in Z^+$, 使得 $(ef)^n = (fe)^n$. 于是,

$$\begin{aligned}(gh)^n &= (e\phi f\phi)^n = ((ef)^n)\phi \\ &= ((fe)^n)\phi = (f\phi e\phi)^n \\ &= (hg)^n.\end{aligned}$$

故 T 是 π 逆半群. ■

命题 2.1.13 单 (0 单) 的 π 逆半群一定是逆半群.

证明 假设 S 是单 (0 单) 的 π 逆半群. 我们首先证明: 对任意的 $x \in S$, 一定存在 $f \in E_S$, 使得 $x = fx$. 事实上, 设 $e \in E_S$ 是 S 中的任意非零幂等元, 因为 S 是单 (0 单) 的, 所以存在 $s, t, u, v \in S^1$, 使得 $x = set$, $e = uxv$. 显然, 我们可以认为 $s = se$. 那么对任意的正整数 n, 有 $x = (su)^n x(vt)^n$. 现在就取 $n = r(su)$, 则 $(su)^n \in \mathrm{Reg}S$. 于是可设 $f \in E_S \cap R_{(su)^n}$, 由此得 $x = fx$.

现在设 $f = axb$, 其中 $a, b \in S^1$, 那么 $x = fx = axbx$, 进而对任意正整数 k, 有 $x = a^k x(bx)^k$, 特别地, 取 $k = r(bx)$, 则 $(bx)^k$ 是正则的, 于是由 $x\mathcal{L}(bx)^k$ 可得 x 也是正则的. 这证明了 S 是正则半群, 从而是逆半群. ■

2.2 π 逆子半群格是半模格的 π 逆半群

这一节要讨论的是 π 逆子半群格是半模格的 π 逆半群.

引理 2.2.1 设 S 是 π 逆半群, 如果 $\text{sub}\pi S$ 是半模格, 那么

(1) E_S 是链;

(2) $\text{Reg}S = \text{Gr}S$;

(3) $\text{Reg}S$ 是群的序和;

(4) S 是拟周期幂幺半群的链.

证明 (1) 设 $e, f \in E_S$ 且 $e \neq f$, 令 $A = \{e\}, B = \{f\}$. 那么 $A \succ A \cap B$. 因此 $\pi\langle A, B\rangle = \pi\langle e, f\rangle \succ B$. 而根据推论 2.1.2, $\pi\langle e, f\rangle = \langle e, f\rangle$, 进而 $\langle e, f\rangle \succ \{f\}$. 于是可得 $\langle e, f\rangle = \langle ef, f\rangle$ 或者 $\langle ef, f\rangle = \{f\}$. 因此有 $ef = e$ 或者 $ef = f$, 这证明了 E_S 是链.

(2) 任取 $a \in \text{Reg}S$, 并假设 $aa^{-1} \neq a^{-1}a$, 则根据 (1) 可知, $a^{-1}a$ 与 aa^{-1} 是可比的, 不妨设 $a^{-1}a < aa^{-1}$. 那么由引理 1.2.8, $\pi\langle a\rangle$ 是双循环半群, 且 aa^{-1} 是 $\pi\langle a\rangle$ 中的单位元. 令
$$A = \text{inv}\langle a^6\rangle, \quad B = \text{inv}\langle a^4, a^{-2}a^2, a^{-3}a^3\rangle.$$
则不难验证, $A \cap B = \text{inv}\langle a^{12}, a^{-6}a^6\rangle$, 进而, $A \succ A \cap B$. 于是, 由 $\text{sub}\pi S$ 是半模格即得 $A \vee B = B$, 即 $\text{inv}\langle a^2, a^{-3}a^3\rangle \succ \text{inv}\langle a^4, a^{-2}a^2, a^{-3}a^3\rangle$. 但
$$\text{inv}\langle a^2, a^{-3}a^3\rangle \supset \text{inv}\langle a^4, a^{-1}a, a^{-2}a^2, a^{-3}a^3\rangle \supset \text{inv}\langle a^4, a^{-2}a^2, a^{-3}a^3\rangle,$$
这是矛盾. 这就说明 $aa^{-1} = a^{-1}a$, 因此 S 的任一正则元是群元, 从而 $\text{Reg}S = \text{Gr}S$.

(3) 利用 (1) 和 (2) 可得, $\text{Reg}S$ 是 G_e $(e \in E_S)$ 的链. 设 $e, f \in E_S$ 且 $e < f$, 那么 $G_e G_f \cup G_f G_e \subseteq G_e$. 设 $y \in G_f$, 则 $ey = (ey)e = e(ye) = ye$, 且 $\text{inv}\langle y\rangle = \pi\langle y\rangle$ 是 G_f 的循环子群. 设 $\text{inv}\langle y^s\rangle$ 是 $\text{inv}\langle y\rangle$ 中的极大子群, 并令
$$A = \text{inv}\langle y\rangle, \quad B = \text{inv}\langle e, y^s\rangle.$$
那么不难验证, $A \cap B = \text{inv}\langle y^s\rangle$, 因此, $A \succ A \cap B$. 于是由 $\text{sub}\pi S$ 的半模性得 $\text{inv}\langle e, y\rangle = A \vee B \succ B$. 但显然, $B \subseteq \text{inv}\langle ey, y^s\rangle \subset \text{inv}\langle e, y\rangle$, 所以, $B = \text{inv}\langle ey, y^s\rangle$. 由此有 $ye \in \text{inv}\langle e, y^s\rangle$. 于是, 存在整数 k, 使得 $ye = y^{ks}e$, 进而, $y^{ks-1}e = y^{-1}y^{ks}e = y^{-1}ye = fe = e$. 记
$$M = \{m \in Z : y^m e = e\},$$
则 M 显然是非空的. 因此, M 中存在最小正整数 r, 且容易证明, r 整除 M 中的每个数.

现在假设 $\operatorname{inv}\langle y^r\rangle \subset \operatorname{inv}\langle y\rangle$，并设 $\operatorname{inv}\langle y^p\rangle$ 是 $\operatorname{inv}\langle y\rangle$ 中包含 $\operatorname{inv}\langle y^r\rangle$ 的极大真子群. 易见，p 是素数，且 p 整除 r. 如果在上面的证明中令 $s=p$，那么 $ye \in \operatorname{inv}\langle e,y^p\rangle$，进而，存在整数 t，使得 $e=y^{pt-1}e$. 由此 $pt-1 \in M$，从而 r 整除 $pt-1$. 又因为 p 整除 r，所以，p 整除 $pt-1$，这是矛盾. 这说明 $\operatorname{inv}\langle y^r\rangle = \operatorname{inv}\langle y\rangle$，于是，$ey=e$.

现在任取 $x \in G_e$ 以及 $y \in G_f$，那么 $xy=xey=xe=x$，且同理有 $yx=x$. 这样就证明了 $\operatorname{Reg}S$ 是群的序和.

(4) 由 (2) 可知 S 是拟周期半群，又由 (1) 知 E_S 是链，于是根据定理 1.3.4，S 是拟周期幂幺半群的链. ∎

引理 2.2.2 如果 π 逆半群 S 是拟周期幂幺半群的链，且 $\operatorname{Gr}S$ 是群的序和，那么对任意的 $A,B \in \operatorname{sub}\pi S$，总有 $\pi\langle A,B\rangle = \langle A,B\rangle$.

证明 显然，只需证明 $\langle A,B\rangle \cap \operatorname{Gr}S$ 中的每个元素在 $\langle A,B\rangle$ 中正则即可. 事实上，现在设 $a \in \langle A,B\rangle \cap \operatorname{Gr}S$，那么存在 $a_1,a_2,\cdots,a_k \in A \cup B$，使得 $a=a_1a_2\cdots a_k$，其中 $k \in Z^+$. 令 $a \in G_e$. 若对某个 a_i 和 $f \in E_S$，$a_i \in K_f$，但 $a_i \notin K_e$，则由 S 是拟周期幂幺半群的链以及定理 1.3.4，我们有 $e < f$，从而根据 $\operatorname{Gr}S$ 是群的序和可知，$ea_i = (ef)a_i = e(fa_i) = e$. 因此，对任意的 $i=1,2,\cdots,k$，我们可以假设 $a_i \in K_e$. 显然，如果对某个 a_i，$a_i \in A$ 或者 $a_i \in B$，那么 $e \in A$ 或者 $e \in B$，因此，对任意的 a_i，有 $ea_i \in (A \cup B) \cap G_e$，进而

$$a^{-1} = (ea_k)^{-1}(ea_{k-1})^{-1}\cdots(ea_1)^{-1} \in \langle A,B\rangle.$$

这证明了 $\langle A,B\rangle \cap \operatorname{Gr}S$ 的每一个元素 a 在 $\langle A,B\rangle$ 是正则的，由此有 $\pi\langle A,B\rangle = \langle A,B\rangle$. ∎

由上述引理的证明容易得到下面的推论.

推论 2.2.3 如果 π 逆半群 S 是拟周期幂幺半群的链，且 $\operatorname{Gr}S$ 是群的序和，那么对任意的 $A,B \in \operatorname{sub}\pi S$，有 $\operatorname{Gr}\langle A,B\rangle = \langle \operatorname{Gr}A, \operatorname{Gr}B\rangle$.

推论 2.2.4 如果 π 逆半群 S 是拟周期幂幺半群的链，且 $\operatorname{Gr}S$ 是群的序和，那么映射 $\varphi: A \to A \cap \operatorname{Gr}S$ 是 $\operatorname{sub}\pi S$ 到 $\operatorname{sub}\pi(\operatorname{Gr}S)$ 的格满同态.

引理 2.2.5 设 S 是一个 π 逆半群，且 $\operatorname{sub}\pi S$ 是半模格. 如果 $e,f \in E_S$ 且 $e < f$，那么对任意的 $a \in K_e$，总有 $af,fa \in \{a,ae\}$.

证明 首先，我们来证明 $af \in \pi\langle a\rangle$. 对 $r(a)$ 用归纳法. 显然，当 $af \in G_e$ 或者 $r(a)=1$ 时，$af=e(af)=a(ef)=ae \in \pi\langle a\rangle$. 现在假设对满足 $1 \leqslant r(x) < m$ 的所有 $x \in K_e$，都有 $xf \in \pi\langle x\rangle$. 下面证明，当 $r(a)=m$ 且 $r(a)>1$ 时，$af \in \pi\langle a\rangle$. 令 $A=\pi\langle a\rangle$，$B=\pi\langle a^2,a^3,f\rangle$. 那么由归纳假设，$B=\pi\langle a^2,a^3\rangle \cup \{f\}$. 易见，$A \succ \pi\langle a^2,a^3\rangle = A \cap B$. 因此根据半模性，$\pi\langle A,B\rangle \succ B$，这就是说 $\pi\langle a,f\rangle \succ \pi\langle a^2,a^3\rangle \cup \{f\}$.

于是有
$$\pi\langle a, f\rangle = \pi\langle a^2, a^3, f, af\rangle,$$
或者
$$\pi\langle a^2, a^3, f, af\rangle = \pi\langle a^2, a^3\rangle \cup \{f\}.$$

如果 $\pi\langle a, f\rangle = \pi\langle a^2, a^3, f, af\rangle$, 那么 $a \in \pi\langle a^2, a^3, f, af\rangle$, 从而 $a \in \langle f, af\rangle$ (因为 $r(a) > 1$), 因此 $af = a$.

如果 $\pi\langle a^2, a^3, f, af\rangle = \pi\langle a^2, a^3\rangle \cup \{f\}$, 那么 $af \in \pi\langle a^2, a^3\rangle \cup \{f\}$, 进而 $af \in \pi\langle a^2, a^3\rangle$. 这样, $af \in \pi\langle a\rangle$.

现在来证明 $af \in \{a, ae\}$. 因为 $af \in \pi\langle a\rangle$, 因此必有 $af = a$, 或者有 $af \in G_e$, 由此得 $af = (af)e = ae$, 或者对某个 $k \in Z^+$ 有 $af = a^k$, 由此可得
$$af = a^{k-1}(af) = a^{2(k-1)}af = \cdots = a^{r(a)(k-1)}af$$
$$= e(a^{r(a)(k-1)}af) = e(af) = ae,$$

其中 $1 < k < r(a)$. 这就证明了 $af \in \{a, ae\}$. 完全类似可证, $fa \in \{a, ae\}$. ∎

引理 2.2.6 设 S 是一个 π 逆半群, subπS 是半模格, $e, f \in E_S$, 且 $e < f$.

(1) 如果 G, M 是 G_f 的满足 $G \succ M$ 的两个子群, 那么对任意的 $a \in K_e \backslash G_e$, 有
$$\pi\langle M, a\rangle \cap K_e = \pi\langle G, a\rangle \cap K_e;$$

(2) 如果 $g \in G_f$, 那么对任意的 $n \geqslant 1$, 有
$$\pi\langle g^n, a\rangle \cap K_e = \pi\langle g, a\rangle \cap K_e.$$

证明 (1) 因为 GrS 是群的序和, 因此对 G_f 的任意子群 H, 都有 $\pi\langle e, H\rangle = \{e\} \cup H$, 从而, $\pi\langle e, G\rangle \succ \pi\langle e, M\rangle$, 并且
$$\pi\langle e, G\rangle \cap \pi\langle M, a\rangle = (\{e\} \cap \pi\langle M, a\rangle) \cup (G \cap \pi\langle M, a\rangle)$$
$$= \{e\} \cup M = \pi\langle e, M\rangle.$$

于是由半模性, $\pi\langle e, G\rangle \vee \pi\langle M, a\rangle \succ \pi\langle M, a\rangle$. 注意到
$$\pi\langle e, G\rangle \vee \pi\langle M, a\rangle = \pi\langle G, a\rangle,$$
且
$$\pi\langle G, a\rangle = G \cup (\pi\langle G, a\rangle \cap K_e),$$
$$\pi\langle M, a\rangle = M \cup (\pi\langle M, a\rangle \cap K_e),$$

所以
$$\pi\langle M,a\rangle \subseteq M\cup(\pi\langle G,a\rangle\cap K_e)\subset \pi\langle G,a\rangle,$$
由此有 $\pi\langle M,a\rangle = M\cup(\pi\langle G,a\rangle\cap K_e)$. 于是由 $M\cap K_e = \emptyset$ 便得
$$\pi\langle M,a\rangle\cap K_e = (M\cup(\pi\langle G,a\rangle\cap K_e))\cap K_e$$
$$= \pi\langle G,a\rangle\cap K_e.$$

(2) 设 $g\in G_f$. 显然, 对任意的 $n\in Z^+$, 可以假设 $n=p^k q$, 其中 $k,p,q\in Z^+$, 而 p 是不同于 q 的素数. 如果 $q=1$, 那么对任意的 $i=1,2,\cdots,k$, 有
$$\pi\langle g^{p^i}\rangle \prec \pi\langle g^{p^{i-1}}\rangle,$$
于是利用 (1) 有
$$\pi\langle g^n,a\rangle\cap K_e = \pi\langle g,a\rangle\cap K_e.$$
如果 $q>1$, 那么
$$\pi\langle g^n\rangle \prec \pi\langle g^{p^k}\rangle \prec \pi\langle g^{p^{k-1}}\rangle \prec \cdots \prec \pi\langle g^p\rangle \prec \pi\langle g\rangle,$$
从而也有 $\pi\langle g^n,a\rangle\cap K_e = \pi\langle g,a\rangle\cap K_e$. ∎

引理 2.2.7 设 S 是 π 逆半群, $\mathrm{sub}\pi S$ 是半模格, $e,f\in E_S$ 且 $e<f$, $a\in K_e$ 且 $af=a$, 那么对任意的 $g\in G_f$, 有 $ag=a$.

证明 显然, 若 $a\in G_e$, 则根据引理 2.2.1(3), $ag=aeg=ae=a$. 下面假设 $a\notin G_e$, 那么 $ag\mathcal{R}a$ (因为 $ag=a\cdot g$, $a=af=ag\cdot g^{-1}$), 因此 $ag\notin G_e$ (否则, 如果 $ag\in G_e$, 那么 $ag\in \mathrm{Reg}S$, 进而 $a\in \mathrm{Reg}S$, 这就有 $a\in G_e$). 由引理 2.2.6, 对每个正整数 n, 都有 $ag\in \pi\langle a^n,g\rangle$. 这就是说, 存在不同于 n 的正整数 m 以及正整数 $i_0,i_1,\cdots,i_m$, 使得
$$ag = g^{i_0}ag^{i_1}a\cdots ag^{i_m}.$$

如果 $m>1$, 那么 $a=g^{i_0}ax$, 其中 x 和 a 至少有一个在 K_e 中. 因为 K_e 是拟周期幂幺半群, 所以存在整数 N (比如, $N=r(x)$), 使得 $a=(g^{i_0})^N ax^N \in G_e$, 这与假设 $a\notin G_e$ 矛盾. 这样就一定有 $m=1$, 进而我们可以设 $ag=g^{in}ag^{jn}$, 其中 i,j 是正整数 ($in=i_0, jn=i_1$). 于是 $a=g^{in}ag^{jn-1}$ (因为 $af=a$), 且 $jn-1\neq 0$. 令
$$H = \{g^k : a=g^r ag^k \text{ 对某个整数 } r\}.$$

显然, H 是非空的, 因为 $f\in H$. 其次, 如果对某个整数 k, $g^k\in H$, 也就是说对某个整数 r, $a=g^r ag^k$, 那么当 $r=0$ 时, 则有 $a=ag^k$, 从而 $a=ag^{-k}$, 即 $g^{-k}\in H$;

而当 $r \neq 0$ 时, 则有 $fa = a$ (否则, 就有 $fa = ae$, 进而有 $a = g^r a g^k = ae \in G_e$, 但 $a \notin G_e$), 因此 $a = g^{-r} a g^{-k}$, 也就是 $g^{-k} \in H$. 这证明了 H 是 $\pi\langle g\rangle$ 的非平凡子群, 从而可设 $H = \pi\langle g^M\rangle$, 这里 M 是非零整数.

现在就取 $n = M$, 那么 $a = g^{iM} a g^{jM-1}$, 其中 i, j 为整数. 因为 $g^{jM-1} \in H$, 因此 $M|(jM-1)$, 由此得 $M = 1$, 于是 $a = g^r a g$, 这里 r 为整数. 再由 $af = a$ 得 $ag^{-1} = g^r a$.

另一方面, 利用引理 2.2.5, 必有 $fa \in G_e$, 或者 $fa = a$. 若 $fa \in G_e$, 则 $r = 0$(否则, $a = g^r a g = f g^r a g = fa \in G_e$), 因此必有 $ag = a$. 若 $fa = a$, 那么 $ag = g^{-r} a$ (因为 $a = g^r a g$). 这样, 对任意的正整数 n, 必有

$$a = g^{in} a g^{jn-1} = g^{in} g^{-r(jn-1)} a = g^{in-r(jn-1)} a.$$

令 $l = in - r(jn-1)$. 如果 $l = 0$, 那么由于 n 是任意正整数, 所以 $r = 0$, 由此有 $ag = a$. 现在假设 $l \neq 0$, 并令

$$H = \{g^k : g^k a = a, k \text{为非零整数}\},$$

那么 H 是 $\pi\langle g\rangle$ 的非平凡子群, 因此可设 $H = \pi\langle g^N\rangle$, 其中 N 是某个非零整数. 这样, 利用 $g^N a = a$ 可得, $ga \in \pi\langle g^N, a\rangle$, 且 $ga = g^{iN} a g^{jN}$. 再由 $ag = g^{-r} a$ 得 $ga = g^{-rjN} a$, 从而 $a = g^{-rjN-1} a$. 于是和上面一样, 有 $N = 1$ 且 $ga = a$. 进而 $g^{-1} a = a$, 即有 $ag = g^{-r} a = a$. ∎

引理 2.2.8 设 S 是 π 逆半群, $\text{sub}\pi S$ 是半模格, $e, f \in E_S$ 且 $e < f$, $a \in K_e$ 且 $af = ae$, 那么对任意的 $b \in K_f$, 有 $ab \in \pi\langle a\rangle$.

证明 对 $r(a) + r(b)$ 用归纳法.

若 $r(a) = 1$ 或者 $r(b) = 1$, 那么显然, $ab = ae$. 现在假设对所有的满足 $2 \leqslant r(x) + r(y) < m$ 和 $xf = xe$ 的 $x \in K_e$ 以及 $y \in K_f$ 都有 $xy \in \langle x\rangle \cup \{xe\}$. 现在假设 $a \in K_e$, $b \in K_f$ 且 $r(a) + r(b) = m$, $r(a) > 1$, $r(b) > 1$. 令

$$A = \pi\langle a^2, a^3, b\rangle, \quad B = \pi\langle b^2, b^3, a\rangle.$$

那么

$$A \cap B = \pi\langle a^2, a^3, b^2, b^3\rangle = \pi\langle a^2, a^3\rangle \cup \pi\langle b^2, b^3\rangle,$$

因此 $A \succ A \cap B$. 于是由半模性, $\pi\langle A, B\rangle \succ B$, 由此可得 $\pi\langle a, b\rangle \succ \pi\langle b^2, b^3, a\rangle$. 此时

$$\pi\langle a, b\rangle = \pi\langle b^2, b^3, a, ab\rangle,$$

或者

$$\pi\langle b^2, b^3, a, ab\rangle = \pi\langle b^2, b^3, a\rangle.$$

若 $\pi\langle a,b\rangle = \pi\langle b^2,b^3,a,ab\rangle$, 则 $b \in \pi\langle b^2,b^3,a,ab\rangle$. 由于 S 是 $K_g(g \in E_S)$ 的链, 所以 $b \in \pi\langle b^2,b^3\rangle$, 进而 $b \in G_f$, 这与 $r(b) > 1$ 矛盾.

若 $\pi\langle b^2,b^3,a,ab\rangle = \pi\langle b^2,b^3,a\rangle = \pi\langle a\rangle \cup \pi\langle b^2,b^3\rangle$, 那么 $ab \in \pi\langle a\rangle \cup \pi\langle b^2,b^3\rangle$. 再由 S 是 $K_g(g \in E_S)$ 的链可知, $ab \in \pi\langle a\rangle$, 进而 $ab \in \langle a\rangle \cup \{ae\}$.

故引理得证. ∎

引理 2.2.9 设 S 是 π 逆半群, $\mathrm{sub}\pi S$ 是半模格, 那么对任意的 $e \in E_S$, K_e 是 UM 群的 U 诣零扩张.

证明 设 $\mathrm{sub}\pi S$ 是半模格, 则对每个 $e \in E_S$ 来说, $\mathrm{sub}\pi K_e$ 以及格区间 $[G_e, K_e]$ 都是半模格, 因此 G_e 是 UM 群. 进而, $[G_e, K_e]$ 同构于诣零半群 K_e/G_e 的子半群格 $\mathrm{sub}(K_e/G_e)$, 这样, $\mathrm{sub}(K_e/G_e) = \mathrm{sub}\pi(K_e/G_e)$ 是半模格, 所以 K_e/G_e 是 U 诣零半群 (见定理 2.6.5), 这就是说 K_e 是 UM 群 G_e 的 U 诣零扩张. ∎

命题 2.2.10 设 π 逆半群 S 是一族两两不交的 π 逆半群 $S_i (i \in I)$ 的并. 如果对任意的 $i, j \in I, i \neq j$ 以及 $A \in \mathrm{sub}\pi S_i, B \in \mathrm{sub}\pi S_j$, 总有 $\pi\langle A, B\rangle = A \cup B$, 那么

$$\mathrm{sub}\pi S \cong \prod_{i \in I} \mathrm{sub}\pi S_i.$$

证明 作映射

$$\varphi: \mathrm{sub}\pi S \to \prod_{i \in I} \mathrm{sub}\pi S_i,$$

使得对任意的 $A \in \mathrm{sub}\pi S$, 有

$$A\varphi = (\cdots, A \cap S_i, \cdots).$$

显然, φ 是单射, 且 $(A \cap B)\varphi = A\varphi \cap B\varphi$. 下证 φ 是满射, 且保持 "并" 运算.

任取 $H = (\cdots, H_i, \cdots) \in \prod_{i \in I} \mathrm{sub}\pi S_i$, 并设 $A = \pi\langle H_i : i \in I\rangle$. 则由已知条件, $A = \bigcup_{i \in I} H_i$. 于是

$$A\varphi = (\cdots, A \cap S_i, \cdots) = (\cdots, H_i, \cdots) = H.$$

这证明了 φ 是满射.

另一方面, 如果 $A, B \in \mathrm{sub}\pi S$, 那么

$$\pi\langle A, B\rangle = \pi\left\langle \bigcup_{i \in I}(A \cap S_i), \bigcup_{i \in I}(B \cap S_i)\right\rangle$$

$$= \pi\langle \cdots, \pi\langle A \cap S_i, B \cap S_i\rangle, \cdots\rangle$$

$$= \bigcup_{i \in I} \pi\langle A \cap S_i, B \cap S_i\rangle.$$

因此, $\pi\langle A,B\rangle \cap S_i = \pi\langle A\cap S_i, B\cap S_i\rangle$, 从而

$$(\pi\langle A,B\rangle)\varphi = \pi\langle A\varphi, B\varphi\rangle.$$

这样, 证明了 φ 是同构. 所以 $\mathrm{sub}\pi S \cong \prod_{i\in I} \mathrm{sub}\pi S_i$. ∎

π 逆半群 S 称为一族 π 逆半群 $S_\alpha(\alpha \in Y)$ 的 πU 链, 如果 S 是 $S_\alpha(\alpha \in Y)$ 的链, 且对任意的 $\alpha, \beta \in Y$, $x \in S_\alpha$, $y \in S_\beta$, 由 $\alpha < \beta$ 蕴涵 $xy, yx \in \pi\langle x\rangle$.

推论 2.2.11 设 π 逆半群 S 是一族 π 逆半群 $S_\alpha(\alpha \in Y)$ 的 πU 链, 则

$$\mathrm{sub}\pi S \cong \prod_{\alpha\in Y} \mathrm{sub}\pi S_\alpha.$$

这一节的主要结果是:

定理 2.2.12 设 S 是 π 逆半群, 那么 $\mathrm{sub}\pi S$ 是半模格, 当且仅当 S 是 UM 群的 U 诣零扩张的 πU 链.

证明 必要性. 设 S 是 π 逆半群, 且 $\mathrm{sub}\pi S$ 是半模格. 根据引理 2.2.1, E_S 是链, 且 S 是 UM 群 G_e $(e \in E_S)$ 的诣零扩张 K_e $(e \in E_S)$ 的链. 设 $e, f \in E_S$ 且 $e < f$, 并设 $a \in K_e$, $b \in K_f$. 那么利用引理 2.2.5 可得 $af = ae$, 或者 $af = a$. 若 $af = ae$, 则由引理 2.2.8 得 $ab \in \pi\langle a\rangle$. 若 $af = a$, 则由 $fb \in G_f$ 以及引理 2.2.7 得 $ab = (af)b = a(fb) = a \in \pi\langle a\rangle$. 这样, 由引理 2.2.9 即可证明 S 是 UM 群的 U 诣零扩张的 πU 链.

充分性. 假设 S 是 UM 群的 U 诣零扩张的 πU 链, 那么根据定理 1.3.4, E_S 是链. 因此由 πU 链的定义不难验证, $\mathrm{Gr}S$ 是 UM 群的序和. 于是, 根据推论 2.2.11, $\mathrm{sub}\pi(\mathrm{Gr}S) = \mathrm{sub}i(\mathrm{Gr}S)$ 是半模格.

首先, 设 $A \in \mathrm{sub}\pi S$. 任取 $a \in A$ 以及 $g \in \mathrm{Gr}S$, 则存在 $e, f \in E_S$, 使得 $a \in K_e$, $g \in G_f$. 如果 $f \leqslant e$, 那么 $ag = (ag)f \in G_f$ (因为 G_f 是 K_f 的理想). 如果 $e < f$, 那么由 πU 链的定义, $ag \in \pi\langle a\rangle \subseteq A$, 进而 $ag \in A \cup \mathrm{Gr}S$. 对称地, 我们有 $ga \in A \cup \mathrm{Gr}S$. 这证明了 $A \vee \mathrm{Gr}S = A \cup \mathrm{Gr}S$. 于是, 映射 $\varphi: A \to A \vee \mathrm{Gr}S$ 是从 $\mathrm{sub}\pi S$ 到 $\mathrm{sub}\pi S$ 的区间 $[\mathrm{Gr}S, S]$ 上的同态.

其次, 再设 A, B 是 $\mathrm{sub}\pi S$ 的区间 $[\mathrm{Gr}S, S]$ 中的元素, 并假设 $a \in A$, $b \in B$, $a \in K_e$, $b \in K_f$, 其中 $e, f \in E_S$. 若 $e = f$, 则根据 K_e 是 UM 群 G_e 的 U 诣零扩张可得 $ab \in A \cup B$. 否则, 不失一般性, 不妨设 $e < f$, 那么由 πU 链的定义, $ab \in \pi\langle a\rangle \subseteq A$. 这样我们证明了对任意的 $A, B \in [\mathrm{Gr}S, S]$, 都有 $A \vee B = A \cup B$, 从而 $[\mathrm{Gr}S, S]$ 是分配格.

最后, 根据推论 2.2.4 不难得到, 映射 $\psi: A \to (A \cap \mathrm{Gr}S, A \cup \mathrm{Gr}S)$ 是 $\mathrm{sub}\pi S$ 到 $\mathrm{sub}\pi(\mathrm{Gr}S)$ 与 $[\mathrm{Gr}S, S]$ 的子直积的同构. 因此 $\mathrm{sub}\pi S$ 就是 $\mathrm{sub}\pi(\mathrm{Gr}S)$ 和 $[\mathrm{Gr}S, S]$ 的子直积.

因为半模格的子直积仍然是半模格，因此由 subπ(GrS) 的半模性和 [GrS, S] 的分配性即可证 subπS 是半模格.∎

推论 2.2.13 如果 S 是幂幺的 π 逆半群，那么 subπS 是半模格 (模格，分配格)，当且仅当 S 是 UM 群 (M 群，局部循环群) 的 U 诣零扩张.

从定理 2.2.12 的证明我们注意到，如果 π 逆半群 S 是群的 U 诣零扩张的 πU 链，那么 subπS 的格区间 [GrS, S] 是分配格，且 subπS 是 subπ(GrS) 与 [GrS, S] 的子直积.

定理 2.2.14 如果 S 是 π 逆半群，那么 subπS 是模格 (分配格)，当且仅当 S 是 M 群 (局部循环群) 的 U 诣零扩张的 πU 链.

特别地，当 S 是逆半群时，有下面的定理.

定理 2.2.15 如果 S 是逆半群，那么 sub$i S$ 是半模 (模，分配) 格，当且仅当 S 是 UM 群 (M 群，局部循环群) 的序和.

2.3 0 分配性和 0 模性

设 $L(\wedge, \vee)$ 是有零格 (用 0 表示零元). L 称为是 0 分配的，如果对任意的 $a, b, c \in L$，有

$$a \wedge b = a \wedge c = 0 \Rightarrow a \wedge (b \vee c) = 0,$$

L 称为是 0 模的，如果对任意的 $a, b, c \in L$，有

$$a \geqslant c \text{ 且 } a \wedge b = 0 \Rightarrow a \wedge (b \vee c) = c.$$

0 分配性和 0 模性分别是分配性和模性概念的自然推广. 不过要注意的是，0 分配格和 0 模格之间没有必然的蕴涵关系，例如，图 2.1 所示的格是 0 分配的但不是 0 模的，而图 2.2 所示的格是 0 模的但不是 0 分配的.

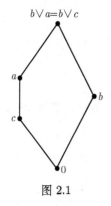

图 2.1

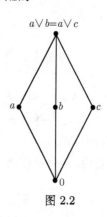

图 2.2

这一节我们将分别研究 π 逆子半群格是 0 分配格和 0 模格的 π 逆半群.

定理 2.3.1 π 逆半群 S 的 π 逆子半群格 $\mathrm{sub}\pi S$ 是 0 分配格, 当且仅当 S 是拟周期幂幺半群的链.

证明 必要性. 根据定理 1.3.4, 只需证明 E_S 是链, 而 S 是拟周期半群即可.

首先证明 E_S 是链. 设 $e, f \in E_S$, $e \neq f$. 令

$$A = \pi\langle ef\rangle, \quad B = \{e\}, \quad C = \{f\}.$$

如果 $A \cap B = A \cap C = \emptyset$, 那么, $A = A \cap \pi\langle B, C\rangle = \emptyset$, 矛盾. 所以, $A \cap B \neq \emptyset$, 或者 $A \cap C \neq \emptyset$. 进而, 存在 $m \in Z^+$, 使得 $(ef)^m = e$, 或者 $(ef)^m = f$. 这时, $ef = e$, 或者 $ef = f$. 因此, E_S 是链.

其次再证明 S 是拟周期半群. 事实上, 只需证明 S 的每个正则元是群元即可. 为此, 需要证明 $xx^{-1} = x^{-1}x$ 关于所有的 $x \in \mathrm{Reg}S$ 总成立.

假设存在 $x \in \mathrm{Reg}S$, 使得 $xx^{-1} \neq x^{-1}x$. 因为 E_S 是链, 所以 xx^{-1} 与 $x^{-1}x$ 可比较. 不妨设 $x^{-1}x < xx^{-1}$, 则根据引理 1.2.8, 由 x 生成的子半群是双循环半群, 亦即 $\pi\langle x\rangle$ 是双循环子半群, 且 $xx^{-1} = 1$ 是单位元. 令

$$A = \pi\langle x^{-1}x\rangle, \quad B = \{x^{-4}x^4\}, \quad C = \pi\langle x^3\rangle.$$

因为 $\pi\langle x^3\rangle$ 中的幂等元具有形式 $x^{-3m}x^{3m}(m \geq 0$, 其中当 $m = 0$ 时, $x^{-3m}x^{3m} = 1)$, 因此, $A \cap B = A \cap C = \emptyset$. 于是, 由 0 分配性, $A = A \cap \pi\langle B, C\rangle = \emptyset$, 这是矛盾. 所以, 对任意的 $x \in \mathrm{Reg}S$, 总有 $x^{-1}x = xx^{-1}$.

充分性. 设 S 是拟周期幂幺半群的链. 显然, S 是拟周期半群, 且 S 是其挠类 $K_e(e \in E_S)$ 的链. 设 $A, B, C \in \mathrm{sub}\pi S$, 且 $A \cap B = A \cap C = \emptyset$, 则 $E_A \cap E_B = E_A \cap E_C = \emptyset$. 因此,

$$\pi\langle B, C\rangle \subseteq \bigcup_{e \in E_B \cup E_C} K_e,$$

$$\Big(\bigcup_{e \in E_A} K_e\Big) \cap \Big(\bigcup_{e \in E_B \cup E_C} K_e\Big) = \emptyset.$$

所以, $A \cap \pi\langle B, C\rangle = \emptyset$. 故 $\mathrm{sub}\pi S$ 是 0 分配格. ∎

定理 2.3.2 π 逆半群 S 的 π 逆子半群格 $\mathrm{sub}\pi S$ 是 0 模格, 当且仅当 S 是拟周期幂幺半群的 πU 链.

证明 必要性. 首先证明 E_S 是链. 设 $e, f \in E_S$, $e \neq f$. 令

$$A = \pi\langle e, ef\rangle, \quad B = \{e\}, \quad C = \{f\}.$$

如果 $A \cap C = \emptyset$, 那么根据 0 模性,

$$A = A \cap \pi\langle e, f \rangle = A \cap \pi\langle B, C \rangle = B,$$

因此 $ef = e$. 如果 $A \cap C \neq \emptyset$, 那么存在 $m \in Z^+$, 使得 $(ef)^m = f$ 或者 $(ef)^m e = f$, 进而 $ef = f$. 所以 E_S 是链.

其次, 再证明 S 是拟周期半群. 事实上, 只需证明 S 的每个正则元是群元即可. 为此, 就要证明 $xx^{-1} = x^{-1}x$ 关于所有的 $x \in \text{Reg}S$ 总成立. 用反证法. 假设存在 $x \in \text{Reg}S$, 使得 $xx^{-1} \neq x^{-1}x$. 根据 E_S 是链可知, xx^{-1} 与 $x^{-1}x$ 可比较. 不妨设 $x^{-1}x < xx^{-1}$, 则 $\pi\langle x \rangle$ 是双循环子半群, 且 $xx^{-1} = 1$ 是单位元. 令

$$A = \{x^{-1}x, x^{-4}x^4\}, \quad B = \{x^{-1}x\}, \quad C = \pi\langle x^3 \rangle.$$

显然, $A \cap C = \emptyset$, 且 $A \geqslant B$. 于是, 由 0 模性, $A = A \cap \pi\langle B, C \rangle = B$, 因而 $x^{-1}x = x^{-4}x^4$, 这是个矛盾. 所以, 对任意的 $x \in \text{Reg}S$, 总有 $x^{-1}x = xx^{-1}$.

最后, 因为 S 是拟周期的, 且 E_S 是链, 所以根据定理 1.3.4, S 是拟周期幂幺半群的链, 从而, S 是其挠类 $K_e(e \in E_S)$ 的链. 任取 $x \in K_e, y \in K_f$, 且 $e < f$, 下面证明 $xy \in \pi\langle x \rangle$. 令

$$A = \pi\langle x, xy \rangle, \quad B = \pi\langle x \rangle, \quad C = \pi\langle y \rangle.$$

显然, $A \cap C = \emptyset$. 那么 $A = A \cap \pi\langle B, C \rangle = B$, 所以 $xy \in \pi\langle x \rangle$.

充分性. 设 S 是拟周期幂幺半群的 πU 链. 显然, S 是拟周期半群, 且 S 是其挠类 $K_e(e \in E_S)$ 的 πU 链. 设 $A, B, C \in \text{sub}\pi S$, 且满足 $A \cap C = \emptyset, A \geqslant B$. 易见, $\pi\langle B, C \rangle = \langle B, C \rangle = B \cup C$, 于是, $A \cap \pi\langle B, C \rangle = B$. 从而, $\text{sub}\pi S$ 是 0 模格. ∎

推论 2.3.3 设 S 是 π 逆半群. 如果 S 的 π 逆子半群格 $\text{sub}\pi S$ 是 0 模 (0 分配) 格, 那么 $\text{Reg}S$ 是群的序和 (群的链).

推论 2.3.4 逆半群 S 的逆子半群格 $\text{subi}S$ 是 0 模 (0 分配) 格, 当且仅当 S 是群的序和 (群的链).

2.4 π 逆子半群格是下半分配格的 π 逆半群

这一节主要研究 π 逆子半群格是下半分配格的 π 逆半群. 首先, 关于群有下面的定理.

定理 2.4.1 设 G 是一个群, 则下列条件等价:
(1) G 的子群格 $\text{subg}G$ 是分配格;
(2) G 的子群格 $\text{subg}G$ 是下半分配格;
(3) G 的子群格 $\text{subg}G$ 是上半分配格;

(4) G 是局部循环群.

证明 (1) ⇔ (4) 直接参见文献 [19] 的定理 1.2, 所以, 现在只需要证明 (2) ⇒ (1) 和 (3) ⇒ (1) 即可. 用 《X》 表示群 G 的子集 X 生成的子群.

首先证明 (3) ⇒ (1). 假设 subg$G$ 是上半分配格. 设 $a, b \in G$, 则

$$《a^{-1}b》 \vee 《a》 = 《a, b》 = 《a^{-1}b》 \vee 《b》,$$

于是

$$《a, b》 = 《a^{-1}b》 \vee (《a》 \cap 《b》).$$

因为 $H = 《a》 \cap 《b》$ 是 $《a, b》$ 的中心 K 的子群, 因而 H 是 $《a, b》$ 的正规子群, 由此 $《a, b》 = 《a^{-1}b》(《a》 \cap 《b》)$. 这样, 商群 $《a, b》/(《a》 \cap 《b》)$ 同构于循环群 $《a^{-1}b》/(《a》 \cap 《b》 \cap 《a^{-1}b》)$. 进一步, 商群 $《a, b》/K$ 也是循环群, 从而 $《a, b》$ 是阿贝尔群[35]. 而任何阿贝尔群的子群格又显然是模格, 所以由定理 1.1.7, subg$G$ 是分配格, 这就证明了 (3) ⇒ (1).

再证明 (2) ⇒ (1). 设 subg$G$ 是下半分配格, 并设 $a, b \in G$. 下面来证明 $ab = ba$. 设 $S = 《a, b》$, $C = 《a》 \cap 《b》$. 显然, C 包含在 S 的中心中, 因此 C 是 S 的正规子群. 那么由自然同态

$$\varphi : S \longrightarrow S/C$$

诱导出一个从 subg$S$ 的格区间 $[C, S]$ 到 subg(S/C) 的格同构映射

$$\rho : [C, S] \longrightarrow \text{subg}(S/C).$$

下面证明 S/C 是 $《a\varphi》$ 和 $《b\varphi》$ 的直积.

因为 subg$S$ 是下半分配的代数格, 所以由引理 1.1.4, 集合

$$\{A' \in \text{subg}S : 《a》 \cap 《b》 = C = 《a》 \cap A'\}$$

有最大元, 设其最大元为 A, 则有 $《b》 \subseteq A$, 由此 $bAb^{-1} \subseteq A$. 任取 $d \in A$, 则显然有 $C \subseteq 《a》 \cap 《a^{-1}da》C$. 反之, 假设 $x \in 《a》 \cap 《a^{-1}da》C$, 则由 $C \subseteq 《a》$ 可得, 存在整数 m, k, l, 使得 $x = (a^{-1}da)^m a^k = a^l$ 且 $a^k \in C$. 由此有 $a^{-1}d^m a a^k = a^l$, 即 $d^m = a^{l-k}$. 于是

$$d^m \in 《d》 \cap 《a》 \subseteq A \cap 《a》 = C,$$

因此, $x = a^{-1}d^m a a^k = d^m a^k \in C$. 这就证明了

$$《a》 \cap 《a^{-1}da》C = C.$$

利用上式以及 $bAb^{-1} \subseteq A$ 便得 A 是 S 的正规子群, 且 $A \cap 《a》 = C$.

2.4 π逆子半群格是下半分配格的 π逆半群

完全类似，设集合

$$\{B' \in \mathrm{subg}S : A \cap \langle\!\langle a \rangle\!\rangle = C = A \cap B'\}$$

的最大元为 B，则有 $\langle\!\langle a \rangle\!\rangle \subseteq B$，由此 $a^{-1}Ba \subseteq B$. 任取 $d \in B$，则显然有 $C \subseteq A \cap \langle\!\langle b^{-1}db \rangle\!\rangle C$. 反之，假设 $x \in A \cap \langle\!\langle b^{-1}db \rangle\!\rangle C$，则由 $C \subseteq \langle\!\langle b \rangle\!\rangle$ 可得，存在整数 m, k，使得 $x = (b^{-1}db)^m b^k \in A$ 且 $b^k \in C$. 因为 $x, b \in A$，因此 $b^{-1}d^m b = (b^{-1}db)^m \in A$. 又因为 A 是正规子群，所以 $d^m \in bAb^{-1} \subseteq A$. 于是，$d^m \in A \cap B = C$，进而 $x = b^{-1}d^m b b^k \in (b^{-1}Cb)C \subset C$. 这就证明了

$$A \cap \langle\!\langle b^{-1}db \rangle\!\rangle C = C.$$

上式和 $a^{-1}Ba \subseteq B$ 说明 B 也是 S 的正规子群，且 $A \cap B = C$.

现在，因为 ρ 是同构，且 $A \vee B = S$，因此，$A\rho$ 和 $B\rho$ 也是 S/C 的正规子群，且

$$A\rho \cap B\rho = C\rho, \quad A\rho \vee B\rho = S/C.$$

由此可知，S/C 是 $A\rho$ 和 $B\rho$ 的直积 [12,35]. 又由于 $b\varphi \in A\rho$，$a\varphi \in B\rho$，所以 $a\varphi b\varphi = b\varphi a\varphi$，即 $a\varphi$ 和 $b\varphi$ 可换. 因此，$S/C = \langle\!\langle a\varphi, b\varphi \rangle\!\rangle$ 是阿贝尔群，进而，$\mathrm{subg}(S/C)$ 是模格. 于是由 $\mathrm{subg}(S/C)$ 的下半分配性和定理 1.1.7 可得 $\mathrm{subg}(S/C)$ 是分配格，从而 S/C 是循环群. 这说明 S 是循环群的中心扩张，所以 S 是阿贝尔群 (因为 S 的换位子群是平凡的)[12,35]，即有 $ab = ba$. 最后，由 $a, b \in G$ 的任意性便得 G 是阿贝尔群，从而 $\mathrm{subg}G$ 是模格. 这样，再次利用定理 1.1.7 就证明了 $\mathrm{subg}G$ 是分配格. ∎

引理 2.4.2 设 S 为 π逆半群. 若 $\mathrm{sub}\pi S$ 是下半分配格，则

(1) E_S 为链；

(2) $\mathrm{Gr}S = \mathrm{Reg}S$；

(3) S 是拟周期半群；

(4) S 的每个挠类为子半群.

证明 (1) 取 $e, f \in E_S, e \neq f$. 令

$$A = \pi\langle ef \rangle, \quad B = \{e\}, \quad C = \{f\},$$

则由推论 2.1.4，A, B, C 为 S 的 π逆子半群. 若 $A \cap B = A \cap C = \emptyset$，则 $A = A \cap \pi\langle B, C \rangle = A \cap B$，即 $\pi\langle ef \rangle = \emptyset$，矛盾. 所以必有 $A \cap B \neq \emptyset$ 或 $A \cap C \neq \emptyset$. 若 $A \cap B \neq \emptyset$，则易得 $ef = e$；若 $A \cap C \neq \emptyset$，则易得 $ef = f$. 这说明 E_S 是子半群，从而 E_S 必为半格，进而 E_S 是链 (因为 $ef = e$ 或 $ef = f$).

(2) 只需证 $\mathrm{Reg}S \subseteq \mathrm{Gr}S$ 即可.

事实上, 任取 $a \in \mathrm{Reg}S$, 并设 $aa^{-1} \neq a^{-1}a$, 则由 (1) 知, $a^{-1}a$ 与 aa^{-1} 是可比较的, 不妨设 $a^{-1}a < aa^{-1}$, 那么 $\pi\langle a \rangle$ 是双循环半群, 且 aa^{-1} 是 $\pi\langle a \rangle$ 中的单位元. 令

$$A = \{a^{-4}a^4\}, \quad B = \{a^{-1}a\}, \quad C = \pi\langle a^3 \rangle.$$

因为 C 中的幂等元有形式 $a^{-3m}a^{3m}$ $(m \geq 0)$, 显然 $A \cap B = \varnothing$, $A \cap C = \varnothing$, 于是由 $\mathrm{sub}\pi S$ 是下半分配的得 $\{a^{-4}a^4\} = \varnothing$, 矛盾. 这就说明 $aa^{-1} = a^{-1}a$, 即 S 的任一正则元是完全正则的, 故 (2) 得证.

(3) 由 (2) 即可证.

(4) 由 (3) 即得证. ∎

由上述引理, 显然有下面的推论.

推论 2.4.3 设 S 为 π 逆半群, $\mathrm{sub}\pi S$ 是下半分配格, 则对任意的 $x \in S$, $\pi\langle x \rangle$ 中的非群元只能是形如 $x^n (n \in Z^+)$ 的元.

推论 2.4.4 若 S 是 π 逆半群, $\mathrm{sub}\pi S$ 是下半分配格, 则 S 是其挠类 $K_e (e \in E_S)$ 的链.

推论 2.4.5 设 S 为 π 逆半群, $\mathrm{sub}\pi S$ 是下半分配格, 则

$$\mathcal{K} = \bigcup_{e \in E_S} (K_e \times K_e)$$

是 S 上的同余关系.

引理 2.4.6 设 S 为 π 逆半群, $\mathrm{sub}\pi S$ 是下半分配格, 则对任意的 $e \in E_S$ 及 $x, y \in K_e$, 有 $xy \in \pi\langle x \rangle \cup \pi\langle y \rangle \cup G_e$.

证明 对 $r(x) + r(y)$ 用归纳法.

如果 $r(x) = 1$ 或 $r(y) = 1$, 显然 $xy \in G_e$. 今假设对满足 $2 < r(a) + r(b) < m$, 且 $r(a) > 1$, $r(b) > 1$ 的一切 $a, b \in K_e$ 结论成立. 任取满足 $2 < r(x) + r(y) = m$ 且 $r(x) > 1$, $r(y) > 1$ 的 $x, y \in K_e$. 令

$$A = \pi\langle x, y^2, y^3 \rangle, \quad B = \pi\langle y, x^2, x^3 \rangle, \quad C = \pi\langle x^2, x^3, y^2, y^3 \rangle.$$

则由归纳假设, $A = \{x\} \cup C$, $B = \{y\} \cup C$. 这时

$$\pi\langle xy \rangle \cap A = \pi\langle xy \rangle \cap (\{x\} \cup C)$$
$$= (\pi\langle xy \rangle \cap \{x\}) \cup (\pi\langle xy \rangle \cap C),$$

且

$$\pi\langle xy \rangle \cap B = \pi\langle xy \rangle \cap (\{y\} \cup C)$$
$$= (\pi\langle xy \rangle \cap \{y\}) \cup (\pi\langle xy \rangle \cap C).$$

若 $π⟨xy⟩ \cap \{x\} \neq \emptyset$, 则 $π⟨xy⟩ \cap \{x\} = \{x\}$. 由于 $r(x) > 1$, 所以, 必存在 $n \in Z^+$, 使得 $x = (xy)^n \notin G_e$ (因为 $π⟨xy⟩$ 中的非群元只能是形如 $(xy)^n$ 的元). 于是,

$$x = (xy)^n = (xy)^{n-1}xy = (xy)^{n-1}(xy)^n y$$
$$= (xy)^{2(n-1)}xy^2 = \cdots = (xy)^{r(y)(n-1)}xy^{r(y)}.$$

即有 $x \in G_e$, 矛盾. 这说明 $π⟨xy⟩ \cap \{x\} = \emptyset$. 同理可得 $π⟨xy⟩ \cap \{y\} = \emptyset$. 从而

$$π⟨xy⟩ \cap \{x\} = \emptyset = π⟨xy⟩ \cap \{y\}.$$

这时

$$π⟨xy⟩ \cap A = π⟨xy⟩ \cap C = π⟨xy⟩ \cap B.$$

于是由 $\mathrm{sub}πS$ 的下半分配性可得

$$π⟨xy⟩ = π⟨xy⟩ \cap π⟨x, y⟩$$
$$= π⟨xy⟩ \cap π⟨A, B⟩$$
$$= π⟨xy⟩ \cap A$$
$$= π⟨xy⟩ \cap C.$$

从而, $xy \in C$, 即

$$xy \in π⟨x⟩ \cup π⟨y⟩ \cup G_e.$$

这就完成了引理的证明. ∎

推论 2.4.7 设 S 为 $π$ 逆半群, $\mathrm{sub}πS$ 是下半分配格, 则对任意的 $e \in E_S$, $\mathrm{sub}π(K_e/G_e)$ 是分配格.

引理 2.4.8 设 S 为 $π$ 逆半群. 若 $\mathrm{sub}πS$ 是下半分配格, $e, f \in E_S, e < f$, $x \in K_e, y \in K_f$, 则 $xy \in π⟨x⟩ \cup G_e$.

证明 对 $r(x)$ 进行归纳来证明.

当 $r(x) = 1$ 时, 显然有 $xy \in π⟨x⟩ \cup G_e$. 今假设对满足 $1 \leqslant r(a) < m$ 的一切 $a \in K_e$ 有 $ay \in π⟨a⟩ \cup G_e$. 则对满足 $r(x) = m$ 的所有 $x \in K_e$, 以及任意的自然数 $k > 1$, $x^k y, yx^k \in π⟨x^k⟩ \cup G_e$. 令

$$A = π⟨x⟩ \cup G_e, \quad B = π⟨y⟩ \cup G_e, \quad C = (π⟨xy⟩ \cup G_e) \cap A.$$

易见, A, B, C 均为 S 的 $π$ 逆子半群. 且

$$(π⟨xy⟩ \cup G_e) \cap B = G_e.$$

如果 $C = G_e$, 即 $(\pi\langle xy\rangle \cup G_e) \cap A = G_e$, 则

$$\pi\langle xy\rangle \cup G_e = (\pi\langle xy\rangle \cup G_e) \cap \pi\langle A, B\rangle$$
$$= (\pi\langle xy\rangle \cup G_e) \cap A$$
$$= G_e.$$

于是 $xy \in G_e$.

如果 $C \neq G_e$, 且 $x \in C$ 时, $x \in \pi\langle xy\rangle \cup G_e$. 而 $r(x) > 1$, 所以, 存在 $n \in Z^+$, 使得 $(xy)^n = x \in G_e$. 若 $n > 1$, 则

$$x = (xy)^n = (xy)^{n-1}xy = (xy)^{n-1}(xy)^n y$$
$$= (xy)^{2(n-1)}xy^2 = \cdots$$
$$= (xy)^{r(xy)(n-1)}y^{r(xy)}.$$

从而, $x \in G_e$, 矛盾. 这说明 $n = 1$. 所以, $xy = x \in \pi\langle x\rangle \cup G_e$.

如果 $C \neq G_e$, 且 $x \notin C$ 时, 若 $xy \in C$, 则必有 $xy \in G_e$, 或者存在 $n \in Z^+$, 使得 $xy = x^n$, 即有 $xy \in \pi\langle x\rangle \cup G_e$. 所以下面假设 $xy \notin C$. 令 $B' = \pi\langle y\rangle \vee C$. 现证 $B' \cap (\pi\langle xy\rangle \cup G_e) = C$. 事实上, 显然, $C \subseteq B' \cap (\pi\langle xy\rangle \cup G_e)$. 反之, 设 $a \in B' \cap (\pi\langle xy\rangle \cup G_e)$, 因为 $G_e \subset C$, 因此还可设 $a \notin G_e$. 注意到 $C \subseteq \pi\langle y\rangle \cup G_e$ 以及 $x \notin C$ 和 $xy \notin C$, 则存在 $x_1, x_2, \cdots, x_n \in \{y\} \cup (\langle x\rangle \setminus (\{x\} \cup G_e))$, 使得 $a = x_1 x_2 \cdots x_n$. 由归纳假设, $a \in \pi\langle x\rangle \cup G_e$, 从而得 $a \in C$. 这样, $B' \cap (\pi\langle xy\rangle \cup G_e) = C$. 进而由 sub$\pi S$ 的下半分配性可得

$$\pi\langle xy\rangle \cup G_e = (\pi\langle xy\rangle \cup G_e) \cap \pi\langle A, B'\rangle$$
$$= (\pi\langle xy\rangle \cup G_e) \cap A = C.$$

因此, $xy \in C$, 这是矛盾. 矛盾的得来是由于假设 $xy \notin C$, 所以在上述假设下, 一定有 $xy \in C$, 从而 $xy \in \pi\langle x\rangle \cup G_e$. ∎

故引理得证.

设 S 为任一半群, A 是 S 的子集. 称 A 是 S 中的 U 部分子半群, 如果对任意的 $x, y \in S$, $xy \in A$ 蕴涵 $xy \in \langle x\rangle \cup \langle y\rangle$. 称 A 是 S 中的 U 幂歧部分子半群, 如果 A 是 S 中的 U 部分子半群, 且对任意的 $x \in A$, 存在 $n \in Z^+$, 使得 $x^n \notin A$.

定理 2.4.9 设 S 是 π 逆半群, 则下列条件等价:

(1) subπS 是下半分配格;

(2) S 是局部循环群的诣零扩张的链, 且 $S\backslash\mathrm{Gr}S$ 是 S 的 U 部分子半群;

(3) $\mathrm{Gr}S$ 是 S 的局部循环群的链, 且 $S\backslash\mathrm{Gr}S$ 是 S 的 U 幂歧部分子半群.

2.4 π逆子半群格是下半分配格的 π逆半群

证明 (1)⇒(2) 由引理 2.4.2, 推论 2.4.3, 引理 2.4.6 以及引理 2.4.8 即可证明.

(2)⇒(3) 设 S 是局部循环群的诣零扩张的链, 且 $S\backslash \mathrm{Gr}S$ 是 S 的 U 部分子半群, 那么 S 必为拟周期半群, 且 S 的每个挠类 $K_e(e \in E_S)$ 是子半群, 进而 S 是其挠类的链. 另外, 对所有的 $x,y \in \mathrm{Gr}S$, 若 $xy \notin \mathrm{Gr}S$, 则 $xy \in S\backslash \mathrm{Gr}S$, 根据 U 部分子半群的定义, $xy \in \pi\langle x\rangle \cup \pi\langle y\rangle$. 不妨设 $xy \in \pi\langle x\rangle$. 但 $x \in G_e$, 进而, $xy \in G_e \subseteq \mathrm{Gr}S$, 矛盾. 从而说明 $\mathrm{Gr}S$ 是子半群. 于是 $\mathrm{Gr}S$ 是 S 的局部循环群的链. 至于 $S\backslash \mathrm{Gr}S$ 是 S 的 U 幂歧部分子半群, 是因为 S 是拟周期半群.

(3)⇒(1) 设 $S\backslash \mathrm{Gr}S$ 是 S 的 U 幂歧部分子半群, $\mathrm{Gr}S$ 是 S 的局部循环群的链, 则由 U 幂歧部分半群的定义, S 是拟周期半群, 且 S 的每个挠类 $K_e(e \in E_S)$ 是子半群 (从而是 π逆子半群), 而 $\mathrm{Gr}S$ 是 S 的逆子半群. 于是由定理 1.3.4, E_S 是链, 且 S 的正则元即为群元, 亦即 $\mathrm{Reg}S = \mathrm{Gr}S$. 这时, T 是 S 的 π逆子半群当且仅当 T 是 S 的拟周期子半群.

设 $A,B,C \in \mathrm{sub}\pi S$, 且 $A \cap B = A \cap C$, 下证 $A \cap \pi\langle B,C\rangle = A \cap B$. 为此只需证明 $A \cap \pi\langle B,C\rangle \subseteq A \cap B$ 即可.

任取 $x \in A \cap \pi\langle B,C\rangle$, 且不妨设 $x \in K_e$.

若 $x \notin G_e$. 令

$$B' = B \cup \left(\bigcup_{f \in B \cap E_S} G_f\right),$$

$$C' = C \cup \left(\bigcup_{f \in C \cap E_S} G_f\right).$$

则由已知条件不难证明, B', C' 是 S 的 π逆子半群, 且

$$\pi\langle B', C'\rangle = B' \cup C'.$$

这时

$$x \in A \cap \pi\langle B,C\rangle \subseteq A \cap \pi\langle B',C'\rangle$$
$$= A \cap (B' \cup C') = (A \cap B') \cup (A \cap C').$$

于是 $x \in B' \cup C'$, 从而 $x \in B \cup C$, 即有 $x \in A \cap B = A \cap C$.

若 $x \in G_e$, 则易见, $e \in A \cap (B \cup C)$. 而 $A \cap B = A \cap C$, 所以, $e \in A \cap B \cap C$. 另一方面不难证明, 存在 $x_1, x_2, \cdots, x_n \in B \cup C$ 及整数 $k_1, k_2, \cdots, k_n$, 使得 $x = x_1^{k_1} x_2^{k_2} \cdots x_n^{k_n}$, 其中当 $r(x_i) \leqslant |k_i|$ 时, $k_i \in Z$, 而当 $r(x_i) > |k_i|$ 时, $k_i \in Z^+$ $(i = 1, 2, \cdots, n)$. 这时, 根据 U 幂歧部分半群的定义,

$$x = ex = ex_1^{k_1} x_2^{k_2} \cdots x_n^{k_n}$$
$$= (ex_1^{k_1})(ex_2^{k_2}) \cdots (ex_n^{k_n}),$$

且 $ex_i^{k_i} \in B \cup C$. 进而

$$ex_i^{k_i} \in (B \cup C) \cap G_e = (B \cap G_e) \cup (C \cap G_e).$$

于是, 由 G_e 是局部循环群以及 $\pi\langle B \cap G_e, C \cap G_e \rangle$ 就是 G_e 的子群即得

$$\begin{aligned}
x &\in (A \cap G_e) \cap \pi\langle B \cap G_e, C \cap G_e \rangle \\
&= \pi\langle (A \cap G_e) \cap (B \cap G_e), (A \cap G_e) \cap (C \cap G_e) \rangle \\
&= \pi\langle A \cap B \cap G_e, A \cap C \cap G_e \rangle \\
&= \pi\langle A \cap B \cap G_e \rangle \\
&= A \cap B \cap G_e.
\end{aligned}$$

所以, $x \in A \cap B$.

综上所述, $A \cap \pi\langle B, C \rangle \subseteq A \cap B$, 故 $A \cap \pi\langle B, C \rangle = A \cap B$. 从而证明了 sub$\pi S$ 是下半分配格. ∎

推论 2.4.10 设 S 是逆半群. 则 S 的逆子半群格是下半分配格, 当且仅当 S 是局部循环群的链.

根据定理 2.4.9 及推论 2.2.14, 我们自然关心 π 逆子半群格是下半分配格的 π 逆半群与 π 逆子半群格是分配格的 π 逆半群之间的区别.

设 A 和 B 是两个不交的循环群, φ 是 A 到 B 的非平凡同态. 令 $\Sigma = A \cup B$, 在 Σ 上定义运算 "$\circ$" 如下: 对任意的 $x, y \in \Sigma$,

$$x \circ y = \begin{cases} xy, & \text{如果 } x, y \in A \text{ 或 } x, y \in B, \\ (x\varphi)y, & \text{如果 } x \in A, y \in B, \\ x(y\varphi), & \text{如果 } x \in B, y \in A. \end{cases}$$

那么 Σ 是一个半群, 且 Σ 是借助于带零群 A^0 作的群 B 的理想扩张[3]. 如果设 e, f 分别是 A 和 B 中的单位元, 则 $e\varphi = f$, 所以, $ef = fe = f$. 另一方面, 显然 Σ 是正则的, 因此 Σ 是有两个幂等元的逆半群. 这个半群 Σ 通常称为由非平凡同态 φ 所确定的借助于带零循环群 A^0 作的循环群 B 的理想扩张.

引理 2.4.11 Σ 的逆子半群格 sub$i\Sigma$ 是下半分配格, 但不是分配格.

证明 sub$i\Sigma$ 的下半分配性由 Σ 的构造以及推论 2.4.10 即可得. 下证 sub$i\Sigma$ 不是分配格. 设 Σ 是由非平凡同态 φ 所确定的借助于带零循环群 A^0 作的循环群 B 的理想扩张, e, f 分别是 A 和 B 中的单位元. 因为 φ 是非平凡同态, 所以存在 $x \in A, x \neq e$, 使得 $x\varphi \neq f$. 令

$$X = \text{inv}\langle x\varphi \rangle, \quad Y = \text{inv}\langle x \rangle, \quad Z = \{f\}.$$

那么 $X \cap (Y \vee Z) = X$, 但由 $x\varphi \neq f$ 可知

$$(X \cap Y) \vee (X \cap Z) = X \cap Z = Z \neq X,$$

即 $X \cap (Y \vee Z) \neq (X \cap Y) \vee (X \cap Z)$. 这证明了 sub$i\Sigma$ 不是分配格. ∎

定理 2.4.12 设 S 是 π 逆半群, 且 S 的 π 逆子半群格 subπS 是下半分配格, 那么 subπS 不是分配格, 当且仅当 S 中包含一个形如 Σ 的逆子半群.

证明 充分性. 由引理 2.4.11 即得.

必要性. 设 π 逆半群 S 的 π 逆子半群格 subπS 是下半分配格但不是分配格, 则根据定理 2.2.14, 存在 $e, f \in E_S, e \neq f$ 以及 $x \in K_e, y \in K_f$, 使得 $xy \notin \pi\langle x\rangle \cup \pi\langle y\rangle$. 而由于 E_S 是链, 因此 $e < f$ 或 $f < e$, 不妨设 $f < e$. 那么利用定理 2.4.9, $xy \in G_f \setminus \pi\langle y\rangle$. 令 $G = \pi\langle xe\rangle$, 显然, G 是 G_e 中的循环群. 若 $xe = e$, 则

$$xy = xyf = xfyf = (xe)fyf = efyf = yf \in \langle y\rangle,$$

矛盾. 所以, G 是非平凡循环群. 作映射 $\varphi: G \to G_f$, 使得对任意的 $a \in G$,

$$a\varphi = af.$$

易见, φ 是同态. 如果 $(xe)\varphi = f$, 那么

$$f = (xe)\varphi = (xe)f = xf,$$

于是

$$xy = xyf = (xf)yf = fyf = yf \in \pi\langle y\rangle,$$

矛盾. 因此 $(xe)\varphi \neq f$, 这说明 φ 是非平凡同态. 再令

$$H = \pi\langle yf, (xe)\varphi\rangle.$$

显然, H 是 G_f 中的非平凡循环子群, 且满足

$$(xe)(yf) = (xef)(yf) = (xe)\varphi(yf),$$
$$(yf)(xe) = (yf)f(xe) = (yf)(xe)f = (yf)(xe)\varphi,$$
$$(xe)(xe)\varphi = (xe)(xef) = (xe)f(xe)f = (xe)\varphi(xe)\varphi,$$
$$(xe)\varphi(xe) = (xef)(xe) = (xe)f(xe)f = (xe)\varphi(xe)\varphi.$$

于是 $G \cup H$ 是由非平凡同态 φ 所确定的借助于带零循环群 G^0 作的循环群 H 的理想扩张, 从而 $G \cup H$ 就是形如 Σ 的逆半群. ∎

推论 2.4.13 设逆半群 S 的子半群格 subiS 是下半分配格, 那么 subiS 不是分配格, 当且仅当 S 中有一个形如 Σ 的逆子半群.

2.5 π 逆子半群格是链或是可补格的 π 逆半群

这一节主要研究 π 逆子半群格是链或是可补格的 π 逆半群.

定理 2.5.1 设 S 是 π 逆半群, 那么 subπS 是链, 当且仅当 S 是下列半群之一:

(1) 拟循环 p 群;

(2) 周期的循环半群 $\langle a \rangle$, a 的指数 h 和周期 d 满足: $1 \leqslant h \leqslant 3$, $d = p^n$, 且当 $h = 3$ 时, $n \neq 2$, 这里 p 是素数, $n \geqslant 1$.

证明 充分性由定理 1.4.12 即可证明, 所以只需要证明必要性. 假设 subπS 是链, 那么显然, S 只包含一个幂等元, 因此, S 是拟周期幂幺半群 (即 π 群). 设 e 是 S 的唯一幂等元, 则 S 的极大子群 G_e 的子群格 subgG_e 是链. 因为一个群的子群格是链当且仅当它是拟循环 p 群或者是循环 p 群, 因此, G_e 是周期群. 进而, S 是周期的幂幺半群, 且 sub$\pi S \cong $ sub$S$. 于是再次由定理 1.4.12 即可证明必要性. ∎

定理 2.5.2 设 S 是 π 逆半群, 则下列条件等价:

(1) subπS 是布尔格;

(2) subπS 是相对可补格;

(3) S 的任意 π 逆子半群的 π 逆子半群格是可补格;

(4) subπS 是可补格;

(5) S 是链.

证明 (1) $\Rightarrow$ (2) $\Rightarrow$ (3) $\Rightarrow$ (4) 和 (5) $\Rightarrow$ (1) 是显然的. 所以, 只需要证明 (4) $\Rightarrow$ (5).

设 subπS 是可补格. 因为 π 逆半群的任何 π 逆子半群都包含幂等元, 由此可得 $S = \pi \langle E_S \rangle = \langle E_S \rangle$ (推论 2.1.3). 因此, sub$\pi S = $ sub$\langle E_S \rangle$. 因为任何 K 半群是单半群的链 (定理 1.4.10), 而单半群是完全单半群的半格, 所以, S 是完全单半群的链. 进而不难得到, $S = E_S$, 再由 subE_S 是可补格即得 $S = E_S$ 是链. ∎

现在讨论 π 逆半群的所有非空 π 逆子半群构成的上半格 sub$\pi^\vee S$. 上半格 L 称为相对可补的, 如果 L 的任何区间是可补格. 群 G 称为 K 群 (RK 群), 如果 G 的子群格 subg$G$ 是可补格 (相对可补格).

设 T 是任意一个半群, $e \in E_T$, M 是任意一个集合, 且 $M \cap T = \{e\}$. 记 $S = T \cup M$. 在 S 中定义运算 "·" 如下: 对任意的 $x, y \in S$,

$$x \cdot y = \begin{cases} xy, & \text{如果 } x, y \in T, \\ xe, & \text{如果 } x \in T, y \in M, \\ ey, & \text{如果 } x \in M, y \in T, \\ e, & \text{如果 } x, y \in M. \end{cases}$$

2.5 π逆子半群格是链或是可补格的 π逆半群

那么不难验证, S 在此运算下是一个半群, 并称 S 是由幂等元 e 和集合 M 作的半群 T 的膨胀.

下面的引理是文献 [9], [10] 中的定理 9.1 和定理 10.6.

引理 2.5.3 设 S 为任意半群, $\mathrm{sub}^\vee S$ 是 S 的所有非空子半群构成的上半格.

(1) $\mathrm{sub}^\vee S$ 是可补格, 当且仅当 S 是由某个幂等元 e 和某个集合 M 作的周期 K 群 G_e 的膨胀;

(2) $\mathrm{sub}^\vee S$ 是相对可补的 (上半格), 当且仅当 S 要么是由某个幂等元 e 和集合 M 作的 RK 群 G_e 的膨胀, 要么是一个 RK 群和一个矩形带的直积, 要么是矩形带的序和.

定理 2.5.4 设 S 是 π逆半群. 那么上半格 $\mathrm{sub}\pi^\vee S$ 是相对可补的, 当且仅当 S 是下列半群之一:

(1) S 是链;

(2) S 是由某个幂等元 e 和集合 M 作的 RK 群 G_e 的膨胀.

证明 充分性显然, 下证必要性. 设 $\mathrm{sub}\pi^\vee S$ 是相对可补的.

如果 $|E_S| = 1$, 并设 e 是 S 的唯一幂等元, 那么 $\mathrm{sub}\pi^\vee S$ 是相对可补格, 且 $\mathrm{subg}G_e$ 是相对可补格. 因此, G_e 是周期的, 进而, S 是周期幂幺半群. 由此, $\mathrm{sub}\pi^\vee S = \mathrm{sub}^\vee S$, 于是, S 是由幂等元 e 和某个集合 M 作的 RK 群 G_e 的膨胀.

现在假设 $|E_S| \geq 2$. 因为 $\mathrm{sub}\pi^\vee \pi\langle E_S\rangle = \mathrm{sub}^\vee \langle E_S\rangle$, 所以, 根据引理 2.5.3 的 (2) 可知, $\langle E_S\rangle$ 要么是一个 RK 群和一个矩形带的直积, 要么是矩形带的序和. 由此得 E_S 是链, 进而, $\mathrm{Reg}S$ 是 S 的逆子半群. 设 $x \in \mathrm{Reg}S$, 并假设 $x^{-1}x < xx^{-1}$, 那么 $\mathrm{inv}\langle x\rangle$ 是双循环半群. 考察 $\mathrm{sub}\pi^\vee S$ 的区间 $[\{xx^{-1}\}, \mathrm{inv}\langle x\rangle]$. 注意到, $\mathrm{inv}\langle x^{-1}x^2, xx^{-1}\rangle \in [\{xx^{-1}\}, \mathrm{inv}\langle x\rangle]$, 但不难看出, $\mathrm{inv}\langle x^{-1}x^2, xx^{-1}\rangle$ 在区间 $[\{xx^{-1}\}, \mathrm{inv}\langle x\rangle]$ 中没有补元, 因此, $x^{-1}x = xx^{-1}$(因为 E_S 是链), 这也就是说 $\mathrm{Reg}S = \mathrm{Gr}S$. 又显然, S 是周期半群, 所以, $\mathrm{sub}\pi^\vee S = \mathrm{sub}^\vee S$ 是相对可补的. 于是, 再由引理 2.5.3 即可证明 $S = E_S$ 是链. ∎

定理 2.5.5 设 S 是 π逆半群. 那么 $\mathrm{sub}\pi^\vee S$ 是可补格, 当且仅当 S 是由某个幂等元 e 和集合 M 作的 K 群 G_e 的膨胀.

证明 必要性. 设 $\mathrm{sub}\pi^\vee S$ 是可补格, 那么显然, S 是拟周期幂幺半群. 设 e 是 S 的唯一幂等元, A 是极大子群 G_e 在 $\mathrm{sub}\pi^\vee S$ 中的补元, 即 $A \cap G_e = \{e\}$, $A \vee G_e = S$. 但因为 G_e 是 S 的理想, 因此, $A \cup G_e = S$. 于是, $S/G_e \cong A$, 并且对任意的 $x \in G_e$ 和 $y \in A$, 有

$$xy = (xe)y = x(ey) = xe = x = yx.$$

设 $a, b \in A$, 记 $B = \pi\langle ab\rangle$, 并设 C 是 B 在 $\mathrm{sub}\pi^\vee S$ 中的补元, 则 $B \cap C = \{e\}$, $B \vee C = S$. 令 $A_C = C \cap A$, $G_C = G_e \cap C$. 于是不难得到, $A_C \vee B = \langle A_C, B\rangle = A$.

现在假设 $a \notin A_C$, 那么 $a \neq e$. 但因为 $a \in \langle A, B \rangle$, 因此, $a \in A^1 a b A^1$, 由此不难得到 $a \in G_e$, 这是矛盾. 所以 $a \in A_C$. 类似地, $b \in A_C$. 这样, $ab \in A_C \cap B$, 即 $ab = e$. 这就证明了 S 是由 e 和集合 $(S \backslash G_e) \cup \{e\}$ 作的群 G_e 的膨胀.

下面证明 G_e 是 K 群. 设 H 是 G_e 的任意子群, D 是 H 在 $\mathrm{sub}\pi^\vee S$ 中的补元. 令 $D_G = D \cap G_e$. 显然, D_G 是 G_e 的子群, $H \cap D_G = \{e\}$, 并且不难验证, 《H, D_G》 $= G_e$. 这就说明 G_e 是 K 群.

充分性. 设 S 是由 e 和集合 M 作的 K 群 G_e 的膨胀. 由膨胀的定义可知, M 是零积半群, 其中 e 就是 M 的零元. 显然, $\mathrm{sub}^\vee M$ 是可补格.

设 $A \in \mathrm{sub}\pi^\vee S$, 并令 $A_G = G_e \cap A$, $A_M = M \cap A$. 易见, A_G 是 G_e 的子群. 设 A'_G 是 A_G 在 $\mathrm{subg} G_e$ 中的补元, A'_M 是 A_M 在 $\mathrm{sub}^\vee M$ 中的补元, 那么

$$\pi \langle A_G, A'_G \rangle = G_e, \quad A_G \cap A'_G = \{e\},$$

$$\pi \langle A_M, A'_M \rangle = M, \quad A_M \cap A'_M = \{e\}.$$

于是根据膨胀的定义, $A'_G \cup A'_M \in \mathrm{sub}\pi^\vee S$, 且

$$(A'_G \cup A'_M) \cap A = \{e\}, \quad \pi \langle A'_G \cup A'_M, A \rangle = S.$$

这就证明了 $\mathrm{sub}\pi^\vee S$ 是可补格. ∎

推论 2.5.6 设 S 是 π 逆半群, 那么 $\mathrm{sub}\pi^\vee S$ 是相对可补格, 当且仅当 S 是由某个幂等元 e 和集合 M 作的 RK 群 G_e 的膨胀.

2.6 拟周期幂幺半群和诣零半群

如果 π 逆半群 S 有唯一幂等元, 则称 S 为幂幺 π 逆半群. 我们注意到, 幂幺 π 逆半群是拟周期幂幺半群; 反之, 任何拟周期幂幺半群也一定是幂幺 π 逆半群. 显然, 幂幺 π 逆半群 S 的子集 A 是 S 的 π 逆子半群, 当且仅当 A 是 S 的拟周期幂幺子半群.

下面研究幂幺 π 逆半群 S 的所有非空 π 逆子半群构成的格 $\mathrm{sub}\pi^\vee S$. 显然, 如果 S 是诣零半群, 那么 $\mathrm{sub}\pi^\vee S = \mathrm{sub}^\vee S$.

引理 2.6.1 设 S 是拟周期幂幺半群, e 是 S 的唯一幂等元, 那么集合

$$N_e = \{x \in S : xe = ex = e\}$$

是 S 中的诣零子半群.

证明 设 $x, y \in N_e$, 那么

$$(xy)e = x(ye) = xe = e = ex = (ex)y = e(xy),$$

所以, N_e 是 S 的子半群. 进而, $x^{r(x)} = x^{r(x)}e = e$, 从而 N_e 是诣零半群. ∎

定理 2.6.2　设 S 是幂幺 π 逆半群, 那么 $\mathrm{sub}\pi^\vee S$ 是 0 分配格, 当且仅当 $\mathrm{subg}G_e$ 是 0 分配格, 且关于任何 $x_1, x_2, \cdots, x_n \in S$, $x \in N_e$, 若 $x = x_1x_2\cdots x_n$, $r(x) > m \geqslant \left[\dfrac{r(x)+1}{2}\right]$, 则 $x^m \in \langle x_1\rangle \cup \langle x_2\rangle \cup \cdots \cup \langle x_n\rangle$, 其中 $\left[\dfrac{r(x)+1}{2}\right]$ 表示不超过 $\dfrac{r(x)+1}{2}$ 的最大整数, 即 $\dfrac{r(x)+1}{2}$ 的取整.

证明　必要性. 设 $\mathrm{sub}\pi^\vee S$ 是 0 分配格, 并设

$$e \neq x \in N_e, \quad x_1, x_2, \cdots, x_n \in S, \quad \text{且 } x = x_1 x_2 \cdots x_n.$$

对任意满足 $r(x) > m \geqslant \left[\dfrac{r(x)+1}{2}\right]$ 的 $m \in Z^+$, 令

$$A = \pi\langle x^m\rangle, \quad B_i = \pi\langle x_i\rangle, \quad C_i = \pi\langle a_i\rangle,$$

其中 $a_i = x_{i+1}x_{i+2}\cdots x_n$, $i = 1, 2, \cdots, n-1$. 易见, $A = \{x^m, e\}$, 且 $x^m \neq e$.

如果 $A \cap B_1 = A \cap C_1 = \{e\}$, 那么由 0 分配性得

$$A = A \cap \pi\langle B_1, C_1\rangle = A \cap B_1 = \{e\}.$$

这是矛盾. 所以, $A \cap (B_1 \cup C_1) \neq \{e\}$, 即 $x^m \in B_1 \cup C_1$.

如果 $x^m \in B_1$, 那么

$$x^m \in \langle x_1\rangle \subseteq \langle x_1\rangle \cup \langle x_2\rangle \cup \cdots \cup \langle x_n\rangle.$$

如果 $x^m \in C_1$, 则必有 $x^m \in B_2 \cup C_2$, 即 $A \cap (B_1 \cup C_1) \neq \{e\}$. 否则, $A \cap B_2 = A \cap C_2 = \{e\}$, 于是

$$A = A \cap \pi\langle B_2, C_2\rangle = A \cap B_2 = \{e\},$$

矛盾.

重复上述过程有

$$x^m \in \langle x_1\rangle \cup \langle x_2\rangle \cup \cdots \cup \langle x_n\rangle$$

对所有满足 $r(x) > m \geqslant \left[\dfrac{r(x)+1}{2}\right]$ 的 $m \in Z^+$ 都成立.

充分性. 设 S 满足定理的条件, 并设 $A, B, C \in \mathrm{sub}\pi^\vee S$, 且 $A \cap B = A \cap C = \{e\}$, 下面证明 $A \cap \pi\langle B, C\rangle = \{e\}$. 令

$$G_A = A \cap G_e, \quad G_B = B \cap G_e, \quad G_C = C \cap G_e,$$
$$A' = A\backslash G_A, \quad B' = B\backslash G_B, \quad C' = C\backslash G_C.$$

显然, $G_A, G_B, G_C \in \mathrm{subg}G_e$, 且 $G_A \cap G_B = G_A \cap G_C = \{e\}$. 根据 $\mathrm{subg}G_e$ 的 0 分配性, $G_A \cap (G_B \vee G_C) = \{e\}$, 且不难证明, $\pi\langle B, C\rangle = \langle G_B, G_C\rangle \cup \langle B', C'\rangle$, 于是

$$A \cap (B \vee C) = (G_A \cup A') \cap (\langle G_B, G_C\rangle \cup \langle B', C'\rangle)$$
$$= ((G_A \cup A') \cap \langle B', C'\rangle) \cup \{e\}$$
$$= (A' \cap \langle B', C'\rangle) \cup \{e\}.$$

如果 $A' \cap \langle B', C'\rangle \neq \varnothing$, 并设 $a \in A' \cap \langle B', C'\rangle$, 那么存在 $a_1, a_2, \cdots, a_n \in B' \cup C'$, 使得 $a = a_1 a_2 \cdots a_n$, 这就是说

$$G_A \ni ae = (a_1 e)(a_2 e) \cdots (a_n e) \in G_B \vee G_C.$$

因此 $ae = e$, 即有 $a \in N_e$. 于是, 对每个 $m \in Z^+$, $r(a) > m \geqslant \left[\dfrac{r(a)+1}{2}\right]$,

$$a^m \in \langle a_1\rangle \cup \langle a_2\rangle \cup \cdots \cup \langle a_n\rangle,$$

这不可能, 因为 $A \cap B = A \cap C = \{e\}$. 所以, $A' \cap \langle B', C'\rangle = \varnothing$. 这样, $A \cap \pi\langle B, C\rangle = \{e\}$. ∎

推论 2.6.3 设 S 是诣零半群, 那么 $\mathrm{sub}^\vee S$ 是 0 分配格, 当且仅当对任意的 $x, y \in S$ 以及任意的满足 $r(xy) > m \geqslant \left[\dfrac{r(xy)+1}{2}\right]$ 的 $m \in Z^+$, 总有 $(xy)^m \in \langle x\rangle \cup \langle y\rangle$.

证明 对任意一个诣零半群 $S = S^0$ 来说, 显然 $N_0 = S$, 所以, 必要性由定理 2.6.2 即可证, 下证充分性.

设 A, B, C 是 S 的非空子半群, 且 $A \cap B = A \cap C = \{0\}$, 我们来证明 $A \cap (B \vee C) = \{0\}$. 假设 $0 \neq x \in A \cap (B \vee C)$, 则存在 $x_1, x_2, \cdots, x_n \in (B \cup C)\setminus\{0\}$, 使得 $x = x_1 x_2 \cdots x_n$. 令 $a_i = x_{i+1} x_{i+2} \cdots x_n$, $i = 1, 2, \cdots, n-1$. 显然 $x = x_1 a_1$, $a_1 = x_2 a_2$, $\cdots$, $a_{n-2} = x_{n-1} a_{n-1}$, $a_{n-1} = x_n$. 由已知条件, 关于 x_1 和 a_1 以及满足 $r(x_1 a_1) > m \geqslant \left[\dfrac{r(x_1 a_1)+1}{2}\right]$ 的 $m \in Z^+$, 总有 $x^m = (x_1 a_1)^m \in \langle x_1\rangle \cup \langle a_1\rangle$, 且 $x^m = (x_1 a_1)^m \neq 0$. 当 $x^m \in \langle x_1\rangle$ 时, 则 $0 \neq x^m \in (A \cap B) \cup (A \cap C)$, 此与 $A \cap B = A \cap C = \{0\}$ 矛盾. 因此必有 $x^m \in \langle a_1\rangle$, 不妨设 $0 \neq x^m = a_1^{k_1}$, $k_1 \in Z^+$. 由 m 的选择易见

$$x^{2m} = (x^m)^2 = (x_1 a_1)^{2m} = 0,$$

由此可得

$$r(x_2 a_2) = r(a_1) > k_1 \geqslant \left[\dfrac{r(a_1)+1}{2}\right] = \left[\dfrac{r(x_2 a_2)+1}{2}\right],$$

于是

$$x^m = a_1^{k_1} = (x_2 a_2)^{k_1} \in \langle x_2\rangle \cup \langle a_2\rangle.$$

像前面一样, $0 \neq x^m \notin \langle x_2 \rangle$, 即有 $x^m \in \langle a_2 \rangle$. 这时, 存在 $k_2 \in Z^+$, 且 $r(a_2) > k_2 \geqslant \left\lceil \frac{r(a_2)+1}{2} \right\rceil$, 使得 $x^m = a_2^{k_2} = (x_3 a_3)^{k_2}$. 如此重复进行上述过程, 最后可得

$$0 \neq x^m \in \langle x_{n-1} \rangle \cup \langle a_{n-1} \rangle = \langle x_{n-1} \rangle \cup \langle x_n \rangle.$$

但此又与 $A \cap B = A \cap C = \{0\}$ 矛盾. 所以 $A \cap (B \vee C) = \{0\}$. ∎

命题 2.6.4　设 S 是诣零半群, 且 $\mathrm{sub}^\vee S$ 是 0 模格, 那么

(1) 对任意的 $x, y \in S$ 及满足 $n \geqslant \left\lceil \frac{r(y)+1}{2} \right\rceil$ 的 $n \in Z^+$, 总有 $xy^n \in \langle x \rangle$;

(2) S 是 8 诣零的;

(3) S 满足恒等式 $x^4 y^4 = 0$.

证明　(1) 令

$$A = \langle x, xy^n \rangle, \quad B = \langle y^n \rangle, \quad C = \langle x \rangle.$$

若 $A \cap B \neq \{0\}$, 则 $y^n \in \langle x \rangle$, 进而, $xy^n \in \langle x \rangle$. 若 $A \cap B = \{0\}$, 则 $A = A \cap (B \vee C) = A \cap \langle B, C \rangle = C$, 从而, $xy^n \in \langle x \rangle$. 故 (1) 得证.

(2) 假设存在 $x \in S$, 使得 $r(x) \geqslant 9$. 令 $n = \left\lceil \frac{r(x)+1}{2} \right\rceil$. 那么 $n \geqslant 5$. 利用 (1), 存在 $k \in Z^+$, 使得

$$0 \neq x^{2n-2} = x^{n-2} x^n = x^{k(n-2)}.$$

显然, $k \geqslant 3$, 且 $2n - 2 = k(n-2)$, 进而

$$n = \frac{2k-2}{k-2} = 2 + \frac{2}{k-2} \leqslant 4,$$

这是个矛盾. 所以, 对任何 $x \in S$, 总有 $r(x) \leqslant 8$, 即 S 是 8 诣零的.

(3) 设 $x, y \in S$, 并令

$$A = \langle x^4 y^4, x^4 \rangle, \quad B = \langle x^4 \rangle, \quad C = \langle y^4 \rangle.$$

若 $A \cap C \neq \{0\}$, 则根据 (2), $x^4 = y^4$, 进而 $x^4 y^4 = 0$. 若 $A \cap C = \{0\}$, 则 $A = A \cap \langle B, C \rangle = B$, 进而 $x^4 y^4 = 0$. ∎

定理 2.6.5　设 S 是诣零半群, 则下列条件等价:

(1) $\mathrm{sub}^\vee S$ 是分配格;

(2) $\mathrm{sub}^\vee S$ 是模格;

(3) $\mathrm{sub}^\vee S$ 是下半分配格;

(4) $\mathrm{sub}^\vee S$ 是半模格;

(5) S 是 U 诣零半群;

(6) S 是 5 幂零 U 半群.

证明 (1) ⇒ (2) ⇒ (4), (1) ⇒ (3), (6) ⇒ (5) ⇒ (1) 显然, 所以, 剩下的只需证明 (3) ⇒ (5), (4) ⇒ (5) 以及 (5) ⇒ (6).

(3) ⇒ (5) 设 $x, y \in S$, 下面证明 $xy \in \langle x \rangle \cup \langle y \rangle$. 对 $r(x) + r(y)$ 用归纳法. 若 $r(x) = 1$ 或 $r(y) = 1$, 即 x 与 y 中至少有一个为零, 显然有 $xy = 0 \in \langle x \rangle \cup \langle y \rangle$. 今假设对满足 $r(a) + r(b) < m$ 的一切 $a, b \in S$, 都有 $ab \in \langle a \rangle \cup \langle b \rangle$. 则当 $r(x) + r(y) = m$, 且 $r(x) > 1, r(y) > 1$ 时, 由归纳假设以及诣零半群的任意一个非零元不能是其自身的真因子可得, $\langle x^2, x^3, y^2, y^3 \rangle$ 是 $\langle x, y \rangle$ 的理想. 令

$$A = \langle x^2, x^3, y^2, y^3 \rangle \cup \{x\}, \quad B = \langle x^2, x^3, y^2, y^3 \rangle \cup \{y\}.$$

易见, $A, B \in \mathrm{sub}^\vee S$. 再令 $C = \langle xy \rangle$, 则

$$C \cap A = (C \cap \langle x^2, x^3, y^2, y^3 \rangle) \cup (\{x\} \cap C),$$

$$C \cap B = (C \cap \langle x^2, x^3, y^2, y^3 \rangle) \cup (\{y\} \cap C).$$

显然, $\{x\} \cap C = \varnothing$, $\{y\} \cap C = \varnothing$. 所以 $C \cap A = C \cap B$. 于是由 $\mathrm{sub}^\vee S$ 的下半分配性,

$$C \cap \langle A, B \rangle = C \cap A = \langle xy \rangle \cap \langle x^2, x^3, y^2, y^3 \rangle.$$

但另一方面,

$$C \cap \langle A, B \rangle = C \cap \langle x, y \rangle = \langle xy \rangle \cap \langle x, y \rangle = \langle xy \rangle.$$

因此, $\langle xy \rangle \subseteq \langle x^2, x^3, y^2, y^3 \rangle$. 而由归纳假设, $\langle x^2, x^3, y^2, y^3 \rangle \subseteq \langle x \rangle \cup \langle y \rangle$, 所以 $xy \in \langle x \rangle \cup \langle y \rangle$.

(4) ⇒ (5) 设 $x, y \in S$. 像前面一样, 也要证明 $xy \in \langle x \rangle \cup \langle y \rangle$. 对 $r(x) + r(y)$ 用归纳法.

若 $r(x) = 1$ 或 $r(y) = 1$, 即 x 与 y 中至少有一个为零, 显然有 $xy = 0 \in \langle x \rangle \cup \langle y \rangle$. 今假设对满足 $r(a) + r(b) < m$ 的一切 $a, b \in S$, 都有 $ab \in \langle a \rangle \cup \langle b \rangle$. 则当 $r(x) + r(y) = m$, 且 $r(x) > 1, r(y) > 1$ 时, 由归纳假设可得, $\langle x^2, x^3, y^2, y^3 \rangle$ 是 $\langle x, y \rangle$ 的理想. 令

$$A = \langle x^2, x^3, y^2, y^3 \rangle \cup \{x\}, \quad B = \langle x^2, x^3, y^2, y^3 \rangle \cup \{y\}.$$

易见, $A, B \in \mathrm{sub}^\vee S$, 且

$$A \succ \langle x^2, x^3, y^2, y^3 \rangle = A \cap B.$$

于是

$$\langle A, B \rangle \succ B, \quad \text{即} \langle x, y \rangle \succ \langle x^2, x^3, y^2, y^3 \rangle.$$

这时, 包含式
$$\langle x,y\rangle \supseteq \langle x^2, x^3, y^2, y^3, xy\rangle \supseteq \langle x^2, x^3, y^2, y^3\rangle$$
中必有一个是等式.

若 $\langle x,y\rangle = \langle x^2, x^3, y^2, y^3, xy\rangle$, 则 $x \in \langle x^2, x^3, y^2, y^3, xy\rangle$. 这时, 显然有 $x \in \langle y\rangle$, 从而有 $xy \in \langle x\rangle \cup \langle y\rangle$.

若 $\langle x^2, x^3, y^2, y^3, xy\rangle = \langle x^2, x^3, y^2, y^3\rangle$, 则 $xy \in \langle x^2, x^3, y^2, y^3\rangle$. 由归纳假设, $xy \in \langle x\rangle \cup \langle y\rangle$.

(5) $\Rightarrow$ (6) 设 S 是 U 半群. 任取 $a \in S, a \neq 0$. 易见, a 的诣零指数小于 6 (否则, $a^5 = a^2 a^3 \notin \langle a^2\rangle \cup \langle a^3\rangle$ 与 S 是 U 半群矛盾).

下面证明: 当 $n = 2,3,4$ 时, 对任意的 $x_1, x_2, \cdots, x_n$, 存在 $m \in Z^+, m \geqslant n$ 及 $y \in S$, 使得 $x_1 x_2 \cdots x_n = y^m$.

① 当 $n = 2$ 时, $x_1 x_2 \in \langle x_1\rangle \cup \langle x_2\rangle$, 但由于 $x_1 x_2 \notin \{x_1, x_2\}$, 所以存在 $y(= x_1$ 或 $x_2)$ 及 $m \geqslant 2$, 使得 $x_1 x_2 = y^m$.

② 当 $n = 3$ 时, 那么 $x_1 x_2 x_3 \in (\langle x_1\rangle \cup \langle x_2 x_3\rangle) \cap (\langle x_1 x_2\rangle \cup \langle x_3\rangle)$. 若 $x_1 x_2 x_3 = 0$, 则结论已成立. 下设 $x_1 x_2 x_3 \neq 0$. 首先设 $x_1 x_2 x_3 \in \langle x_1 x_2\rangle$, 那么 $x_1 x_2 x_3 \in \langle (x_1 x_2)^2, (x_1 x_2)^3\rangle$(因为 $x_1 x_2 x_3 \neq x_1 x_2$). 由于存在 $y \in S$ 及 $m \geqslant 2$, 使得 $x_1 x_2 = y^m$, 因此, 存在 $k \geqslant 2$, 使得 $x_1 x_2 x_3 = y^{km}$. 显然, $km \geqslant 4 > 3$. 类似地, 如果设 $x_1 x_2 x_3 \in \langle x_2 x_3\rangle$, 则也存在 $m \geqslant 3$ 以及 $y \in S$, 使得 $x_1 x_2 x_3 = y^m$. 现在剩下的是设 $x_1 x_2 x_3 \in \langle x_1\rangle \cap \langle x_3\rangle$, 那么存在 $k, k' \geqslant 2$, 使得 $x_1 x_2 x_3 = x_1^k = x_3^{k'}$. 若 $k \geqslant 3$ 或者 $k' \geqslant 3$, 则结论已成立. 下设 $k = k' = 2$, 这时不难证明 $x_1 x_2 \notin \langle x_1\rangle$, 且 $x_2 x_3 \notin \langle x_3\rangle$(比如, 若 $x_1 x_2 = x_1^l$ $(l \geqslant 2)$, 则 $x_1 x_2 x_3 = x_1^l x_3 \in \{x_1^{pl}, x_3^{(q-1)l+1}\}$, 其中 $p, q \geqslant 2$, 进而, $x_1^2 = x_3^2 = x_3^{pl}$ 或者 $x_1^2 = x_3^2 = x_3^{ql-l}$, 而 $pl, (q-1)l + 1 \geqslant 3$, 矛盾). 因此, $x_1 x_2, x_2 x_3 \in \langle x_2^2, x_2^3\rangle$. 设 $x_1 x_2 = x_2^i, x_2 x_3 = x_2^j$, 其中 $i, j \geqslant 2$, 于是 $x_1 x_2 x_3 = x_1(x_2 x_3) = x_1 x_2^j = x_2^{i+j-1}$, 且 $i + j - 1 \geqslant 3$. 所以结论也成立.

③ 当 $n = 4$ 时, 因为 $x_1 x_2 x_3 x_4 \in \langle x_1 x_2\rangle \cup \langle x_3 x_4\rangle$, 所以利用 $n = 2$ 的情形即可证存在 $y \in S$ 及 $m \geqslant 4$, 使得 $x_1 x_2 x_3 x_4 = y^m$.

现在假设存在 $x_1, x_2, x_3, x_4, x_5 \in S$, 使得 $x_1 x_2 x_3 x_4 x_5 \neq 0$. 由于存在 $t \in S$ 及 $k \geqslant 4$, 使得 $x_1 x_2 x_3 x_4 = t^k$, 所以 $x_1 x_2 x_3 x_4 x_5 = t^k x_5$. 若 $k \geqslant 5$, 则 $x_1 x_2 x_3 x_4 x_5 = 0$, 矛盾, 因此 $k = 4$. 进而

$$x_1 x_2 x_3 x_4 x_5 = t^4 x_5 = t^2(t^2 x_5)$$
$$\in \langle (t^2)^2, (t^2)^3\rangle \cup \langle (t^2 x_5)^2, (t^2 x_5)^3\rangle.$$

对于 $t^2 x_5$, 存在 $y \in S$ 及 $n \geqslant 3$, 使得 $t^2 x_5 = y^n$. 于是存在 $m \geqslant 2$ 或 $l \geqslant 3$, 使得 $t^4 x_5 = y^{nm}$ 或 $t^4 x_5 = t^{2l}$, 且 $nm, 2l \geqslant 6$, 从而 $x_1 x_2 x_3 x_4 x_5 = 0$, 矛盾. 因此 S 一定是

5 幂零的.

定理 2.6.6　设 S 是诣零半群, 则下列条件等价:

(1) $\mathrm{sub}^{\vee} S$ 是布尔格;

(2) $\mathrm{sub}^{\vee} S$ 是模可补格;

(3) $\mathrm{sub}^{\vee} S$ 是下半分配可补格;

(4) $\mathrm{sub}^{\vee} S$ 是半模可补格;

(5) $\mathrm{sub}^{\vee} S$ 是 0 分配可补格;

(6) $\mathrm{sub}^{\vee} S$ 是 0 模可补格;

(7) $\mathrm{sub}^{\vee} S$ 的每个元素有唯一的补元;

(8) $\mathrm{sub}^{\vee} S$ 是相对可补格;

(9) $\mathrm{sub}^{\vee} S$ 是可补格;

(10) $S^2 = \{0\}$.

证明　事实上, 只需证明 (9) $\Rightarrow$ (10).

设 $\mathrm{sub}^{\vee} S$ 是可补格. 任取 $x, y \in S$, 并设 A' 是 S 的子半群 $A = Sx$ 在 $\mathrm{sub}^{\vee} S$ 中的补元, 那么
$$\langle A, A' \rangle = S, \quad A \cap A' = \emptyset.$$

由于 A 是左理想, 因此
$$S = \langle A, A' \rangle = A \cup A' \cup AA' = Sx \cup A' \cup SxA'.$$

显然, $x \notin Sx \cup SxA'$, 从而 $x \in A'$.

若 $y \in A'$, 则 $yx \in A'$. 但 $yx \in Sx = A$, 所以 $yx = 0$.

若 $y \in Sx = A$, 不妨设 $y = ax$, 则 $yx = ax^2 = 0$(因为 $x^2 \in Sx \cap A'$).

若 $y \in SxA'$, 不妨设 $y = bxc$, 其中 $c \in A'$, 则 $yx = (bx)(cx) = 0$(因为 $cx \in Sx \cap A'$). 故而 $S^2 = \{0\}$. ∎

第三章 逆半群的全逆子半群格

设 S 是逆半群, S 的逆子半群 A 称为 S 的全逆子半群, 如果 $E_S \subseteq A$. 用 subfi$S$(subi$S$) 表示 S 的所有全逆子半群 (逆子半群 (包括集合)) 的集合. 容易证明, subfi$S$, subi$S$ 都是完全格, subfi$S$ 是 subi$S$ 的完全子格, 且对 $A, B \in$ subfi$S$ (subf$S$, subi$S$),

$$A \wedge B = A \cap B, \quad A \vee B = \langle A, B \rangle.$$

显然, 如果 S 是群, 则 subfi$S$ = subg$S$ 就是它的子群格.

为方便起见, 称一个逆半群 S 为 $\mathcal{P}$ 逆半群, 如果 S 的全逆子半群格 subfi$S$ 具有性质 $\mathcal{P}$, 比如, S 是分配 (模, 半模) 逆半群, 那是指 S 的全逆子半群格 subfi$S$ 是分配 (模、半模) 格等等 (但对于群 G 来说, 一般不太用这样的术语).

本章主要研究逆半群的全逆子半群格和全子半群格. 这一章的结果主要来自文献[39]~[42],[45]~[47]. 其中, 3.1~3.3 节以及 3.5 和 3.6 节的大部分结果也可在文献 [9] 中找到.

3.1 全逆子半群格的分解

引理 3.1.1 设 S 是逆半群, $J \in S/\mathcal{J}$, 且 $A, B \in$ subfi$S$, 那么

$$(A \vee B) \cap J = \langle A \cap J, B \cap J \rangle \cap J.$$

证明 设 $x \in (A \vee B) \cap J$, 则存在 $x_1, x_2, \cdots, x_n \in A \cup B$, 使得 $x = x_1 x_2 \cdots x_n$, 其中 $n \in Z^+$. 那么根据引理 1.2.3, 存在 $e_1, e_2, \cdots, e_n \in E_S$, 使得 $x = (e_1 x_1)(e_2 x_2) \cdots (e_n x_n)$, 且对每个 i, $e_i x_i \mathcal{D} x$. 现在因为 $e_i x_i \mathcal{J} x$, 且 $E_S \subseteq A$, $E_S \subseteq B$, 因此 $e_i x_i \in (A \cap J) \cup (B \cap J)$. 这样 $x \in \langle A \cap J, B \cap J \rangle \cap J$, 所以 $(A \vee B) \cap J \subseteq \langle A \cap J, B \cap J \rangle \cap J$. 另外, $(A \vee B) \cap J \supseteq \langle A \cap J, B \cap J \rangle \cap J$ 是显然的. 于是有 $(A \vee B) \cap J = \langle A \cap J, B \cap J \rangle \cap J$. ∎

推论 3.1.2 设 S 是逆半群, $J \in S/\mathcal{J}$, 则 subfi$S$ 上的关系 γ_J:

$$A \gamma_J B \Leftrightarrow A \cap J = B \cap J, \quad A, B \in \text{subfi}S$$

是 subfi$S$ 上的同余, 且

$$\bigwedge_{J \in S/\mathcal{J}} \gamma_J = 0.$$

证明 显然，γ_J 是等价关系. 设 $A, B, C \in \mathrm{subfi}S$, 且 $A\gamma_J B$, 也就是 $A \cap J = B \cap J$. 那么 $(A \cap C) \cap J = (B \cap C) \cap J$, 由此 $(A \cap C)\gamma_J(B \cap C)$. 由引理 3.1.1 得

$$(A \vee C) \cap J = \langle A \cap J, C \cap J \rangle \cap J = \langle B \cap J, C \cap J \rangle \cap J = (B \vee C) \cap J,$$

即 $(A \vee C)\gamma_J(B \vee C)$. 所以 γ_J 是同余.

再设 $A \bigwedge\limits_{J \in S/\mathcal{J}} \gamma_J B$, 那么对任意的 $J \in \mathcal{J}$, 有 $A \cap J = B \cap J$, 因此, $A = B$. 进而 $\bigwedge\limits_{J \in S/\mathcal{J}} \gamma_J = 0$. ∎

根据引理 1.1.8, 下列的推论是显然的.

推论 3.1.3 如果 S 为逆半群, 那么 $\mathrm{subfi}S$ 是 $(\mathrm{subfi}S)/\gamma_J$ $(J \in S/\mathcal{J})$ 的子直积.

设 S 是逆半群, $J \in S/\mathcal{J}$ 是 S 的任一 $\mathcal{J}$ 类. 令

$$N(J) = E_S \cup \{K \in S/\mathcal{J} : K < J\},$$

$$I(J) = E_S \cup \{K \in S/\mathcal{J} : K \leqslant J\}.$$

显然, $N(J), I(J) \in \mathrm{subfi}S$, 且 $N(J) < I(J)$. 下面考察 $\mathrm{subfi}S$ 的格区间 $[N(J), I(J)]$. 设 $A \in \mathrm{subfi}S$, 并记 $A_J = (A \cap J) \cup N(J)$. 那么

$$A_J = (A \cap I(J)) \cup N(J) \in [N(J), I(J)].$$

因此, $A_J \cap J = A \cap J$. 进而, 对任意的 $A, B \in \mathrm{subfi}S$, 有

$$A_J = B_J \Leftrightarrow A \cap J = B \cap J.$$

特别地, 如果 $A \in [N(J), I(J)]$, 则 $A_J = A$.

定理 3.1.4 如果 S 为逆半群, 那么对任意的 $J \in S/\mathcal{J}$, 有

$$[N(J), I(J)] \cong \mathrm{subfi}(\mathrm{PF}(J)).$$

证明 对任意的 $J \in S/\mathcal{J}$ 和 $A \in [N(J), I(J)]$, 令

$$\varphi_J : A \longrightarrow (A \cap J) \cup \{0\}.$$

那么 φ_J 是从 $[N(J), I(J)]$ 到 $\mathrm{subfi}(\mathrm{PF}(J))$ 的映射.

设 $A, B \in [N(J), I(J)]$. 如果 $A\varphi_J = B\varphi_J$, 也就是 $A \cap J = B \cap J$, 那么 $A_J = B_J$. 但 $A, B \in [N(J), I(J)]$, 因此 $A = A_J = B_J = B$. 另一方面, 对任意的 $C \in \mathrm{subfi}(\mathrm{PF}(J))$, 记

$$D = (C \backslash \{0\}) \cup N(J).$$

任取 $x, y \in D$. 若 $x, y \in C \setminus \{0\}$, 则要么 $J_{xy} < J_x = J$, 进而 $xy \in N(J) \subseteq D$; 要么 $J_{xy} = J_x = J$, 进而 $xy \in C \setminus \{0\} \subseteq D$. 若 $x \in C \setminus \{0\}$ 且 $y \in N(J) \setminus E_S$, 则 $J_{xy} \leqslant J_y < J$, 进而 $xy \in N(J) \subseteq D$; 若 $x \in C \setminus \{0\}$ 且 $y \in E_S$, 则要么 $J_{xy} < J_x = J$, 进而 $xy \in N(J) \subseteq D$; 要么 $J_{xy} = J_x = J$, 进而 $J_{xy} = J_{x(x^{-1}xy)} \leqslant J_{x^{-1}xy} \leqslant J_x$, 即 $x^{-1}xy \in J$, 因此 $xy = x(x^{-1}xy) \in C \setminus \{0\} \subseteq D$(因为 $x^{-1}xy \in E_S$). 这样, $xy \in D$, 所以 $D \in [N(J), I(J)]$, 且显然 $C = (D \cap J) \cup \{0\}$, 从而 $D\varphi_J = C$. 这就证明了 φ_J 是双射. 此外, 如果 $A \subseteq B$, 那么 $A \cap J \subseteq B \cap J$. 因此, $A\varphi_J \leqslant B\varphi_J$, 即 φ_J 是保序的. 易见, φ_J^{-1} 也是保序的. 于是就证明了 φ_J 是格同构. ∎

引理 3.1.5 设 S 为逆半群, 那么对任意的 $J \in S/\mathcal{J}$, 有

$$(\mathrm{subfi}S)/\gamma_J \cong \mathrm{subfi}(\mathrm{PF}(J)).$$

证明 定义映射 $\varphi_J \colon (\mathrm{subfi}S)/\gamma_J \to \mathrm{subfi}(\mathrm{PF}(J))$, 使得对任意的 $A \in \mathrm{subfi}S$,

$$A\gamma_J \to (A \cap J) \cup \{0\}.$$

显然, φ_J 是满射. 注意到 $A\gamma_J B \Leftrightarrow A \cap J = B \cap J$, 因此, φ 是双射. 又因为

$$A\gamma_J \leqslant B\gamma_J \Leftrightarrow (A \cap B)\gamma_J = A\gamma_J$$
$$\Leftrightarrow (A \cap B) \cap J = A \cap J$$
$$\Leftrightarrow (A \cap J) \cap (B \cap J) = A \cap J$$
$$\Leftrightarrow A \cap J \subseteq B \cap J,$$

所以 φ_J 是格同构. ∎

推论 3.1.6 设 S 为逆半群, 那么对任意的 $J \in S/\mathcal{J}$, 有

$$[N(J), I(J)] \cong (\mathrm{subfi}S)/\gamma_J \cong \mathrm{subfi}(\mathrm{PF}(J)).$$

现在由引理 3.1.5 和推论 3.1.3, 可得下面的定理.

定理 3.1.7 设 S 是逆半群, 那么 $\mathrm{subfi}S$ 是 $\mathrm{subfi}(\mathrm{PF}(J))$ ($J \in S/\mathcal{J}$) 的子直积.

这样, 一般来说, 为了研究具有某些类型全逆子半群格的逆半群的性质, 只需要研究它的主因子就足够了.

下面的引理描述了任意一个逆半群 S 的全逆子半群格 $\mathrm{subfi}S$ 和 S 的最大群同态像 S/σ 的子群格 $\mathrm{subg}(S/\sigma) = \mathrm{subfi}(S/\sigma)$ 之间的基本关系 (σ 是 S 上的最小群同余), 这个引理以后将多次重复使用.

引理 3.1.8 设 S 是逆半群, σ 是 S 上的最小群同余, Σ 是由 σ 诱导的映射:

$$\Sigma \colon \mathrm{subfi}S \to \mathrm{subg}(S/\sigma), \quad A\Sigma = \{a\sigma : a \in A\}, \quad A \in \mathrm{subfi}S.$$

那么 Σ 是 subfi$S$ 到 subg(S/σ) 上的格满同态.

证明 首先, 对任意的 $A, B \in \mathrm{subfi}S$, 等式 $(A \vee B)\Sigma = A\Sigma \vee B\Sigma$ 是显然的.

设 $A, B \in \mathrm{subfi}S$. 易见, $(A \cap B)\Sigma \subseteq A\Sigma \cap B\Sigma$. 反之, 若 $x \in A\Sigma \cap B\Sigma$, 那么存在 $a \in A$ 和 $b \in B$ 使得 $x = a\sigma = b\sigma$, 即存在 $e \in E_S$, 使得 $ea = eb$. 由此可得 $a^{-1}e = b^{-1}e$, 进而 $ba^{-1}e = bb^{-1}e \in E_S$. 于是有 $ba^{-1}ea \in A$. 另一方面, 因为 $a^{-1}ea \in E_S$, 因此, $ba^{-1}ea \in B$. 这样, $ba^{-1}ea \in A \cap B$, 且显然, $x = (ba^{-1}ea)\sigma$, 从而 $x \in (A \cap B)\Sigma$, 故 $(A \cap B)\Sigma \supseteq A\Sigma \cap B\Sigma$. 这就证明了 $(A \cap B)\Sigma = A\Sigma \cap B\Sigma$.

设 $U \in \mathrm{subg}(S/\sigma)$, 并令

$$A = \{s \in S : s\sigma \in U\}.$$

显然, $E_S \subseteq A$. 又因为对任意的 $a, b \in A$, 总有 $(ab)\sigma = a\sigma b\sigma \in U$, 所以, $A \in \mathrm{subfi}S$, 且 $A\Sigma = U$. 因此, Σ 是 subfi$S$ 到 subg(S/σ) 满同态. 从而引理得证. ∎

3.2 半模逆半群

因为格的半模性关于格区间, 子直积, 完全同余是保持的, 所以有下列定理:

定理 3.2.1 一个逆半群是半模的当且仅当它的每个主因子是半模的.

引理 3.2.2 半模的 Brantd 半群要么是组合的, 要么是带零的 UM 群.

证明 设 $S = \mathcal{M}^0(I, G, I; E)$ 是 Brandt 半群, 且 subfi$S$ 是半模格. 若 $|E_S\{0\}| = 1$, 那么 S 就是带零群 G^0, 并且 subfi$S \cong \mathrm{subg}G$, 进而 S 是带零的 UM 群. 现在设 $|E_S\backslash\{0\}| > 1$, 则 S 中存在非零幂等元 $e = (i, 1, i)$ 和 $f = (j, 1, j)$, 且 $i \neq j$. 假设 S 不是组合的, 那么存在 $b = (i, x, i) \in H_e\backslash\{e\}$. 令 $a = (i, y, j) \in R_e \cap L_f$, 则 $a^{-1}ba = (j, y^{-1}xy, j) \in H_f\backslash\{f\}$. 记

$$A = \mathrm{inv}\langle E_S, a\rangle, \quad B = \mathrm{inv}\langle E_S, b\rangle, \quad C = \mathrm{inv}\langle E_S, b, a^{-1}ba\rangle.$$

易见, $A = E_S \cup \{a, a^{-1}\}$, $B = E_S \cup \langle b, b^{-1}\rangle$, $C = E_S \cup \langle b, b^{-1}\rangle \cup \langle a^{-1}ba, a^{-1}b^{-1}a\rangle$, 且 $A \cap B = E_S$. 因此, $A \succ A \cap B$. 但显然又有 $A \vee B = E_E \cup \langle a, b\rangle > C > B$, 这和半模性矛盾. 从而证明了引理. ∎

定理 3.2.3 若 $S = \mathcal{M}^0(I, \{1\}, I; E)$ 是一个组合的 Brandt 半群, 那么

$$\mathrm{subfi}S \cong \mathcal{E}(E_S\backslash\{0\}) = \mathcal{E}(I).$$

证明 设 $A \in \mathrm{subfi}S$, 并令

$$\pi_A = \{(aa^{-1}, a^{-1}a) \in E_S \times E_S : a \in A\backslash\{0\}\}.$$

显然, π_A 是 $E_S\backslash\{0\}$ 上的具有反身性和对称性的关系. 如果 $(e,f),(f,g)\in\pi_A$, 那么存在 $a,b\in A\backslash\{0\}$, 使得 $e=aa^{-1}$, $a^{-1}a=f=bb^{-1}$, 且 $b^{-1}b=g$. 于是, $e=(ab)(ab)^{-1}$, 且 $(ab)^{-1}(ab)=g$, 由此 $(e,g)\in\pi_A$. 这就是说 $\pi_A\in\mathcal{E}(E_S\backslash\{0\})$.

反之, 设 $\pi\in\mathcal{E}(E_S\backslash\{0\})$ 是 $E_S\backslash\{0\}$ 上的等价关系, 令
$$A_\pi=\{s\in S:(ss^{-1},s^{-1}s)\in\pi\}\cup\{0\}.$$
显然, $E_S\subseteq A_\pi$. 任取 $a=(i,1,\lambda)\in A_\pi$, $b=(j,1,\mu)\in A_\pi$. 那么 $(i,1,i)=aa^{-1}\pi a^{-1}a=(\lambda,1,\lambda)$, 且 $(j,1,j)=bb^{-1}\pi b^{-1}b=(\mu,1,\mu)$. 若 $j\neq\lambda$, 则 $ab=0\in A_\pi$. 若 $j=\lambda$, 则 $ab=(i,1,\mu)$, 且 $(i,1,i)\pi(\mu,1,\mu)$, 进而, $(i,1,i)=(ab)(ab)^{-1}\pi(ab)^{-1}(ab)=(\mu,1,\mu)$, 即 $ab\in A_\pi$. 所以, $A_\pi\in\mathrm{subfi}S$. 我们还可以证明
$$\pi_{A_\pi}=\{(aa^{-1},a^{-1}a)\in E_S\times E_S:a\in A_\pi\backslash\{0\}\}=\pi.$$

事实上, 若 $(e,f)\in\pi_{A_\pi}$, 则存在 $a\in A_\pi\backslash\{0\}$, 使得 $aa^{-1}=e$, $a^{-1}a=f$, 从而, $(e,f)=(aa^{-1},a^{-1}a)\in\pi$. 反过来, 若 $(e,f)\in\pi$, 则因为 $e\mathcal{D}f$, 因此, 存在 $a\in S\backslash\{0\}$ 使得 $aa^{-1}=e$, $a^{-1}a=f$. 由此得 $a\in A_\pi\backslash\{0\}$, 进而 $(e,f)=(aa^{-1},a^{-1}a)\in\pi_{A_\pi}$.

现在设 $A,B\in\mathrm{subfi}S$. 显然, $A\subseteq B$ 蕴涵 $\pi_A\leqslant\pi_B$. 反之, 假设 $\pi_A\leqslant\pi_B$. 任取 $a\in A\backslash\{0\}$, 则 $(aa^{-1},a^{-1}a)\in\pi_A\subseteq\pi_B$. 所以, 存在 $b\in B\backslash\{0\}$, 使得 $aa^{-1}=bb^{-1}$, $a^{-1}a=b^{-1}b$. 于是, $a\mathcal{H}b$, 但又因为 S 是组合的, 因此, $a=b\in B$. 这样证明了 $A\subseteq B$.

现在, 映射 $A\to\pi_A$ 就是 $\mathrm{subfi}S$ 到 $\mathcal{E}(E\backslash\{0\})$ 的同构, 进而根据引理 1.1.3, $\mathrm{subfi}S$ 是半模格. ∎

利用引理 3.2.2 和定理 3.2.3 便得

定理 3.2.4 Brantd 半群 S 是半模的, 当且仅当 S 要么是组合的, 要么是带零的 UM 群.

定理 3.2.5 完全半单逆半群 S 是半模的, 当且仅当 S 的每个非平凡 $\mathcal{J}$ 类要么是 UM 群, 要么其不包含非平凡子群.

因为自由逆半群的每个主因子是组合的完全 0 单的有限半群, 并且对任意的正整数 $n>1$, 存在一个恰好包含 n 个幂等元的 $\mathcal{D}$ 类[15], 因此有下列推论.

推论 3.2.6 任何一个组合的完全半单逆半群是半模的. 特别地, 自由逆半群是半模的, 周期的组合逆半群是半模的.

3.3 分配逆半群

这一节将研究全逆子半群格 $\mathrm{subfi}S$ 是分配格的逆半群. 由定理 3.1.7, 下面的定理是显然的.

定理 3.3.1　一个逆半群是分配的, 当且仅当它的每个主因子是分配的.

根据上述定理, 现在只需要研究 0 单逆半群的分配性.

定理 3.3.2　Brandt 半群 S 是分配的, 当且仅当 S 要么是带零的局部循环群, 要么是 Brandt 半群 B_5.

由定理 3.2.3, 定理 3.2.4 和引理 1.1.3 即可证明.

推论 3.3.3　完全半单逆半群 S 是分配的, 当且仅当 S 的每个非平凡的 $\mathcal{J}$ 类要么是局部循环群, 要么恰好包含两个幂等元和两个非幂等元.

现在我们来考虑 0 单的但不是完全 0 单的分配逆半群.

引理 3.3.4　若 S 是 0 单的 (但不是完全 0 单的) 分配逆半群, 那么对 S 中的每个 $\mathcal{D}$ 类 D, E_D 是一个链.

证明　假设 S 有一个 $\mathcal{D}$ 类 D 包含不可比较的幂等元 e 和 f. 由 0 单性, D 包含一个幂等元 g, 使得 $g < f$. 设 $a \in R_e \cap L_f$, $b \in R_e \cap L_g$, 并令 $c = a^{-1}b$, 则 $c \in R_f \cap L_g$, 因此 c 是严格右正则的. 令

$$A = \langle E_S, a, a^{-1}\rangle, \quad B = \langle E_S, b, b^{-1}\rangle, \quad C = \langle E_S, c, c^{-1}\rangle.$$

那么根据分配性,

$$C \cap (A \vee B) = (A \cap C) \vee (B \cap C),$$

因此 $c \in (A \cap C) \vee (B \cap C)$, 进而存在 $u \in [(A \cap C) \cup (B \cap C)] \setminus E_S$ 和 $c_1 \in (A \cap C) \vee (B \cap C)$, 使得 $c = uc_1$. 容易验证, $f = cc^{-1} \leqslant uu^{-1}$.

如果 $u \in B \cap C$, 那么根据引理 1.2.7, 存在 $n \in \mathbb{Z}$ 且 $k \neq 0$, 使得 $u = uu^{-1}b^n$. 因此或者 $uu^{-1} \leqslant bb^{-1} = e$ (当 $n > 0$ 时), 或者 $uu^{-1} \leqslant b^{-1}b = g$ (当 $n < 0$ 时), 但显然二者都是不可能的. 现在假设 $u \in A \cap C$, 那么存在 $n \in \mathbb{Z}$ 且 $k \neq 0$, 使得 $u = uu^{-1}a^n$. 因此 $uu^{-1} \leqslant a^n a^{-n}$. 当 $n > 0$ 时, $f \leqslant a^n a^{-n} \leqslant aa^{-1} = e$, 这与 e 和 f 不可比较矛盾. 所以 $n < 0$, 此时, $a^{-1}a = f \leqslant a^n a^{-n}$, 进而 $n = -1$(否则 $a^{-1}a = a^{-2}a^2$, 于是就有 $aa^{-1} < a^{-1}a$), 即 $u = uu^{-1}a^{-1}$. 注意到 $f \leqslant uu^{-1}$, 因此, $u = uu^{-1}fa^{-1} = (uu^{-1}f)a^{-1} = fa^{-1} = a^{-1}$, 所以, $a \in C$. 再由引理 1.2.7, $e = aa^{-1} \leqslant cc^{-1} = f$, 这是一个矛盾. 这说明最初的假设是错误的, 从而 E_D 是链. ∎

引理 3.3.5　若 S 是 0 单的 (但不是完全 0 单的) 分配逆半群, 那么 S 中的每个 $\mathcal{D}$ 类 D 是逆子半群. 进一步, $S \setminus \{0\}$ 是 S 的逆子半群.

证明　根据引理 3.3.4, E_D 是链. 因此, 对任意 $x, y \in D$, 或者 $x^{-1}x \leqslant yy^{-1}$, 或者 $x^{-1}x \geqslant yy^{-1}$. 这样必有 $xy\mathcal{R}x$, 或者 $xy\mathcal{L}y$, 由此 $xy \in D$. 又因为 $x \in D$ 蕴涵 $x^{-1} \in D$, 所以 D 是 S 的逆子半群.

任取 $x, y \in S \setminus \{0\}$, 由 0 单性可知, S 包括非零幂等元 e 使得 $e\mathcal{D}x$, 且 $e \leqslant yy^{-1}$. 于是, $xy(xy)^{-1} \geqslant xex^{-1}\mathcal{D}e$, 从而, $xy \neq 0$. 这就证明了 $S \setminus \{0\}$ 是 S 的逆子半群. ∎

引理 3.3.6 若 S 是 0 单的 (但不是完全 0 单的) 分配逆半群, 那么 $S\backslash\{0\}$ 是单的分配逆半群, 且 $\mathrm{subfi}(S\backslash\{0\}) \cong \mathrm{subfi}S$.

显然, 映射 $A \to A\backslash\{0\}$ 是从 $\mathrm{subfi}S$ 到 $\mathrm{subfi}(S\backslash\{0\})$ 的同构映射.

下面只需要考虑单的分配逆半群 (但不是群).

引理 3.3.7 设 S 是单的分配逆半群 (但不是群), 那么 S 是组合的.

证明 假设 S 不是组合的, 那么 S 有一个 $\mathcal{D}$ 类 D 不是组合的, 进而存在 $e, f \in E_D$, 使得 $e > f$, 且存在 $a, b \in R_e \cap L_f$, 使得 $a \neq b$. 记 $c = ab^{-1}$, 则易见, $c \in H_e\backslash\{e\}$. 设

$$A = \langle E_S, a, a^{-1}\rangle, \quad B = \langle E_S, b, b^{-1}\rangle, \quad C = \langle E_S, c, c^{-1}\rangle.$$

那么由分配性可得

$$c \in C \cap (A \vee B) = (A \cap C) \vee (B \cap C).$$

进而存在 $u \in [(A \cap C) \cup (B \cap C)]\backslash E_S$ 和 $c_1 \in (A \cap C) \vee (B \cap C)$, 使得 $c = uc_1$, 且 $e = cc^{-1} \leqslant uu^{-1}$. 但由引理 1.2.7 可得 $uu^{-1} \leqslant e$ (因为 $u \in C$), 由此 $uu^{-1} = e$. 再次应用引理 1.2.7 可得, $u = a^n$ (当 $u \in A \cap C$ 时) 或者 $u = b^n$ (当 $u \in B \cap C$ 时), 其中 $n \in Z^+$. 又因为 $u \in C$, 因此存在 $m \neq 0$, 使得 $u = ec^m = c^m$, 从而 $u \in H_e$. 但 $\mathrm{inv}\langle a\rangle$ 和 $\mathrm{inv}\langle b\rangle$ 都是双循环半群, 这是一个矛盾, 从而 S 是组合的. ∎

根据引理 3.3.4 和引理 3.3.7, 我们注意到, 单的分配逆半群 S 的每个不在 E_S 中的元素要么是严格右正则的, 要么是严格左正则的.

引理 3.3.8 设 S 是单的分配逆半群 (但不是群), 那么 E_S 在 S 中是阿基米德的.

证明 因为 S 是单半群, 且每个 $\mathcal{D}$ 类 D 是逆子半群 (引理 3.3.4), 所以根据引理 1.2.10, 我们只需要证明, 对 S 的每个 $\mathcal{D}$ 类 D, E_D 在 D 中是阿基米德的即可. 任取 $g \in E_D$ 以及 S 的任意严格右正则元 c, 使得 $g\mathcal{D}c$. 令 $e = cc^{-1}$, $f = c^{-1}c$. 如果 $g \geqslant c^{-1}c$, 那么 $c^{-2}c^2 > g$. 现在设 $g < c^{-1}c$(因为 E_D 是链), 并设 $a \in R_e \cap L_g$, $b = c^{-1}a$, 则 $b \in R_f \cap L_g$. 显然, $ab^{-1} = (aa^{-1})c = c$. 令

$$A = \langle E_S, a, a^{-1}\rangle, \quad B = \langle E_S, b, b^{-1}\rangle, \quad C = \langle E_S, c, c^{-1}\rangle.$$

那么由分配性可得, $c \in (A \cap C) \vee (B \cap C)$. 进而存在 $u \in [(A \cap C) \cup (B \cap C)]\backslash E_S$ 和 $c_1 \in (A \cap C) \vee (B \cap C)$, 使得 $c = uc_1$, 且 $e = cc^{-1} \leqslant uu^{-1}$. 但由引理 1.2.7 得 $uu^{-1} \leqslant e$, 由此, $uu^{-1} = e$. 再次应用引理 1.2.7 可知, $u \notin B$, 因此, $u \in A \cap C$, 进而, $u = a^n$, 其中 $n \in Z^+$. 现在由 $u \in C$ 得 $a^n \in C$, 从而 $a^na^{-n} = cc^{-1}$. 于是存在

$m \in Z^+$, 使得 $a^n = c^m$. 故
$$c^{-(m+1)}c^{m+1} < c^{-m}c^m \leqslant a^{-n}a^n \leqslant a^{-1}a = g.$$
从而引理得证. ∎

引理 3.3.9 设 S 为组合的单逆半群, 且对 S 的每个 $\mathcal{D}$ 类 D, E_S 是链, E_D 在 D 中是阿基米德的, 那么 S 是 E 酉逆半群.

证明 假设 S 不是 E 酉逆半群, 则存在 $e \in E_S$ 和 $x \in S \setminus E_S$, 使得 $ex = e$. 又由 S 是单半群, 因此存在 $f \in E_S$, 使得 $f \leqslant e$, 且 $f \mathcal{D} x$. 显然, $fx = f$, 并且对所有 $n \geqslant 1$ 都有 $fx^n = f$. 如果 x 是右正则的, 那么对所有 $n \geqslant 1$, $x^{-n}x^n \geqslant f$, 这与 E_D 在 D 中是阿基米德的矛盾; 如果 x 是左正则的, 那么 x^{-1} 是右正则的, 且对所有 $n \geqslant 1$, $fx^{-n} = f$, 从而同样也会得出矛盾. ∎

推论 3.3.10 任何单的分配逆半群是 E 酉逆半群.

命题 3.3.11 如果 S 是单的分配逆半群, 那么 $\mathrm{subg}(S/\sigma)$ 是分配格, 进而 S/σ 是局部循环群.

由引理 3.1.8 即可证明.

引理 3.3.12 设 S 为组合的单逆半群 (但不是群), 对 S 的每个 $\mathcal{D}$ 类 D, E_S 是链, E_D 在 D 中是阿基米德的, 且 S/σ 为阿贝尔群, 那么

(1) S 的每个 $\mathcal{R}$ 类中的严格右正则元构成一个交换子半群;

(2) 对 S 的每个 $\mathcal{D}$ 类 D, 均有 $D/\sigma \cong S/\sigma$ (更精确地, $D/\sigma_D \cong S/\sigma_S$);

(3) 设 $A \in \mathrm{subfi}S$, $x \in A \setminus E_S$, $g = x\sigma$. 那么对任意满足 $R_e \cap A \neq \{e\}$ 的幂等元 $e \in E_S$, 存在严格右正则元 $a \in R_e \cap A$, 使得 $a\sigma = g$ 或者 $a\sigma = g^{-1}$.

证明 (1) 首先, 根据引理 3.3.9, S 是 E 酉半群. 设 $a, b \in S$ 是严格右正则的, 且 $a \mathcal{R} b$, 则
$$(ab)(ab)^{-1} = abb^{-1}a^{-1} = a^2 a^{-2} = aa^{-1},$$
$$(ab)^{-1}(ab) \leqslant b^{-1}b < bb^{-1},$$
因此 $ab \mathcal{R} a$, 且 ab 是严格右正则的. 又由 S/σ 是阿贝尔群可得 $ab \sigma ba$, 进而 $(ab, ba) \in \mathcal{R} \cap \sigma$. 于是利用定理 1.2.9 可得 $ab = ba$.

(2) 设 D 是 S 的任一 $\mathcal{D}$ 类, 且 $f \in E_D$. 因为 S 是单半群, 则对任意 $s \in S$, 存在 $e \in D_f = D$, 使得 $e \leqslant ss^{-1}$. 由此 $es \in D$, 且 $(es)\sigma = s\sigma$. 又因为 S 是 E 酉的, 所以 $D/\sigma \cong S/\sigma$.

(3) 首先我们注意到, S 的每个非幂等元要么是严格右正则的, 要么是严格左正则的.

设 $e \in E_S$ 且 $R_e \cap A \neq \{e\}$. 注意到 (2), 所以可以假设 $e \in D_x$. 记 $f = xx^{-1}$. 如果 $f \geqslant e$, 那么 $ex \in R_e \cap A$ 且 $ex \notin E_S$ (因为 S 为 E 酉的), $(ex)\sigma = x\sigma = g$. 此

3.3 分配逆半群

时, 若 ex 是严格右正则的, 就令 $a = ex$, 否则就令 $a = (ex)(ex)^{-2}$. 这样, 当 $f \geqslant e$ 时, (3) 就被证明.

下面假设 $f < e$. 设 $z \in R_e \cap A \setminus \{e\}$, 并假设 z 是严格右正则的 (否则, $zz^{-2} \in R_e \cap A \setminus \{e\}$ 是严格右正则的). 因为 E_{D_x} 在 D_x 中是阿基米德的, 所以存在 $n \in Z^+$ 使得 $f > z^{-n}z^n$ (注意 $z^n \in R_e \cap A$). 令 $v \in R_e \cap L_f$.

如果 x 是严格右正则的, 那么令 $a = vxv^{-1}$. 下面证明 $a \in R_e \cap A$, 并且是严格右正则的. 事实上, 因为 $v^{-1}v = xx^{-1}$, 且 x 为严格右正则, 因此

$$aa^{-1} = vxv^{-1}vx^{-1}v^{-1} = vx^2x^{-2}v^{-1} = vxx^{-1}v^{-1} = vv^{-1} = e.$$

$$a^{-1}a = vx^{-1}v^{-1}vxv^{-1} = vv^{-1}(v(x^{-1}fx)v^{-1}) < vv^{-1} = e.$$

所以 $a \in R_e$, 并且是严格右正则的. 进一步, 因为 S/σ 是阿贝尔群, 所以, $a\sigma = x\sigma$. 又 $(x, fa) \in \mathcal{R} \cap \sigma = 1$(定理 1.2.9), 因此 $x = fa$. 由 (1) 得 $az^n = z^n a$, 于是由 $f > z^{-n}z^n$ 可得

$$a = az^n z^{-n} = z^n a z^{-n} = z^n fa z^{-n} = z^n x z^{-n} \in A.$$

如果 x 为严格左正则的, 那么就令 $a = v(xx^{-2})v^{-1}$, 并类似可证 $a\sigma = g^{-1}$, 并且 $a \in R_e \cap A$ 是严格右正则的. ∎

如果 Y 是半格, 用 $I(Y)$ 表示 Y 的所有理想 (包括空集) 构成的格. 显然, 如果 $I, J \in I(Y)$, 那么 $I \vee J = I \cup J$, 因此 $I(Y)$ 是 Y 的子集格的子格, 因而 $I(Y)$ 是分配格.

定理 3.3.13 若 S 是单的分配逆半群, 那么

(1) S 是组合的;

(2) S 的每个 $\mathcal{D}$ 类中的幂等元是链;

(3) E_S 在 S 中是阿基米德的;

(4) S/σ 是局部循环群.

反之, 如果 S 是满足条件 (1)~(4) 的单逆半群, 那么 subfi$S$ 是 $I(E_S)$ 与 subg(S/σ) 的子直积, 从而 S 是分配的.

证明 必要性由引理 3.3.4, 引理 3.3.7, 引理 3.3.8 和命题 3.3.11 即可证, 下面证明充分性.

假设单逆半群 S 满足定理中的条件 (1)~(4), 为了证明 subfi$S$ 是 $I(E_S)$ 与 subg(S/σ) 的子直积, 只需要证明存在两个格满同态

$$\Sigma : \text{subfi}S \to \text{subg}(S/\sigma)$$

和
$$\Psi : \mathrm{subfi}S \to I(E_S),$$

使得若 $A, B \in \mathrm{subfi}S$, 且 $A\Sigma = B\Sigma$, $A\Psi = B\Psi$, 则 $A = B$ 即可.

首先, 由引理 3.3.9, S 是 E 酉半群, 进而由引理 3.1.8, 由 S 上的最小群同余 σ 诱导的映射 Σ

$$\Sigma : \mathrm{subfi}S \to \mathrm{subg}(S/\sigma), \quad A\Sigma = \{a\sigma : a \in A\}, \quad A \in \mathrm{subfi}S$$

是 $\mathrm{subfi}S$ 到 $\mathrm{subg}(S/\sigma)$ 的格满同态.

其次, 设 $A \in \mathrm{subfi}S$, 并令

$$A\Psi = \{e \in E_S : R_e \cap A \neq \{e\}\}.$$

任取 $e \in A\Psi$, 并设 $f \in E_S$, 且 $f \leqslant e$. 因为对任意的 $a \in R_e \cap A \setminus \{e\}$, 有 $fa \in R_f \cap A$, 且 $fa \neq f$, 因此 $f \in A\Psi$. 这说明 $A\Psi \in I(E_S)$. 所以 Ψ 是 $\mathrm{subfi}S$ 到 $I(E_S)$ 的映射.

设 $A, B \in \mathrm{subfi}S$. 显然, $A\Psi \cup B\Psi \subseteq (A \vee B)\Psi$. 反之, 若 $e \in (A \vee B)\Psi$, 则 R_e 包含某个 $w \in (A \vee B) \setminus E_S$. 令 $w = uw_1$, 其中 $u \in (A \cup B) \setminus E_S$, $w_1 \in A \vee B$. 由此 $e = ww^{-1} \leqslant uu^{-1}$, 进而, $eu \in R_e$ 且 $eu \neq e$(因为 S 是 E 酉的), $eu = A \cup B$. 于是 $e \in A\Psi \cup B\Psi$. 所以有

$$A\Psi \vee B\Psi = (A \vee B)\Psi.$$

另外, 显然也有 $(A \cap B)\Psi \subseteq A\Psi \cap B\Psi$. 反之, 若 $e \in A\Psi \cap B\Psi$, 那么存在 $a \in A$ 和 $b \in B$, 使得 $a, b \in R_e \setminus \{e\}$. 不失一般性, 假设 a, b 都是严格右正则的 (见引理 3.3.12 中 (3) 的证明). 令 $g = a\sigma, h = b\sigma$. 因为 S/σ 是局部循环群, 因此存在 $k \in S \setminus \sigma$, 使得 $《g, h》 = 《k》$, 再由引理 3.3.12 的 (3), 存在右正则元 $s \in R_e \setminus \{e\}$, 使得 $s\sigma = k$ 或者 $s\sigma = k^{-1}$. 因为 $g \in 《k》$, 所以存在 $n \in Z^+$, 使得 $g = k^{-n}$ 或者 $g = k^n$. 若 $g = k^{-n}$, 则 $(as^n)\sigma = 1$, 进而 $as^n \in E_S$, 这和引理 3.3.12 的 (1) 矛盾. 因此必有 $g = k^n$. 类似地也必存在 $m \in Z^+$, 使得 $h = k^m$. 注意到 $\mathcal{R} \cap \sigma = 1$(定理 1.2.9), 于是有

$$s^{mn} = a^m = b^n.$$

所以
$$s^{mn} \in R_e \cap (A \cap B) \setminus \{e\},$$

即 $e \in (A \cap B)\Psi$. 这证明了

$$(A \cap B)\Psi = A\Psi \cap B\Psi.$$

3.3 分配逆半群

再来证明 Ψ 是满射. 设 $I \in I(E_S)$, 并令
$$U^I = E_S \cup \{s \in S: ss^{-1}, s^{-1}s \in I\}.$$

显然, 如果 $s, t \in U^I \setminus E_S$, 那么
$$(st)(st)^{-1} \leqslant ss^{-1} \in I, \quad (st)^{-1}(st) \leqslant t^{-1}t \in I.$$

进而, 因为 I 是 E_S 的理想, 因此 $st \in U^I$. 如果再设 $e \in I$, 那么
$$(se)(se)^{-1} \leqslant ss^{-1}, \quad (se)^{-1}(se) \leqslant s^{-1}s,$$

因而 $se \in U^I$. 类似地, $es \in U^I$. 另外, 显然 $s \in U^I$ 蕴涵 $s^{-1} \in U^I$, 故而 $U^I \in \mathrm{subfi}S$. 现在任取 $e \in I$, 则存在 $f \in E_{D_e}$ 使得 $f < e$, 进而 $f \in I$. 任取 $s \in R_e \cap L_f$, 则 $s \in (U^I \cap R_e) \setminus \{e\}$, 所以 $e \in (U^I)\Psi$, 故 $I \subseteq (U^I)\Psi$. 反之, 若 $e \in (U^I)\Psi$, 那么存在 $s \in (R_e \cap U^I) \setminus \{e\}$, 进而 $e = ss^{-1} \in I$. 由此得到 $(U^I)\Psi = I$. 这样就证明了 Ψ 是满射, 从而是 $\mathrm{subfi}S$ 到 $I(E_S)$ 的满同态.

最后, 设 $A, B \in \mathrm{subfi}S$, 且满足 $A\Sigma = B\Sigma$, $A\Psi = B\Psi$. 设 $a \in A \setminus E_S$, 并不妨设 a 是严格右正则的. 记 $e = aa^{-1}$, $g = a\sigma$, 那么 $e \in A\Psi = B\Psi$, 特别地, $R_e \cap B \neq \{e\}$. 根据引理 3.3.12 的 (3), 存在严格右正则元 $b \in (R_e \cap B) \setminus \{e\}$, 使得 $b\sigma = g$ 或者 $b\sigma = g^{-1}$. 但当 $b\sigma = g^{-1}$ 时, 易见 $ab \in E_S$, 这与引理 3.3.12 的 (2) 矛盾. 所以 $b\sigma = g = a\sigma$, 即 $a\sigma b$. 于是由 S 是 E 酉的可得 $a = b \in B$. 这样就证明了 $A \subseteq B$, 类似地 $B \subseteq A$, 从而 $A = B$. 这就完成了充分性的证明.

故定理得证. ∎

利用引理 1.2.10, 引理 3.3.8, 引理 3.3.7, 引理 3.3.9 和引理 3.3.12, 可以得到定理 3.3.13 的另一种形式:

定理 3.3.14 单逆半群 S 是分配的, 当且仅当 S 的每个 $\mathcal{D}$ 类 D 是 S 的逆子半群, 且满足

(1) D 是组合的;

(2) E_D 是链;

(3) E_D 在 D 中是阿基米德的;

(4) D/σ 是局部循环群.

推论 3.3.15 单逆半群 S 是分配的当且仅当 S 的每个 $\mathcal{D}$ 类是分配的逆半群.

现在利用定理 3.3.1, 引理 3.3.5 和定理 3.3.13, 关于分配逆半群就有下面的定理.

定理 3.3.16 逆半群 S 是分配的, 当且仅当 S 每个 $\mathcal{J}$ 类 J

(1) 要么是局部循环群;

(2) 要么恰包含两个幂等元和两个非幂等元;

(3) 要么是满足定理 3.3.13 中条件 (1)~(4) 的逆半群.

这个定理的另一种形式是：

定理 3.3.17　逆半群 S 是分配的, 当且仅当 S 每个 $\mathcal{D}$ 类 D

(1) 要么是局部循环群;

(2) 要么恰包含两个幂等元和两个非幂等元;

(3) 要么是满足定理 3.3.14 中条件 (1)~(4) 的逆半群.

我们回过头再来看单的分配逆半群.

设 L, M 均为有 0 格, 并且 $L\setminus\{0\}$ 和 $M\setminus\{0\}$ 都为子格, 那么称

$$(L\setminus\{0\}) \times (M\setminus\{0\}) \cup \{(0,0)\}$$

为 L 和 M 的收缩直积.

利用收缩直积的概念, 可以更精确地表述单的分配逆半群 S 的全逆子半群格 subfi$S$.

命题 3.3.18　如果 S 是单的分配逆半群, 那么 subfi$S$ 是 $I(E_S)$ 与 $\mathrm{subg}(S/\sigma)$ 的收缩直积.

证明　注意到 E_S 的任意两个非空理想的交非空, 并且因为 S/σ 是局部循环群, 所以 S/σ 的任意两个非平凡子群的交也是非平凡的, 故而 $I(E_S)$ 和 $\mathrm{subg}(S/\sigma)$ 存在收缩直积. 再由定理 3.3.13 的证明可以看出, 映射 Θ:

$$A\Theta = (A\Psi, A\Sigma)$$

是 subfi$S$ 到 $I(E_S) \times \mathrm{subg}(S/\sigma)$ 的单同态, 其中 $A \in \mathrm{subfi}S$, Σ 和 Ψ 是定理 3.3.13 的证明中定义的满同态.

设 $I \in I(E_S)\setminus\{\emptyset\}$, 即 I 是 $I(E_S)$ 的非空理想, 并设 $e \in I$. 由引理 3.3.12 的 (3), 对任意的 $g \in S/\sigma$ 以及 $g \neq 1$, 存在严格右正则元 $x \in R_e$, 使得 $g = x\sigma$ 或者 $g^{-1} = x\sigma$. 因为 $x^{-1}x < e$, 因此 $x^{-1}x \in I$, 进而 $x \in U^I$, 并且 $x\sigma = g$ 或者 $x^{-1}\sigma = g$, 故而 $U^I\Sigma = S/\sigma$.

再设 $H \in \mathrm{subg}(S/\sigma)\setminus\{1\}$, 也即 H 是 S/σ 的非平凡子群, 并设

$$A_H = \{s \in S : s\sigma \in H\}.$$

显然 $A_H \in \mathrm{subfi}S$. 任取 $h \in H$ 且 $h \neq 1$. 同样由引理 3.3.12 的 (3), 对任意 $e \in E_S$, 存在严格右正则元 $x \in R_e$, 使得 $h = x\sigma$ 或者 $h^{-1} = x\sigma$. 注意到若 $h^{-1} = x\sigma$, 则 $h = (xx^{-2})\sigma$, 而 $xx^{-2} \in R_e\setminus\{e\}$. 所以

$$R_e \cap A_H \neq \{e\},$$

3.3 分配逆半群

这样, $A_H\Psi = E_S$.

现在有 $U^I \cap A_H \in \mathrm{subfi}S$, 且

$$\begin{aligned}(U^I \cap A_H)\Theta &= U^I\Theta \wedge A_H\Theta \\ &= (U^I\Psi, U^I\Sigma) \wedge (A_H\Psi, A_H\Sigma) \\ &= (I, S/\sigma) \wedge (E_S, H) \\ &= (I, H).\end{aligned}$$

又因为 $E_S\Theta = (\emptyset, \{1\})$, 从而

$$(\mathrm{subfi}S)\Theta = \Big(I(E_S)\backslash\{\emptyset\}\Big) \times \Big(\mathrm{subg}(S/\sigma)\backslash\{1\}\Big) \cup \{(E_S, S/\sigma)\},$$

这就证明了 $\mathrm{subfi}S$ 是 $I(E_S)$ 与 $\mathrm{subg}(S/\sigma)$ 的收缩直积. ∎

最后, 再给出单的分配逆半群的例子.

命题 3.3.19 分配逆半群的任意逆子半群也是分配的.

证明 设 S 是分配的, 并设 T 是的 S 任意逆子半群. 易见, 如果 $\mathcal{D}_T$ 是 T 的某个 $\mathcal{D}_T$ 类, 那么 $\mathcal{D}_T$ 必然包含在 S 的某个 $\mathcal{D}_S$ 类 $\mathcal{D}_S$ 中.

若 $\mathcal{D}_S$ 是局部循环群, 那么 $\mathcal{D}_T$ 也是局部循环群;

若 $\mathcal{D}_S$ 是恰包含两个幂等元和两个非幂等元, 那么要么 $\mathcal{D}_T = \mathcal{D}_S$, 要么 $\mathcal{D}_T$ 仅包含一个元素 (自然是幂等元);

若 $\mathcal{D}_S$ 是满足定理 3.3.14 中条件 (1)~(4) 的逆半群, 那么 $\mathcal{D}_S$ 是双单的. 由条件 (2) 得 $E_{\mathcal{D}_S}$ 是链, 由此 $E_{\mathcal{D}_T}$ 也是链, 进而 $\mathcal{D}_T$ 是 T 的逆子半群, 从而也是 $\mathcal{D}_S$ 的逆子半群. 另外, 显然, $E_{\mathcal{D}_S}$ 在 $\mathcal{D}_S$ 中的阿基米德性蕴涵 $E_{\mathcal{D}_T}$ 在 $\mathcal{D}_T$ 中的阿基米德性, $\mathcal{D}_S$ 是组合的蕴涵 $\mathcal{D}_T$ 是组合的. 由引理 3.3.9 可知 $\mathcal{D}_S$ 是 E 酉的, 进而由引理 3.3.12 的 (2) 可知, $\mathcal{D}_T/\sigma$ 同构于 $\mathcal{D}_S/\sigma$ 的某个子群, 从而 $\mathcal{D}_T/\sigma$ 是局部循环群. 这样, 利用定理 3.3.17 即可证 T 是分配逆半群. ∎

设 C_ω 表示 ω 链, 即

$$C_\omega = \{e_0, e_1, e_2, \cdots, e_n, \cdots\},$$

$$e_0 > e_1 > e_2 > \cdots > e_n > \cdots.$$

用 $\mathbf{N} = (Z^+, \leqslant)$ 表示正整数格: 对任意的 $m, n \in \mathbf{N}$,

$$m \leqslant n \Leftrightarrow m | n.$$

若 L 是任意格, 用 L^0 表示在 L 中添加 0 后所成的格.

逆半群 S 是 ω 半群，如果 E_S 与 C_ω 同构。现在假设 S 是双单的分配逆 ω 半群，则它是组合的，因此是基本逆半群，由此可得，它是双循环半群 B。容易证明 E_B 在 B 中是阿基米德的，并且 $B/\sigma \cong (Z,+)$，这里 $(Z,+)$ 表示整数加法群，因此 B 是唯一的分配双单逆 ω 半群。

类似地，如果 S 是单的分配逆 ω 半群，那么 S 是组合的，进而 S 同构于某个半群 B_d，其中 d 是某个正整数。反之，因为半群 B_d 是双循环半群 $B (= B_1)$ 的一个全逆子半群，因此是分配的。进一步，对任意的 $d \in Z^+$，总有 $E_{B_d} \cong C_\omega$，$B_d/\sigma \cong (Z,+)$。又因为 C_ω 的每个理想都是主理想，因此，$I(C_\omega) \cong C_\omega^0$。而 $(Z,+)$ 的每个子群都具有形式

$$nZ = \{nz \in Z : z \in Z\},$$

其中 $n \geqslant 0$，因此，$\mathrm{subg}Z \cong \mathbf{N}^0$。于是由命题 3.3.18 可知，对任意的 $d \in Z^+$，$\mathrm{subfi}B_d$ 是 C_ω^0 和 $\mathbf{N}^0$ 的收缩直积。所以，所有的 B_d 的全逆子半群格都是同构的。

综上所述，于是得到如下定理：

定理 3.3.20 设 S 是单的逆 ω 半群。那么 S 是分配的，当且仅当 S 同构于某个半群 B_d；对任意的 $d \in Z^+$，有

$$\mathrm{subfi}B_d \cong (C_\omega \times \mathbf{N})^0.$$

需要指出的是，虽然双单的分配逆半群的幂等元构成一个链，但一般来说，这个结论对单的分配逆半群是不成立的，相应的例子读者可以参考文献 [40] 的最后一段描述。

3.4 半分配逆半群

这一节要讨论的是全逆子半群格是下半分配或上半分配的逆半群。我们将得到，逆半群的分配性、下半分配性和上半分配性是等价的。

引理 3.4.1 设 S 是 E 酉逆半群，T 是 S 的任一逆子半群，那么 $\mathrm{subfi}T$ 可嵌到 $\mathrm{subfi}S$ 中。

证明 对任意的 $U \in \mathrm{subfi}T$，令

$$U\phi = \langle E_S, U \rangle,$$

那么，ϕ 是 $\mathrm{subfi}T \to \mathrm{subfi}S$ 的映射。对任意的 $U, V \in \mathrm{subfi}T$，显然

$$(U \vee V)\phi = U\phi \vee V\phi.$$

3.4 半分配逆半群

设 $x \in U\phi \cap V\phi = \langle E_S, U\rangle \cap \langle E_S, V\rangle$, 则存在 $u \in U$ 和 $v \in V$, 使得 $x = xx^{-1}u = xx^{-1}v$, 且 $xx^{-1} \leqslant vv^{-1}$(引理 1.2.6). 由此得 $u\sigma v$, 进而 $uu^{-1}v\sigma vv^{-1}u$. 易见, $uu^{-1}v\mathcal{R}vv^{-1}u$, 因此利用定理 1.2.9, $uu^{-1}v = vv^{-1}u$. 注意到 $uu^{-1}, vv^{-1} \in U \cap V$, 所以, $uu^{-1}v = vv^{-1}u \in U \cap V$, 从而

$$x = xx^{-1}u = xx^{-1}(vv^{-1}u) \in \langle E_S, U \cap V\rangle) = (U \cap V)\phi.$$

这证明了 $U\phi \cap V\phi \subseteq (U \cap V)\phi$. 另一方面, $U\phi \cap V\phi \supseteq (U \cap V)\phi$ 是显然的, 因此 $(U \cap V)\phi = U\phi \cap V\phi$.

其次, 设 $U \in \text{subfi}T$, 且 $\langle U, E_S\rangle = U\phi = V\phi = \langle E_S, V\rangle$. 若 $x \in U \in \langle E_S, U\rangle \cap T$, 则存在 $u \in U$, 使得 $x = xx^{-1}u$. 因为 $x \in T$, 因此 $xx^{-1} \in T$, 进而 $xx^{-1} \in U$, 由此得 $x \in U$. 于是 $\langle E_S, U\rangle \cap T = U$. 类似地, $\langle E_S, V\rangle \cap T = V$, 这样就有 $U = V$. 故引理得证. ∎

这一节的主要结果是:

定理 3.4.2 设 S 是逆半群, 则下列条件等价:
(1) S 是分配逆半群;
(2) S 是下半分配逆半群;
(3) S 是上半分配逆半群.

首先, 关于 Brandt 半群我们有

定理 3.4.3 设 S 是 Brandt 半群, 则下列条件等价:
(1) S 是分配逆半群;
(2) S 是下半分配逆半群;
(3) S 是上半分配逆半群;
(4) S 是带零的局部循环群或者同构于 Brandt 半群 B_5.

证明 根据定理 3.3.2, 显然, 只需要证明 (2) ⇒ (4) 和 (3) ⇒ (4) 即可.

设 $S = \mathcal{M}^0(I, G, I; E)$ 是下半分配或者是上半分配的 Brandt 半群.

若 $|E_S \backslash \{0\}| = 1$, 那么 S 就是带零群 G^0, 并且 $\text{subfi}S \cong \text{subg}G$, 进而, S 是带零的局部循环群. 现在设 $|E_S \backslash \{0\}| > 1$, 则 S 中存在非零幂等元 $e = (i, 1, i)$ 和 $f = (j, 1, j)$, 且 $i \neq j$, 并设 $a = (i, x, j) \in R_e \cap L_f$.

假设 S 不是组合的, 那么存在 $b = (i, y, i) \in H_e \backslash \{e\}$. 显然, $ba = (i, yx, j) \in R_e \cap L_f$, $b = (ba)a^{-1}$. 记

$$A = \text{inv}\langle E_S, a\rangle, \quad B = \text{inv}\langle E_S, b\rangle, \quad C = \text{inv}\langle E_S, ba\rangle.$$

易见, $A = E_S \cup \{a, a^{-1}\}$, $B = E_S \cup \langle b, b^{-1}\rangle$, $C = E_S \cup \{ba, a^{-1}b^{-1}\}$. 因此

$$B \cap A = E_S = B \cap C, \quad A \vee B = A \vee C.$$

于是根据引理 1.1.6, subfi$S$ 既不是下半分配格, 也不是上半分配格, 这是个矛盾. 由此, S 是组合的.

再假设 $g = (k,1,k)$ 是 S 中不同于 e, f 的第三个非零幂等元. 设 $c = (j, z, k) \in R_f \cap L_g$, 则 $ac = (i, z, k) \in R_e \cap L_g$, $a = (ac)c^{-1}$. 令

$$B' = \text{inv}\langle E_S, c\rangle, \quad C' = \text{inv}\langle E_S, ac\rangle.$$

易见, $B' = E_S \cup \{c, c^{-1}\}$, $C' = E_S \cup \{ac, c^{-1}a^{-1}\}$. 因此

$$A \cap B' = E_S = A \cap C', \quad B' \vee A = B' \vee C'.$$

同样, 根据引理 1.1.6, subfi$S$ 既不是下半分配格, 也不是上半分配格, 这又是个矛盾, 说明 $|E_S \setminus \{0\}| = 2$.

这样就证明了当 S 是下半分配或者是上半分配的 Brandt 半群时, S 要么是带零的局部循环群, 要么是只有两个非零幂等元的组合 Brandt 半群, 因而同构于 B_5. ∎

引理 3.4.4 设 S 是 0 单逆半群但不是完全 0 单的. 如果 S 是下半分配或是上半分配的, 那么 $S \setminus \{0\}$ 是 S 的单逆子半群, 且 subfi$S \cong$ subfi$(S \setminus \{0\})$.

证明 假设 $S \setminus \{0\}$ 不是子半群, 则显然存在非零幂等元 h, f, 使得 $hf = 0$. 由 0 单性 (定理 1.2.1), 存在 $e \in E_S$, 使得 $e < h$ 且 $e\mathcal{D}f$, 从而 $ef = ehf = 0$. 对幂等元 e, f 再一次利用定理 1.2.1, 则存在 $g \in E_S$, 使得 $g < e$ 且 $g\mathcal{D}f\mathcal{D}e$. 任取 $a \in R_e \cap L_f$, $b \in R_e \cap L_g$, 并记 $c = a^{-1}b$, 则易见, $c \in R_f \cap L_g$, $b = aa^{-1}b = ac$. 令

$$A = \langle E_S, a, a^{-1}\rangle, \quad B = \langle E_S, b, b^{-1}\rangle, \quad C = \langle E_S, c, c^{-1}\rangle.$$

显然, $A \vee B = A \vee C$. 下面证明 $B \cap A = E_S = B \cap C$.

假设 $x \in (B \cap A) \setminus E_S$, 则由引理 1.2.7, 存在 $k \in \mathbb{Z}$ 且 $k \neq 0$, 使得 $x = (xx^{-1})b^k$, 且 $k > 0$ 时 $xx^{-1} \leqslant bb^{-1} = e$, 而 $k < 0$ 时 $xx^{-1} \leqslant b^{-1}b = g$. 类似地, 存在 $n \in \mathbb{Z}$ 且 $n \neq 0$, 使得 $x = (xx^{-1})a^n$, 且 $n > 0$ 时 $xx^{-1} \leqslant aa^{-1} = e$, 而 $n < 0$ 时 $xx^{-1} \leqslant a^{-1}a = f$.

若 $k > 0$, 且 $n > 0$, 则 $x = xg = (xf)g = xf(eg) = 0$;

若 $k > 0$, 且 $n < 0$, 则 $x = ex = e(fx) = 0$;

若 $k < 0$, 且 $n > 0$, 则 $x = xe = (xf)e = 0$;

若 $k < 0$, 且 $n < 0$, 则 $x = gx = g(fx) = (ge)fx = 0$.

这样, 无论哪种情况都不可能, 因此 $B \cap A = E_S$. 完全类似可证, $B \cap C = E_S$, 由此 $B \cap A = E_S = B \cap C$. 于是利用引理 1.1.6 可知, subfi$S$ 既不是下半分配格, 也

不是上半分配格, 从而和已知条件矛盾. 这就证明了 $S\backslash\{0\}$ 是 S 的子半群, 进而是单逆半群.

最后, 映射 $A \to A \cup \{0\}$ 显然是 subfi$S$ 到 subfi$(S\backslash\{0\})$ 的格同构. ∎

引理 3.4.5   如果单逆半群 S 是下半分配或者是上半分配的, 那么 S 是 E 酉半群.

证明   假设 S 不是 E 酉半群. 那么 S 包含元素 $a \notin E_S$ 和 $h \in E_S$, 使得 $ha = h = ah$. 令 $e = aa^{-1}$, $f = a^{-1}a$. 由 S 是单半群, 存在 $g \in E_S$, 使得 $g\mathcal{D}e$, 且 $g < eh$. 注意到, $g < e$, $ag = g = ga$, 进而 $a^{-1}g = g = ga^{-1}$. 设 $b \in R_e \cap L_g$, 并记 $c = a^{-1}b$, 那么, 显然 $c \in R_f \cap L_g$, $b = aa^{-1}b = ac$. 令

$$A = \langle E_S, a, a^{-1}\rangle, \quad B = \langle E_S, b, b^{-1}\rangle, \quad C = \langle E_S, c, c^{-1}\rangle.$$

易见, $A \vee B = A \vee C$. 下面仍然证明 $B \cap A = E_S = B \cap C$.

如果 $x \in (B \cap A)\backslash E_S$, 那么存在 $k \in \mathbb{Z}$ 且 $k \neq 0$, 使得 $x = (xx^{-1})b^k$, 且 $k < 0$ 时 $xx^{-1} \leqslant b^{-1}b = g$. 也存在 $n \in \mathbb{Z}$ 且 $n \neq 0$, 使得 $x = (xx^{-1})a^n$. 若 $k > 0$, 则

$$x = (xx^{-1})b^k = (xx^{-1})b^kg = (xx^{-1}a^n)g = xx^{-1}g \in E_S,$$

矛盾; 若 $k < 0$, 则

$$x = gx = g(xx^{-1}a^n) = xx^{-1}ga^n = xx^{-1}g \in E_S,$$

矛盾. 所以 $B \cap A = E_S$, 类似地有 $B \cap C = E_S$, 由此 $B \cap A = E_S = B \cap C$. 但因为 subfi$S$ 是下半分配格或者上半分配格, 这与引理 1.1.6 矛盾. 从而证明了 S 是 E 酉半群. ∎

引理 3.4.6   如果单逆半群 S 是下半分配或者是上半分配的, 那么 S/σ 是局部循环群.

证明   设 S 单逆半群, 且 subfi$S$ 是下半分配格或者是上半分配格. 根据引理 3.1.8, 被 σ 诱导的映射 Σ: subfi$S \to$ subg(S/σ) 是格满同态, 且显然, Σ 是完全 $\vee$ 同态.

如果 subfi$S$ 是下半分配格, 那么利用引理 1.1.5, subg(S/σ) 是下半分配格, 从而由定理 2.4.1, S/σ 是局部循环群.

现在假设 subfi$S$ 是上半分配格, 下面来证明 S/σ 也是局部循环群.

首先证明 S/σ 是阿贝尔群. 设 $a, b \in S/\sigma$, 则存在 $u, v \in S$, 使得 $u\sigma = a$, $v\sigma = b$. 令 $x = vv^{-1}u$, $y = uu^{-1}v$. 那么

$$x = vv^{-1}u = vv^{-1}uu^{-1}u = (uu^{-1}v)v^{-1}u = y(v^{-1}u),$$

$$y = uu^{-1}v = uu^{-1}vv^{-1}v = (vv^{-1}u)u^{-1}v = x(u^{-1}v),$$

因此 $x\mathcal{R}y$, 且 $x\sigma = a, b\sigma = y$. 令

$$A = \text{inv}\langle\!\langle x^{-1}y \rangle\!\rangle, \quad B = \text{inv}\langle\!\langle x \rangle\!\rangle, \quad C = \text{inv}\langle\!\langle y \rangle\!\rangle.$$

因为 $x(x^{-1}y) = y, (x^{-1}y)y^{-1} = x^{-1}$, 所以

$$A \vee B = \text{inv}\langle\!\langle x, y \rangle\!\rangle = A \vee C.$$

于是由上半分配性,

$$A \vee (B \cap C) = A \vee B = \text{inv}\langle\!\langle x, y \rangle\!\rangle.$$

因此, $A\Sigma = A\Sigma \vee B\Sigma$, 即

$$\langle\!\langle a, b \rangle\!\rangle = \langle\!\langle a^{-1}b \rangle\!\rangle \vee (\langle\!\langle a \rangle\!\rangle \cap \langle\!\langle b \rangle\!\rangle).$$

又因为 $H = \langle\!\langle a \rangle\!\rangle \cap \langle\!\langle b \rangle\!\rangle$ 是 $\langle\!\langle a, b \rangle\!\rangle$ 的中心 K 的子群, 因而, H 是 $\langle\!\langle a, b \rangle\!\rangle$ 的正规子群, 由此 $\langle\!\langle a, b \rangle\!\rangle = \langle\!\langle a^{-1}b \rangle\!\rangle H$. 这样, 商群 $\langle\!\langle a, b \rangle\!\rangle/H$ 同构于循环群 $\langle\!\langle a^{-1}b \rangle\!\rangle/(H \cap \langle\!\langle a^{-1}b \rangle\!\rangle)$. 进一步, 商群 $\langle\!\langle a, b \rangle\!\rangle/K$ 也是循环群, 从而 $\langle\!\langle a, b \rangle\!\rangle$ 是阿贝尔群[12,35].

再证明 S/σ 是局部循环群. 仍然设 $a, b \in S/\sigma$. 因为 S/σ 是阿贝尔群, 所以, 不失一般性, 可以假设 $\langle\!\langle a, b \rangle\!\rangle$ 是 $\langle\!\langle a \rangle\!\rangle$ 与 $\langle\!\langle b \rangle\!\rangle$ 的直积, 也就是 $\langle\!\langle a \rangle\!\rangle \cap \langle\!\langle b \rangle\!\rangle = \{1\}$. 现在重新选择 $x, y \in S$, 使得 $x\mathcal{R}y, a = x\sigma, b = y\sigma$, 那么将得到 $\langle\!\langle a, b \rangle\!\rangle = \langle\!\langle a^{-1}b \rangle\!\rangle$.

引理得证. ∎

引理 3.4.7 设单逆半群 S(但不是群) 是下半分配或者是上半分配的, 那么 E_S 在 S 中是阿基米德的.

证明 假设 E_S 在 S 中不是阿基米德的, 那么存在严格右正则元 $a \in S$ 和幂等元 $h \in E_S$, 使得对所有的 $n \in Z^+, a^{-n}a^n \not\leqslant h$. 令 $aa^{-1} = e$. 对于幂等元 e, eh, 由 S 是单半群可知, 存在 $g \in E_S$, 使得 $g\mathcal{D}e$, 且 $g < eh \leqslant e$. 显然, 对所有的 $n \in Z^+$, $a^{-n}a^n \not\leqslant g$ (否则, 若对某个 $n \in Z^+, a^{-n}a^n < g$, 则 $a^{-n}a^n < g < eh \leqslant h$). 设 $b \in R_e \cap L_g, c = ab$, 则 $a = ae = abb^{-1} = cb^{-1}$. 令

$$A = \langle E_S, a, a^{-1} \rangle, \quad B = \langle E_S, b, b^{-1} \rangle, \quad C = \langle E_S, c, c^{-1} \rangle.$$

显然, $B \vee A = B \vee C$. 下面证明 $A \cap B = E_S = A \cap C$.

假设 $x \in (A \cap B) \backslash E_S$, 则存在 $k, n \in Z$ 且 $k, n \neq 0$, 使得 $x = (xx^{-1})b^k$, $x = (xx^{-1})a^n$. 因此 $b^k \sigma a^n$.

首先假设 $k > 0$. 若 $n > 0$, 那么 $b^k \mathcal{R}e\mathcal{R}a^n$, 进而由 S 是 E 酉半群可得 $b^k = a^n$(定理 1.2.9). 但此时, $g = b^{-1}b > b^{-k}b^k = a^{-n}a^n$, 这是矛盾. 若 $n < 0$, 那么

3.4 半分配逆半群

$a^{-n}a^n = e$. 因此, $a^{-n}b^k \in R_e$, 进而 $a^{-n}b^k = e$, 此时又有 $g = b^{-1}b > b^{-k}b^k > e > a^{-1}a$, 矛盾.

其次假设 $k < 0$. 若 $n < 0$, 那么 $b^{-k}\mathcal{R}e\mathcal{R}a^{-n}$. 又因为 $b^{-k}\sigma a^{-n}$, 因此由 S 是 E 酉半群可得 $b^{-k} = a^{-n}$(定理 1.2.9). 此时, $g = b^{-1}b > b^kb^{-k} = a^na^{-n}$, 这是矛盾. 若 $n > 0$, 那么 $a^na^{-n} = e$, 因此, $a^nb^{-k} \in R_e$, 进而 $a^nb^{-k} = e$. 这时, $g = b^{-1}b > b^kb^{-k} > e > a^{-1}a$, 又是矛盾. 故 $A \cap B = E_S$.

如果记 $u = c^{-1}c$, 那么因为 $u \leqslant g$ 且 $c \in R_e \cap L_u$, 因此 u 和 g 有完全相同的性质, 从而类似可以证明 $A \cap C = E_S$. 这样 $A \cap B = E_S = A \cap C$. 由此, 又和引理 1.1.6 矛盾, 故 E_S 在 S 中是阿基米德的. ∎

引理 3.4.8 设单逆半群 S(但不是群) 是下半分配或者是上半分配的, 那么 S 是组合的.

证明 假设 S 不是组合的, 那么存在 $e \in E_S$, 以及 $a \in H_e$, 使得 $a \neq e$. 于是存在 $g \in E_S$, 使得 $g\mathcal{D}e = a^{-1}a$ 且 $g < e = aa^{-1}$. 令 $b \in R_e \cap L_g$, 并记

$$A = \langle E_S, a, a^{-1} \rangle, \quad B = \langle E_S, b, b^{-1} \rangle, \quad C = \langle E_S, ab, (ab)^{-1} \rangle.$$

因为 $a = ae = (ab)b^{-1}$, 所以 $B \vee A = B \vee C$.

下面证明 $A \cap B = E_S = A \cap C$. 事实上, 若 $x \in (A \cap B) \setminus E_S$, 那么存在 $k, n \in Z$ 且 $k, n \neq 0$, 使得 $x = xx^{-1}b^k$, $x = xx^{-1}a^n$. 由此 $b^k \sigma a^n$. 显然, $b^k \mathcal{R}e\mathcal{R}a^n$ (当 $k > 0$ 时), 或者 $b^k \mathcal{L}e\mathcal{L}a^n$ (当 $k < 0$ 时). 因此根据 E 酉性, $b^k = a^n$(定理 1.2.9). 所以, $b^k \in H_e$, 这是矛盾.

注意到, $h = (ab)^{-1}ab \leqslant g$, 且 $ab \in R_e \cap L_h$, 因此, h 和 g 有完全相同的性质. 从而类似可以证明 $A \cap C = E_S$. 这样 $A \cap B = E_S = A \cap C$. 这又和引理 1.1.6 矛盾.

故 S 一定是组合的. ∎

引理 3.4.9 设单逆半群 S 是下半分配或者是上半分配的, 那么对 S 的每个 $\mathcal{D}$ 类 D, E_D 中的任意三个幂等元中最多有两个是不可比较的, 即 D_E 中任何反链的长度不超过 2.

证明 根据引理 3.4.5, S 是 E 酉半群. 假设 $e, f, g \in E_D$ 是 D 中的三个两两不可比较的幂等元. 设 $a \in R_e \cap L_f$, $b \in R_f \cap L_g$, 并令 $c = ab$, 则 $c \in R_e \cap L_g$.

令 $T = \mathrm{inv}\langle a, b \rangle$. 设 $w \in \langle a, b \rangle$, 且 $w \in R_e$. 因为 $aa^{-1} \| a^{-1}a$, 所以 $a^2, aa^{-2} \notin R_e$, 因此, 如果 $w \in \mathrm{inv}\langle a \rangle$, 那么 $w \in \{a, aa^{-1}\}$. 由假设可知 $aa^{-1}b, aa^{-1}b^{-1}, ab^{-1}, ab^2 \notin R_e$, 因而 $T \cap R_e = \{aa^{-1}, a, ab\}$ (由于 $abb^{-1} = a$).

这样, T 中的主因子 $\mathrm{PF}(J_a)$ 是含有三个非零幂等元的完全 0 单半群. 于是由定理 3.4.3, $\mathrm{subfi}T$ 不是下半分配格, 也不是上半分配格. 但根据引理 3.4.1, $\mathrm{subfi}T$ 可嵌入到 $\mathrm{subfi}S$ 中, 所以 $\mathrm{subfi}T$ 是下半分配格, 或是上半分配格, 从而得出矛盾. ∎

下面将要证明, 如果单逆半群 S 是下半分配或者是上半分配的, 那么对 S 的每个 $\mathcal{D}$ 类 D, E_D 是链. 这个证明是比较复杂的.

引理 3.4.10　设 S 是 E 酉逆半群, S/σ 是阿贝尔群.

(1) 若 $b \in S$ 是右正则的, $e \in E_S$, 且满足 $e > bb^{-1}$, $e\mathcal{D}bb^{-1}$, 那么 R_e 包含右正则元 c, 使得 $c\sigma b$;

(2) 若 $a \in S$, $g \in E_S$, 且满足 $aa^{-1}\|a^{-1}a$, $g < aa^{-1}$, $g\mathcal{D}aa^{-1}$, 那么 $(ga)(ga)^{-1}\|(ga)^{-1}(ga)$.

证明　(1) 因为 b 是右正则的, 因此 $b^2 b^{-2} = bb^{-1}$. 设 $d \in R_e \cap L_{bb^{-1}}$, 并令 $c = dbd^{-1}$. 由于 S/σ 是阿贝尔群, 则 $c\sigma b$, 且 $c \notin E_S$. 于是

$$cc^{-1} = dbd^{-1}db^{-1}d^{-1} = dbbb^{-1}b^{-1}d^{-1}$$
$$= dbb^{-1}d^{-1} = dd^{-1}dd^{-1} = dd^{-1} = e,$$

进而

$$c^{-1}c = db^{-1}d^{-1}dbd^{-1} = (db^{-1}bd^{-1})dd^{-1} \leqslant dd^{-1} = e = cc^{-1},$$

所以, c 是右正则的.

(2) 假设 $(ga)(ga)^{-1}$ 与 $(ga)^{-1}(ga)$ 可比较, 不失一般性, 不妨 $(ga)(ga)^{-1} \geqslant (ga)^{-1}(ga)$, 即设 ga 是右正则的. 令 $e = aa^{-1}$, 那么利用 (1), R_e 包含右正则元 c, 使得 $c\sigma ga$, 从而 $c\sigma a$. 于是由 S 的 E 酉性, $c = a$, 进而 $aa^{-1} \geqslant a^{-1}a$, 这和 $aa^{-1}\|a^{-1}a$ 矛盾. ∎

推论 3.4.11　如果双单逆半群 S 是下半分配或者是上半分配的, 那么 E_S 是链.

证明　假设 S 包含幂等元 e, f, 使得 $e\|f$. 设 $a \in R_e \cap L_f$, 则 $e = aa^{-1}\|a^{-1}a = f$, $a^2\mathcal{D}a$. 令 $g = a^2a^{-2}$, 于是利用上面引理的 (2),

$$a^2 a^{-2} = (ga)(ga)^{-1}\|(ga)^{-1}(ga) = (aa^{-1})(a^{-1}a).$$

这样, a^2a^{-2}, $(aa^{-1})(a^{-1}a)$ 和 $a^{-2}a^2$ 是 S 中的三个不可比较的幂等元, 这和引理 3.4.9 矛盾, 从而 E_S 是链. ∎

设 M 是由下列表示所确定的逆半群:

$$M = \operatorname{inv}\langle z, e: zz^{-1} > z^{-1}z, zz^{-1} > e, e^2 = e, ez^{-1}z = z^{-2}z^2\rangle.$$

显然, z 是 M 的严格右正则元, 因此

$$\operatorname{inv}\langle z\rangle = \langle z, z^{-1}\rangle = \langle z^{-1}\rangle^1 \langle z\rangle^1$$

3.4 半分配逆半群

是双循环半群, zz^{-1} 其单位元. 进而由 $zz^{-1} > e$ 可知, $zz^{-1} = 1$ 是 M 的单位元, 因此 M 是幺半群. 再由 $ez^{-1}z = z^{-2}z^2$ 可得

$$ez^{-1} = z^{-2}z^2z^{-1} = z^{-2}z,$$

从而 $ze = z^{-1}z^2$. 于是通过计算不难到, M 的元素构成如下:

$$M = \langle z^{-1}\rangle^1\{e,1\}\langle z\rangle^1 = \langle z^{-1}\rangle^1 e\langle z\rangle^1 \cup \langle z^{-1}, z\rangle.$$

现在设 Y 是图 3.1 所示的半格.

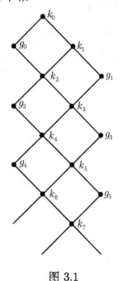

图 3.1

Y 对应的 Munn 半群 T_Y 是由 Y 的主理想之间的同构构成 [4]. 定义映射 $\gamma: Yk_0 \to Yk_1$, 使得对所有的 $i \geqslant 0$,

$$k_i \to k_{i+1}, \quad g_i \to g_{i+1}.$$

用 ε 表示 Yg_0 上的单位同构映射 1_{Yg_0}. 容易验证, γ 和 ε 满足:

$$\gamma\gamma^{-1} > \gamma^{-1}\gamma, \quad \gamma\gamma^{-1} > \varepsilon, \quad \varepsilon^2 = \varepsilon, \quad \varepsilon\gamma^{-1}\gamma = \gamma^{-2}\gamma^2.$$

因此

$$\operatorname{inv}\langle \gamma, \varepsilon\rangle = \langle \gamma^{-1}\rangle^1\{\varepsilon, 1\}\langle \gamma\rangle^1.$$

易见, 对任意的 $n \geqslant 1$, 有 $\gamma^{-n}\gamma^n = 1_{Yk_n}$ 和 $\gamma^{-n}\varepsilon\gamma^n = 1_{Yg_n}$, 由此有

$$\gamma^{-n}\varepsilon\gamma^{n+1}: Yg_n \to Yg_{n+1}, \quad n \geqslant 1.$$

容易验证, 对任意 $m, n, p, q \geqslant 0$, 如果 $m = p$ 和 $n = q$ 不同时成立, 那么 $\gamma^{-m}\varepsilon\gamma^n \neq \gamma^{-p}\varepsilon\gamma^q$. 这样, $\mathrm{inv}\langle\gamma, \varepsilon\rangle \cong M$.

但是注意到, Y 的每个主理想没有非平凡的自同构, 因此 T_Y 是组合的. 进而, 因为每个 k_i 恰好覆盖两个元素 (g_i 和 k_{i+1}), 而每个 g_i 仅覆盖一个元素, 所以对任意的 i 和 j, k_i 和 g_j 各自生成的主理想不同构. 这样, T_Y 被 γ 和 ε 生成, 因此 $M \cong T_Y$. 进一步, T_Y 有两个 $\mathcal{D}$ 类: 一个是双循环半群 $D_\gamma = \mathrm{inv}\langle\gamma\rangle$, 另一个是 D_ε. 由 Y 是子一致的, 所以 T_Y 是单半群. 此外, 还不难得到, M 是 E 酉半群; E_M 在 M 中是阿基米德的.

总结上述论述, 我们得下面的命题:

命题 3.4.12 设逆半群 M 由表示

$$M = \mathrm{inv}\langle z, e : zz^{-1} > z^{-1}z,\ zz^{-1} > e,\ e^2 = e,\ ez^{-1}z = z^{-2}z^2\rangle$$

所确定, 那么

(1) $M \cong T_Y$;

(2) $M = \langle z^{-1}\rangle^1 \{e, 1\} \langle z\rangle^1$;

(3) $\mathrm{inv}\langle z\rangle$ 是双循环子半群;

(4) M 是 E 酉逆半群;

(5) M/σ 是无限循环群;

(6) $E_M \cong Y$;

(7) M 是组合的;

(8) E_M 在 M 中是阿基米德的;

(9) M 是恰有两个 $\mathcal{D}$ 类的单半群, 其中的一个 $\mathcal{D}$ 类的幂等元集合是链, 另一个 $\mathcal{D}$ 类的幂等元集合中反链的最大长度为 2.

定理 3.4.13 M 既不是下半分配逆半群, 也不是上半分配逆半群.

证明 设 $a = ez$, $b = ez^2$, $c = a^{-1}b = z^{-1}ez^2$, 那么由 $ez^{-1} = z^{-2}z$ 和 $ze = z^{-1}z^2$ 不难得到, $a\mathcal{R}b\mathcal{L}c\mathcal{R}a^{-1}$.

(1) 因为 $aa^{-1} = e$, $a^{-1}a = z^{-1}ez$, 因此, $aa^{-1} \| a^{-1}a$. 所以

$$D_a = \{aa^{-1}, a^{-1}a, a, a^{-1}\}.$$

又因为 $a^2a^{-1} = z^{-2}z^3$ 是严格右正则元, 因而 $\mathrm{inv}\langle a^2a^{-1}\rangle$ 是双循环半群, e 是其中的单位元. 进一步, $\mathrm{inv}\langle a\rangle \backslash D_a$ 构成 M 的另一个 $\mathcal{D}$ 类

$$D_{a^2a^{-1}} = \mathrm{inv}\langle a\rangle \backslash D_a = \mathrm{inv}\langle a^2a^{-1}\rangle.$$

(2) 类似地, 因为 $cc^{-1} = z^{-1}ez$, $c^{-1}c = z^{-2}ez^2$, 所以, $cc^{-1} \| c^{-1}c$, 且 $\mathrm{inv}\langle c\rangle$ 由两个 $\mathcal{D}$ 类 $D_c = \{cc^{-1}, c^{-1}c, c, c^{-1}\}$ 和 $D_{c^2c^{-1}} = \mathrm{inv}\langle c^2c^{-1}\rangle$ 构成, 其中 $c^2c^{-1} = z^{-3}z^4$

3.4 半分配逆半群

是严格右正则元, $z^{-1}ez$ 是双循环半群 $\mathrm{inv}\langle c^2c^{-1}\rangle$ 的单位元, 同时注意到, $c^2c^{-1} = z^{-3}z^4 = a^{-1}a^2$.

(3) 因为 $bb^{-1} = e$, $b^{-1}b = z^{-2}ez^2$, 所以 b 是严格右正则元, e 是双循环半群 $\mathrm{inv}\langle b\rangle$ 的单位元.

现在令
$$A = \mathrm{inv}\langle\!\langle a\rangle\!\rangle, \quad C = \mathrm{inv}\langle\!\langle c\rangle\!\rangle, \quad B = (A \cap C) \vee \mathrm{inv}\langle\!\langle b\rangle\!\rangle.$$

下面证明 $C \cap A = C \cap B$, $A \vee C = A \vee B$, 且 $A \| C$, 从而由引理 1.1.6 就得到 M 既不是下半分配的, 也不是上半分配的.

首先证明 $A \cap C = C\backslash\{c, c^{-1}\}$. 事实上, 由 (1),
$$A \cap R_c = A \cap R_{a^{-1}} = \{a^{-1}, a^{-1}a\},$$

因此, $c \notin A$. 另一方面, 若 $x \in C\backslash E_M$, 则存在 $f \in E_M$ 以及 $y \in C\backslash E_M$, 使得 $x = fy$. 假设 $y \in \mathrm{inv}\langle c^2 c^{-1}\rangle$, 那么利用 (2), $c^2c^{-1} = a^{-1}a^2 \in A$, 从而 $x \in A$. 这样, $y \in \{c, c^{-1}\}$. 如果 $y = c$, 那么当 $f \geqslant z^{-1}ez = cc^{-1}$ 时, $x = c$, 否则由 $E_M \cong Y$ 可知, $f \leqslant e$, 此时,
$$x = fc = fec = fc^2c^{-1} = fa^{-1}a^2 \in A.$$

如果 $y = c^{-1}$, 那么当 $f \geqslant z^{-2}ez^2 = c^{-1}c$ 时, $x = c^{-1}$, 否则 $f \leqslant z^{-1}ez = cc^{-1}$, 进而
$$x = fc^{-1} = f(cc^{-2}) = f(a^{-2}a) \in A.$$

这样就证明了 $C \setminus \{c, c^{-1}\} \subseteq A$, 于是可得 $A \cap C = C\backslash\{c, c^{-1}\}$.

其次, 注意到, $A \cap C \subseteq B$, 因此 $A \cap C \subseteq B \cap C$. 为了证明反包含关系, 只需要证明 $c \notin B = (A \cap C) \vee \mathrm{inv}\langle\!\langle b\rangle\!\rangle$. 利用 (3) 不难得到, $A \cap C \cap R_c \subseteq E_M$, $\mathrm{inv}\langle\!\langle b\rangle\!\rangle \cap R_c \subseteq E_M$, 由此可得 $c \notin (A \cap C) \vee \mathrm{inv}\langle\!\langle b\rangle\!\rangle$.

最后, 也注意到, $c \notin A$, $a \notin C$ (因为 $aa^{-1} \not\leqslant cc^{-1}, c^{-1}c$), $c = a^{-1}b$ 以及 $b = a(a^{-1}b)$, 所以, $A \vee C = A \vee B$.

故定理得证. ∎

定理 3.4.14 设 S 是组合的 E 酉单逆半群, S/σ 是阿贝尔群, E_S 在 S 中是阿基米德的. 如果 S 的所有 $\mathcal{D}$ 类中幂等元集合的反链的最大长度不超过 2, 但至少存在一个 $\mathcal{D}$ 类 D, 使得 E_D 中反链的最大长度等于 2, 那么 S 包含一个同构于 M 的逆子半群.

证明 设 $f, h \in E_S$, $f \mathcal{D} h$, 且 $f \| h$, 并设 $x \in R_f \cap L_h$.

首先考虑 $\mathrm{inv}\langle x\rangle$. 因为 $xx^{-1} \| x^{-1}x$, 因此
$$D_x = \{xx^{-1}, x^{-1}x, x, x^{-1}\}.$$

又因为 $x^2x^{-2}\mathcal{D}(xx^{-1})(x^{-1}x)\mathcal{D}x^{-2}x^2$, 那么由已知条件, x^2x^{-2}, $x^{-2}x^2$, $(xx^{-1})(x^{-1}x)$ 中至少有两个是可比较的. 不妨假设 $x^2x^{-2} \geqslant (xx^{-1})(x^{-1}x)$, 则必有 $(xx^{-1})(x^{-1}x) \geqslant x^{-2}x^2$. 进一步, 如果 x^2x^{-2}, $(xx^{-1})(x^{-1}x)$, $x^{-2}x^2$ 三个中有某两个相等, 那么 $x^2x^{-1} \in H_{x^2x^{-2}}$, 但由 S 是组合半群可得 $x^2x^{-1} \in E_S$, 再由 S 的 E 酉性得 $x \in E_S$, 矛盾. 这说明, x^2x^{-1} 是严格右正则的, x^2x^{-2} 是双循环半群 $\mathrm{inv}\langle x^2x^{-1}\rangle$ 的单位元, 且满足 $x^3x^{-1} = x^2$, $x^ix^{-1} = x^{i-1}$, $i \geqslant 3$.

由于 S 是单半群, 因此 S 包含 $g \in E_S$, 使得 $g\mathcal{D}x$, 且 $g \leqslant (xx^{-1})(x^{-1}x)$. 令

$$z = gxg, \quad e = (xgx^{-1})(x^{-2}gx^2).$$

下面证明 $\mathrm{inv}\langle z, e\rangle \cong M$.

对任意的 $i \geqslant 0$, 记

$$e_i = x^{-i}gx^i,$$

其中 $e_0 = g$. 再记 $e_{-1} = xgx^{-1}$. 由于 $x^{-1}x > g$, 因此, $x^{-1}e_{-1}x = e_0$. 这样, 对任意的 $i \geqslant 0$, 有

$$x^{-1}e_{i-1}x = e_i. \tag{3.1}$$

另一方面, 当 $i = 0$ 时, $e_{-1} = xgx^{-1} = xe_0x^{-1}$; 当 $i = 1$ 时, 由 $xx^{-1} > g$ 即得 $e_0 = xe_1x^{-1}$; 当 $i \geqslant 2$ 时, 因为

$$gx^ix^{-1} = g(x^{-1}x)x^ix^{-1} = gx^{-1}x^{i+1}x^{-1} = gx^{-1}x^i = gx^{i-1},$$

因此有 $e_{i-1} = xe_ix^{-1}$. 这样, 对任意的 $i \geqslant 0$ 就有

$$xe_ix^{-1} = e_{i-1}. \tag{3.2}$$

容易验证, (3.1) 式和 (3.2) 式事实上等价于 $xx^{-1} > e_i$, $i \geqslant -1$. 由此可以看出, (3.1) 式确定了 $\{e_i : i \geqslant -1\}$ 所生成的子半格上的一个自同构映射. 同时还注意到, 对任意的 $i, j \geqslant -1$, 则 $e_i\mathcal{D}e_j$.

由 e 和 z 的定义可得

(1) $e = (xgx^{-1})(x^{-2}gx^2) = e_{-1}e_2$;

(2) $zz^{-1} = gxgx^{-1}g = g(xgx^{-1}) = e_0e_{-1}$;

(3) $z^{-1}z = gx^{-1}gxg = g(x^{-1}gx) = e_0e_1$;

(4) $z^{-2}z^2 = (gx^{-1}g)(e_0e_1)(gxg) = g(x^{-1}e_0x)(x^{-1}e_1x) = e_0e_1e_2$.

再考虑幂等元 e_0, e_1, e_2. 因为 $xx^{-1} \| x^{-1}x$, 因此根据引理 3.4.10, $e_0 = (gx)(gx)^{-1} \| (gx)^{-1}(gx) = e_1$. 由此利用 (3.1) 可得 $e_1 \| e_2$. 于是由关于反链的假设可知 e_0 和 e_2 可比较.

3.4 半分配逆半群

假设 $e_0 \leqslant e_2$, 即 $g \leqslant x^{-2}gx^2 \leqslant x^{-2}x^2$, 那么对所有的 $n \geqslant 1$, 都有 $g \leqslant x^{-2n}x^{2n}$. 又 $g \leqslant x^{-2}gx^2 \leqslant x^{-2}(xx^{-1}x^{-1}x)x^2 \leqslant x^{-3}x^3$, 于是, 对所有的 $n \geqslant 2$, 都有 $g \leqslant x^{-n}x^n = (x^2x^{-1})^{-n}(x^2x^{-1})^n$(因为 $x^ix^{-1} = x^{i-1}, i \geqslant 3$), 且 $g \leqslant xx^{-1}x^{-1}x = (x^2x^{-1})^{-1}(x^2x^{-1})$, 这和阿基米德性矛盾 ($x^2x^{-1}$ 是严格右正则元). 所以, 一定有

$$e_0 > e_2. \tag{3.3}$$

由 (3.3) 式可得

$$e_0e_{-1} \geqslant e_{-1}e_2, \quad xe_0x^{-1} \geqslant xe_2x^{-1}.$$

于是, 由 (2) 和 (1) 可得 $zz^{-1} \geqslant e$; 而由 (3.2) 式可知

$$e_{-1} > e_1. \tag{3.4}$$

根据 (2) 和 (3) 以及 (3.4) 式即可得 $zz^{-1} \geqslant z^{-1}z$. 所以

$$z^{-2}z^2 = e_0e_1e_2 = (e_{-1}e_2)(e_0e_1) = e(z^{-1}z). \tag{3.5}$$

假设 $zz^{-1} = z^{-1}z$, 则 $z = gxg \in E_S$, 进而由 E 酉性可得 $z \in E_S$, 矛盾. 因此

$$zz^{-1} > z^{-1}z. \tag{3.6}$$

再假设 $e = zz^{-1}$, 那么

$$z^{-2}z^2 = e(z^{-1}z) = (zz^{-1})(z^{-1}z) = z^{-1}z,$$

但这不可能 (因为 $\text{inv}\langle z \rangle$ 是有单位元 zz^{-1} 的双循环半群), 因此

$$e < zz^{-1}. \tag{3.7}$$

如果再假设 $e = z^{-1}z$, 那么

$$z^{-2}z^2 = (e_{-1}e_2)(e_0e_1) = e(z^{-1}z) = z^{-1}z,$$

这又是矛盾, 因而一定有 $e \neq z^{-1}z$.

至此, 已经证明了 z 和 e 满足 M 定义中的所有关系式. 剩下的是证明: 对任意的 $m, n, p, q \geqslant 0$ 以及 $\delta_1, \delta_2 \in \{0, 1\}$, 如果 $m = p, n = q$ 和 $\delta_1 = \delta_2$ 不同时成立, 那么 $z^{-m}e^{\delta_1}z^n \neq z^{-p}e^{\delta_2}z^q$, 这里, $e^0 = 1$. 事实上, 因为 M 是组合的, 所以只需考察所有的幂等元即可 ($\text{inv}\langle z, e \rangle$ 中幂等元有型式 $z^{-i}z^i$ 和 $z^{-i}ez^i, i \geqslant 0$).

因为 $\text{inv}\langle z \rangle$ 是具有单位元 zz^{-1} 的双循环半群, 因此对任意的 $i, j \geqslant 0$, 总有 $z^{-i}z^i \neq z^{-j}z^j$, 其中 $i \neq j$. 又因为 $z^iz^{-i} = zz^{-1} > e$, 所以 $ez^i \mathcal{R} e$. 再由 S 的 E 酉

性和组合性可得, 对任意的 $i \geqslant 1$, 则 $ez^i \notin H_e$, 进而, $z^{-i}ez^i \neq e$. 这样不难得到, $z^{-i}ez^i \neq z^{-j}ez^j$, 其中 $i, j \geqslant 0$ 且 $i \neq j$.

其次, 假设存在 i, j, 使得 $z^{-i}ez^i = z^{-j}z^j$, 那么 $e \in \text{inv}\langle z \rangle$. 但 $e \neq z^{-1}z$, $e \neq zz^{-1}$, 且对任意 $i \geqslant 2$, 总有 $e \geqslant z^{-2}z^2 \geqslant z^{-i}z^i$, 由此可知, $e = z^{-2}z^2$. 利用 (1) 和 (4) 以及 $e_0 > e_2$ ((3.3) 式) 可得 $e_{-1}e_2 = e_1e_2$. 于是反复利用 (3.1) 式不难得到, 对任意的 $k \geqslant 2$, 总有 $e_{k-3}e_k = e_{k-1}e_k$. 又由 $e_0 > e_2$ 和 (3.1) 式还可得, $e_{k-2} \geqslant e_k$. 于是

$$e_{k-5}e_k = (e_{k-5}e_{k-2})e_k = (e_{k-3}e_{k-2})e_k = e_{k-3}e_k = e_{k-1}e_k.$$

用归纳的方法即可得, 对于所有的偶数 k, $e_1e_k = e_{k-1}e_k$ (k 是奇数的情况这里不需要). 对严格右正则元 gx^2 应用阿基米德性, 则存在 $n \in Z^+$, 使得 $(gx^2)^{-n}(gx^2)^n < e_1$. 这时

$$(gx^2)^{-2}(gx^2)^2 = x^{-2}g(x^{-2}gx^2)gx^2 = x^{-2}e_0e_2x^2 = x^{-2}e_2x^2 = x^{-1}e_3x = e_4,$$

并归纳可得, $(gx^2)^{-n}(gx^2)^n = e_{2n}$ 对任意的 $n \geqslant 1$ 都成立. 这样就有 $e_1 < e_{2n}$, 即 $e_{2n} = e_1e_{2n}$. 于是根据 $e_1e_k = e_{k-1}e_k$ (k 是偶数) 可得, $e_{2n-1} \geqslant e_{2n}$. 由此有 $e_1 \geqslant e_2$, 但前面已经得到 e_1 和 e_2 是不可比较的, 这是矛盾.

这样, 对任意 $i, j \geqslant 0$, 一定有 $z^{-i}ez^i \neq z^{-j}z^j$.

故定理得证. ∎

定理 3.4.13 和定理 3.4.14 表明, 如果单逆半群 S 是下半分配或者是上半分配的, 那么对 S 的每个 $\mathcal{D}$ 类 D, E_D 是链. 这样, 结合引理 3.4.6, 引理 3.4.7, 引理 3.4.8 和定理 3.3.13 就可以完成定理 3.4.2 的证明.

3.5 模逆半群

这一节主要研究全逆子半群格是模格的逆半群, 即模逆半群. 我们将看到, 模逆半群 "几乎" 是分配逆半群. 存在模的但不是分配的逆半群, 而对于双单逆半群来说, 是模的但不分配的逆半群只有一个.

和定理 3.3.1 所描述的一样, 逆半群 S 是模的当且仅当它的每一个主因子是模的. 因此, 我们也只需要考虑 0 单的模逆半群就足够了. 事实上, 正如下面看到的那样, 仅需要讨论单的情况.

关于 Brandt 半群, 利用定理 3.2.3, 引理 3.2.2 以及引理 1.1.3 便得下面的定理.

定理 3.5.1 Brandt 半群 S 是模的当且仅当 S 要么是带零的 M 群, 要么是 Brandt 半群 B_5, 要么是恰有 3 个幂等元的组合 Brandt 半群.

这样，关于完全半单逆半群的模性也就是清楚的，由于篇幅所限，这里不再赘述.

命题 3.5.2 设模逆半群 S 是 0 单的但不是完全 0 单的，那么 $S\setminus\{0\}$ 为单逆半群，并且有 $\mathrm{subfi}(S\setminus\{0\}) \cong \mathrm{subfi}S$.

证明 显然，只需要证明 $S\setminus\{0\}$ 是 S 的子半群即可. 假设 $S\setminus\{0\}$ 不是子半群，那么存在非零幂等元 g 和 f，使得 $gf = 0$. 进一步，根据 0 单性，存在 $e \in E_S$，使得 $e\mathcal{D}f$，且 $e < g$. 易见，$ef = (eg)f = 0$，并且 $eSe \cup fSf$ 是 S 的逆子半群，$eSe \cap fSf = \{0\}$. 设 $x \in R_e \cap L_f$. 令

$$A = E_S \cup eSe, \quad B = E_S \cup eSe \cup fSf, \quad C = \langle E_S, x, x^{-1}\rangle.$$

容易验证，$x^{-1}(eSe)x = fSf$，因此 $A \subseteq B \subseteq C \vee A$. 于是由模性 (定理 1.1.2) 得

$$B = (B \cap C) \vee A.$$

现在假设 $y \in (B \cap C)\setminus E_S$，则根据引理 1.2.7 的 (2)，存在 $n \in Z^+$，使得 $y = yy^{-1}x^n$. 如果 $n > 0$，那么 $yy^{-1} \leqslant xx^{-1} = e$，进而 $y^{-1}y \leqslant xx^{-1} = f$，由此得 $y = eyf$. 类似地，如果 $n < 0$，则 $y = fye$. 但 $y \in B\setminus E_S \subseteq eSe \cup fSf$，于是由 $ef = 0$ 即得 $y = 0$. 因此，$B \cap C = E_S$，从而 $B = A$，这是一个矛盾 (因为 $eSe \cap fSf = \{0\}$).

这样，$S\setminus\{0\}$ 是单逆半群，易证，映射 $A \to A \cup \{0\}$ 就是 $\mathrm{subfi}(S\setminus\{0\})$ 到 $\mathrm{subfi}S$ 的格同构映射. ∎

这个命题表明，研究 0 单的模逆半群的问题可归结为只需要研究单的模逆半群就可以了.

这一节的主要结果是关于单的模逆半群的刻画.

定理 3.5.3 设 S 是单逆半群 (但不是群)，那么 S 是模逆半群，当且仅当
(1) S 是组合的;
(2) E_S 在 S 中是阿基米德的;
(3) S/σ 是局部循环群;
(4) S 的每个 $\mathcal{D}$ 类 D 的幂等元集 E_D 要么是链，要么其中不可比较的元素恰好有两个，且它们都是 E_D 中的极大元.

为了证明定理，需要下面的引理.

引理 3.5.4 设 S 为逆半群，且 $A, B \in \mathrm{subfi}S$，如果 $x \in (A \vee B)\setminus E_S$，那么存在 $x_1, x_2, \cdots, x_n \in (A \cup B)\setminus E_S$，使得 $x = x_1 x_2 \cdots x_n$，其中 $x_1, x_2, \cdots, x_n$ 是交替地属于 A 和 B，即对任意的 i $(i = 1, 2, \cdots, n-1)$，则 x_i 和 x_{i+1} 不同时属于 A，也不同时属于 B，且 $x_1 \mathcal{R} x \mathcal{L} x_n$. 特别地，$x_1 \in A \cap R_{xx^{-1}}$ 或者 $x_1 \in B \cap R_{xx^{-1}}$.

证明 因为 A 和 B 都是全逆子半群，所以显然，一定可以选择 $x_1, x_2, \cdots,$ $x_n \in (A \cup B) \backslash E_S$，使得 $x_1, x_2, \cdots, x_n$ 是交替地属于 A 和 B，且 $x = x_1 x_2 \cdots x_n$. 现在，把 $xx^{-1}x_1$ 和 $x_n x^{-1} x$ 分别看成新的 x_1 和 x_n，那么 $x_1 \mathcal{R} x \mathcal{L} x_n$，且仍然有 $x = x_1 x_2 \cdots x_n$，而且还可以认为 $x_1, x_2, \cdots, x_n$ 交替地属于 A 和 B. ∎

定理必要性的证明由下列引理构成. 以下总假设逆半群 S 不是完全单的，当然这也就是说 S 不是群.

引理 3.5.5 若 S 是单的模逆半群，则 S 是组合的.

证明 假设 S 不是组合的，则存在 $e \in E_S$ 以及 $c \in H_e, c \neq e$. 由于 S 是单半群，因此存在 $f \in E_S$，使得 $f < e$, $f \mathcal{D} e$. 设 $a \in R_e \cap L_f$，并记 $b = a^{-1}ca$. 则易见，$b \in H_f$，进而 $c = ece = aba^{-1}$. 令

$$A = \langle E_S, b, b^{-1} \rangle, \quad B = \langle E_S, b, b^{-1}, c, c^{-1} \rangle, \quad C = \langle E_S, a, a^{-1} \rangle.$$

显然，$A \leqslant B \leqslant C \vee A$，则由模性，$B = (B \cap C) \vee A$. 因为 $c \in B$，因此应用引理 3.5.4，存在 $u \in ((B \cap C) \cup A) \cap R_e$ 且 $u \notin E_S$ 以及 $c_1 \in (B \cap C) \vee A$，使得 $c = uc_1$. 但是，$b \in H_f$, $f < e$，于是由引理 1.2.7，显然有 $A \cap R_e = \{e\}$，因此，$u \in B \cap C$，由此 $uu^{-1} = e$.

由 $u \in C$ 以及引理 1.2.7 的 (2) 不难得，存在 $n \in Z^+$，使得 $u = uu^{-1}a^n = a^n$（若 $n < 0$，则 $e = uu^{-1} \leqslant a^{-1}a = f$，这和 $f < e$ 矛盾）. 而另一方面，由 $u \in B$ 并利用引理 1.2.7 和引理 3.5.4 可知，存在非零整数 m，使得 $u = uu^{-1}c^m = c^m$（如果 $u \in C$），或者存在非零整数 k, l 以及 $y \in S^1$，使得 $u = c^k b^l y$. 若是前一种情况，则有 $u \in H_e$，但这和 $u = a^n \notin H_e$ 矛盾. 若是后一种情况，那么 $c^k b^l \mathcal{R} e$，即 $c^k b^l b^{-1} c^{-k} = c^k f c^{-k} = e$，由此

$$f = ef = (c^{-k}c^k)f(c^{-k}c^k) = c^{-k}c^k = e,$$

这和 $f < e$ 矛盾.

故 S 一定是组合的. ∎

引理 3.5.6 设 D 为单的模逆半群 S 的一个 $\mathcal{D}$ 类，那么

(1) E_D 中任一反链的长度不超过 2；

(2) E_D 是局部链，即如果 $e, f, g \in E_D$，且 $e > f, e > g$，那么 f 和 g 是可比的.

证明 (1) 假设 $e, f, g \in E_D$，且两两不可比. 根据 S 是单半群，存在 $h \in E_D$，使得 $h \leqslant efg$. 设 $a \in R_e \cap L_h$, $b \in R_f \cap L_h$, $c \in R_g \cap L_h$，并记 $x = ab^{-1}, y = bc^{-1}$，则 $x \in R_e \cap L_f, y \in R_f \cap L_g$. 令

$$A = \langle E_S, a, a^{-1} \rangle, \quad B = \langle E_S, a, a^{-1}, y, y^{-1} \rangle, \quad C = \langle E_S, c, c^{-1}, x, x^{-1} \rangle.$$

因为 $b = bh = ba^{-1}a = x^{-1}a$, 因此 $y = x^{-1}ac^{-1}$, 由此 $A \leqslant B \leqslant C \vee A$. 于是由模性, $B = (B \cap C) \vee A$.

因为 $y \in B$, 则应用引理 3.5.4, 存在 $z \in R_f$, 使得 $z \in (B \cap C) \cup A$ 且 $u \notin E_S$ 以及 $y_1 \in (B \cap C) \vee A$, 使得 $y = zy_1$. 但是, 如果 $z \in A$, 则由引理 1.2.7, $f = zz^{-1} \leqslant aa^{-1} = e$, 或者 $f = zz^{-1} \leqslant a^{-1}a = h$, 这和 e, f, g 两两不可比矛盾. 因此, $z \in B \cap C \cap R_f$.

注意到, 若 $v \in \langle E_S, c, c^{-1} \rangle \cap R_f$ 且 $v \neq f$, 则由引理 1.2.7, 存在非零整数 n, 使得 $v = vv^{-1}c^n$, 从而 $f = vv^{-1} \leqslant cc^{-1} = g$, 或者 $f = vv^{-1} \leqslant c^{-1}c = h$, 矛盾, 因此, $\langle E_S, c, c^{-1} \rangle \cap R_f = \{f\}$. 其次, 设 $w \in \langle E_S, x, x^{-1} \rangle \cap R_f$ 且 $w \neq f$, 那么仍由引理 1.2.7, 存在非零整数 m, 使得 $w = ww^{-1}x^m$. 若 $m > 0$, 则 $f = ww^{-1} \leqslant xx^{-1} = e$, 矛盾. 所以一定有 $m < 0$, 此时 $w = x^m$. 进一步, 如果在假设 $m < -1$, 那么由 $f = x^{-1}x \leqslant x^{-2}x^2 \leqslant \cdots \leqslant x^m x^{-m} = f$, 可得 $x^{-1}x = f = x^{-2}x^2$, 于是有 $e = xx^{-1}x \leqslant x^{-1}x$, 矛盾. 这样 $m = -1$, 因此 $\langle E_S, x, x^{-1} \rangle \cap R_f = \{f, x^{-1}\}$.

现在, 由 $z \in C = \langle E_S, c, c^{-1} \rangle \vee \langle E_S, x, x^{-1} \rangle$ 并利用引理 3.5.4 可知, 存在 $w \in S^1$, 使得 $z = x^{-1}w$. 如果 $w \neq 1$, 那么可设 $w = c^{\pm}w_1$, 其中 $w_1 \in S^1$, 此时 $x^{-1}c^{\pm} \mathcal{R} f = x^{-1}x$, 但这将有 $xx^{-1} \leqslant cc^{-1} = g$, 或者 $xx^{-1} \leqslant cc^{-1} = h$, 这是矛盾. 因此有 $z = x^{-1}$. 将完全类似的讨论用到 $z \in B$, 则可得 $z = y$. 但显然 $y \neq x^{-1}$, 从而得出矛盾.

(2) 假设 $e, f, g \in E_D$, 且 $e > f$, $e > g$, 但 $f \| g$. 设 $b \in R_g \cap L_f$, $c \in R_e \cap L_g$, 并记 $k = c^{-1}bc$, 则 $k \in R_{c^{-1}gc} \cap L_{c^{-1}fc}$. 注意到 $f \| g$, 所以 $c^{-1}fc \| c^{-1}gc$, 同时还有 $c^{-1}gc < c^{-1}c = g$, $c^{-1}fc < c^{-1}c = g$, 且 gc 是右正则的. 令

$$A = \langle E_S, k, k^{-1} \rangle, \quad B = \langle E_S, k, k^{-1}, b, b^{-1} \rangle, \quad C = \langle E_S, c, c^{-1} \rangle.$$

因为 $b = ebe = cc^{-1}bcc^{-1} = ckc^{-1}$, 因此 $A \leqslant B \leqslant C \vee A$. 于是由模性, $B = (B \cap C) \vee A$.

现在因为 $b \in (B \cap C) \vee A$, 因此利用 3.5.4 作类似 (1) 的讨论可知, $A \cap R_g = \{g\}$, 进而存在 $u \in B \cap C$, 使得 $u \in R_g \setminus \{g\}$. 若 $u \notin \langle E_S, b, b^{-1} \rangle$, 则存在非零整数 i 和 $v \in S^1$, 使得 $u = bk^i v$. 由此容易得出, $f = b^{-1}b \leqslant k^i k^{-i} \leqslant kk^{-1}$, 或者 $f \leqslant k^{-1}k$. 但因为 $kk^{-1} < g$, $k^{-1}k < g$, 因此 $f < g$, 这与 $g \| f$ 矛盾. 所以有 $u \in \langle E_S, b, b^{-1} \rangle$, 那么由 $b^2b^{-2} < g$ 和 $b^{-1}b \| g$ 可得 $u = b$. 这样, $b = u \in C$. 因此存在非零整数 n, 使得 $b = bb^{-1}c^n = gc^n = (gc)^n$ (因为 $cg = c$), 但 $bb^{-1} \| b^{-1}b$, 而 gc 是右正则的, 所以得出矛盾. ∎

引理 3.5.7 设 S 是单逆半群, 且 S 的每个 $\mathcal{D}$ 类中的幂等元集是局部链, 那么对任意的 $e \in E_S$, 局部逆子半群 eSe 的每个 $\mathcal{D}$ 类中的幂等元集是链.

证明 设 D 为 eSe 的一个 $\mathcal{D}$ 类, 并设 $f, g \in E_D$, 且 $f \| g$. 由 S 是单半群可知,

存在 $h \in E_S$, 使得 $h \leqslant fg$, 且 $h \in E_D$. 令 $x \in R_e \cap L_h$. 显然, $f \mathcal{R} fx \mathcal{L} x^{-1}fx$, 因此, $x^{-1}fx \in E_D$. 类似地, $x^{-1}gx \in E_D$. 易见, $x^{-1}fx \leqslant x^{-1}x = h < f$, $x^{-1}gx \leqslant x^{-1}x = h < f$, 但由 $f \| g$ 可得 $x^{-1}fx \| x^{-1}gx$, 这与引理的假设矛盾. ∎

引理 3.5.8 设 S 是单的模逆半群, 那么 E_S 在 S 中是阿基米德的.

证明 设 $f \in E_S$, 且 x 是 S 中的任意严格右正则元, 并记 $e = xx^{-1}$. 再设 $g \in E_S$, $g \mathcal{D} e$, $g < (x^{-1}x)f$(因为 S 是单半群, 所以这样的 g 存在). 为了证明存在 $n \in Z^+$, 使得 $x^{-n}x^n < f$, 显然, 只需证明存在 $n \in Z^+$, 使得 $x^{-n}x^n \leqslant g$ 即可. 设 $b \in R_e \cap L_g$, 则易见, b 也是严格右正则元. 令

$$A = \operatorname{inv}\langle E_S, b^{-1}xb \rangle, \quad B = \operatorname{inv}\langle E_S, x, b^{-1}xb \rangle, \quad C = \operatorname{inv}\langle E_S, b \rangle,$$

因为 $x = exe = b(b^{-1}xb)b^{-1}$, 因此, $A \subseteq B \subseteq C \vee A$. 于是根据模性, $B = (B \cap C) \vee A$.

注意到 $b^{-1}xb \in gSg$, 因此 $A \cap R_e = \{e\}$, 于是对 x 应用引理 3.5.4, 则存在 $u \in (B \cap C \cap R_e) \setminus E_S$. 因为 $u \in C$, 因此存在 $m \in Z^+$, 使 $u = b^m$(根据引理 1.2.7 和 $g < e$). 现在如果 $u \in \operatorname{inv}\langle E_S, x \rangle$, 那么存在 $n \in Z^+$, 使得 $u = x^n$(根据引理 1.2.7 和 $g < x^{-1}x$). 此时,

$$x^{-n}x^n = b^{-m}b^m \leqslant b^{-1}b = g.$$

如果 $u \notin \operatorname{inv}\langle E_S, x \rangle$, 那么存在非零整数 k 以及 $w \in S^1$, 使得 $u = x^n(b^{-1}xb)^k w$. 这时, 由 $b^{-1}xb \in gSg$ 可得 $x^n g \mathcal{R} u \mathcal{R} x^n$, 由此 $x^n gx^{-n} = x^n x^{-n}$, 进而, $x^{-n}x^n g = x^{-n}x^n$, 这样就有 $x^{-n}x^n \leqslant g$. 从而证明了引理. ∎

如果 S 是单逆半群, 那么对任意的 $e \in E_S$, eSe 也是单逆半群. 因此, 利用引理 3.5.7 和引理 3.3.9, 下面的推论是显然的.

推论 3.5.9 设 S 为单的组合逆半群, E_S 在 S 中是阿基米德的, 且对 S 的每个 $\mathcal{D}$ 类 D, E_D 是局部链, 那么 S 是局部 E 酉的. 特别地, 每个单的模逆半群都是局部 E 酉的.

我们注意到, 如果 S 是逆半群, e 是 S 中的任意幂等元, 那么由 S 到 S/σ 的自然同态诱导出 eSe 到 S/σ 的一个满同态. 如果用 σ_{eSe} 表示 eSe 上的最小群同余, 那么容易证明, $S/\sigma \cong eSe/\sigma_{eSe}$ [43].

引理 3.5.10 设 S 为局部 E 酉逆半群, 那么 $\ker \sigma \setminus E_S \subseteq \{x \in S : xx^{-1} \| x^{-1}x\}$.

证明 根据上面的说明, 对每个 $e \in E_S$, $\ker \sigma \cap eSe = \ker \sigma_{eSe}$. 又因为 eSe 是 E 酉的, 因此, $\ker \sigma_{eSe} = E_{eSe}$. 这样, $\ker \sigma \cap eSe = E_{eSe}$. 如果 xx^{-1} 和 $x^{-1}x$ 是可比较的, 那么 x 必然包含在 S 的某个局部逆子半群 eSe 中, 进而, 若 $x \notin E_S$, 则 $x \notin \ker \sigma$. ∎

引理 3.5.11 设 S 为单的模逆半群, 那么 S/σ 是无挠的阿贝尔群, 因此, S 的每个 $\mathcal{R}$ 类中的严格右正则元构成一个交换子半群.

证明 由引理 3.1.8, S/σ 是 M 群. 因为无挠的 M 群是阿贝尔群[19], 因此, 只需证明 S/σ 是无挠群即可.

设 $x \in S$, 并且假设存在 $n \in Z^+$, 使得 $x^n \in \ker \sigma$, 即在 S/σ 中有 $(x\sigma)^n = 1$. 根据引理 3.5.10, $x^n x^{-n} \| x^{-n} x^n$. 于是, 由单演逆半群的结构 (引理 1.2.12) 及其幂等元的有关性质 (见 1.2 节的 (2.1) 式和 (2.2) 式) 可知,

$$x^n x^{-n}, (x^{-1}x)(x^{n-1}x^{-(n-1)}), \cdots, (x^{-i}x^i)(x^{n-i}x^{-(n-i)}), \cdots, x^{-n}x^n$$

是包含在 S 的同一个 $\mathcal{D}$ 类中的反链. 但由引理 3.5.6, $n+1 \leqslant 2$, 即 $n = 1$, 由此 $x\sigma = 1$. 这证明了 S/σ 是无挠群. ∎

引理 3.5.12 设 S 为组合的单逆半群, E_S 在 S 中是阿基米德的, S/σ 是阿贝尔群, 并且对于每个 $\mathcal{D}$ 类 D, E_D 是局部链.

(1) 若 $A \in \text{subfi} S, x \in A, g = x\sigma, e \in E_S$, 且 $A \cap R_e \neq \{e\}$, 那么存在严格右正则元 $a \in R_e \cap A$, 使得 $a\sigma = g$ 或者 $a\sigma = g^{-1}$. 特别地, 对于每个 $g \in S/\sigma$ 以及 $e \in E_S$, 存在严格右正则元 $a \in R_e$, 使得 $a\sigma = g^{\pm}$.

(2) 若 $x \in S$, 且 $xx^{-1} \| x^{-1}x$, $x \notin \ker \sigma$, 那么存在 $y \in \ker \sigma$, 使得 $y\mathcal{D}x$, 且 $yy^{-1} < xx^{-1}$ 或 $y^{-1}y < x^{-1}x$.

证明 (1) 设 $e \in E_S$, 则局部逆子半群 eSe 满足上述所有假设, 于是根据命题 3.5.7, 对 eSe 的每个 $\mathcal{D}$ 类 D, E_D 是链. 这样, eSe 满足引理 3.3.12 的所有假设. 于是由

$$A/\sigma = eAe/\sigma = (A \cap eSe)/\sigma$$

以及 R_e 中的所有右正则元包含在 eSe 中即可证明结论.

(2) 设 $x\sigma = g \neq 1$, 并记 $e = xx^{-1}$. 根据 (1), 存在右正则元 $a \in R_e$, 使得 $a\sigma = g^{\pm}$. 若 $a\sigma = g$, 则令 $y = a^{-1}x$, 那么 $y \in \ker \sigma$, 进而

$$yy^{-1} = a^{-1}xx^{-1}a = a^{-1}a < e = xx^{-1},$$

且

$$y^{-1}y = x^{-1}aa^{-1}x = x^{-1}ex = x^{-1}x,$$

故 $y\mathcal{L}x$, 当然 $y\mathcal{D}x$. 若 $a\sigma = g^{-1}$, 则令 $y = ax$, 那么可得 $y^{-1}y < x^{-1}x$, 进而 $y\mathcal{R}x$, 也有 $y\mathcal{D}x$.

引理得证. ∎

引理 3.5.13 若 S 是单的模逆半群, 则 S/σ 是局部循环群.

证明 用反证法. 假设 S/σ 包含一个由两个元素生成的子群 H, 但 H 不是循环群. 因为 S/σ 是无挠的阿贝尔群, 所以 H 可由满足

$$\langle\!\langle g \rangle\!\rangle \cap \langle\!\langle h \rangle\!\rangle = \{1\}$$

的两个元素 g 和 h 生成.

设 $e \in E_S$. 那么利用引理 3.5.12 的 (1), 存在右正则元 $a, b \in R_e$, 使得 $a\sigma = g^{\pm}$, $b\sigma = h^{\pm}$, 而根据引理 3.5.11, $ab = ba$. 又因为 E_D 是局部链, 所以不失一般性, 可设 $a^{-1}a \leqslant b^{-1}b$, 那么 $a = abb^{-1} = bab^{-1} = b(b^{-1}ba)b^{-1}$. 进而

$$\mathrm{inv}\langle\!\langle b^{-1}ba\rangle\!\rangle \subseteq \mathrm{inv}\langle\!\langle a\rangle\!\rangle \subseteq \mathrm{inv}\langle\!\langle b\rangle\!\rangle \vee \mathrm{inv}\langle\!\langle b^{-1}ba\rangle\!\rangle.$$

于是, 根据模性有

$$\mathrm{inv}\langle\!\langle a\rangle\!\rangle = (\mathrm{inv}\langle\!\langle b\rangle\!\rangle \cap \mathrm{inv}\langle\!\langle a\rangle\!\rangle) \vee \mathrm{inv}\langle\!\langle b^{-1}ba\rangle\!\rangle.$$

注意到, $b^{-1}ba \in b^{-1}bSa^{-1}a$, 因此, $R_e \cap \mathrm{inv}\langle\!\langle b^{-1}ba\rangle\!\rangle = \{e\}$. 再利用引理 3.5.4, 存在 $u \in R_e \cap \mathrm{inv}\langle\!\langle b\rangle\!\rangle \cap \mathrm{inv}\langle\!\langle a\rangle\!\rangle$ 但 $u \notin E_S$. 又因为 a, b 是右正则的, 所以存在 $m, n \in Z^+$, 使得 $u = b^m = a^n$ (利用引理 1.2.7). 于是有 $g^m = h^n$, 但 S/σ 是无挠群, 这与 $\langle\!\langle g\rangle\!\rangle \cap \langle\!\langle h\rangle\!\rangle = \{1\}$ 矛盾. ∎

引理 3.5.14 设 S 是单的模逆半群. 如果 $x \in S$, 且 $xx^{-1}\|x^{-1}x$, 那么 $x^{-1}x$ 是 E_{D_x} 中的极大元.

证明 根据引理 3.5.12 的 (2), 只需要证明在 $x \in \ker \sigma$ 时结论成立即可. 令 $e = xx^{-1}$, $f = x^{-1}x$, 并假设 f 不是 E_{D_x} 中的极大元, 那么存在 $g \in E_S$, 使得 $g\mathcal{D}f$, $g > f$. 由引理 3.5.6 的 (2), E_{D_x} 是局部链, 故 $g \not\geqslant e$. 设 $a \in R_e \cap L_g$, 那么 $a \notin \ker\sigma$ (否则, 若 $a \in \ker\sigma$, 则 $a^{-1}x \in \ker\sigma$, 且 $a^{-1}x \in R_g \cap L_f$, 这与引理 3.5.10 矛盾).

现在记 $b = a^{-1}xa^{-1}$, 那么 $b\sigma = a^{-2}\sigma$. 进而由 $xg = xfg = xf = x$ 得

$$bb^{-1} = a^{-1}xa^{-1}ax^{-1}a = a^{-1}xx^{-1}a = a^{-1}a = g,$$

$$b^{-1}b = ax^{-1}aa^{-1}xa^{-1} = ax^{-1}exa^{-1} = afa^{-1}.$$

令 $h = afa^{-1}$. 显然, $h < e$. 于是,

$$x = exf = exg = a(a^{-1}xa^{-1})a = aba,$$

因此

$$\mathrm{inv}\langle\!\langle b\rangle\!\rangle \subseteq \mathrm{inv}\langle\!\langle b, x\rangle\!\rangle \subseteq \mathrm{inv}\langle\!\langle a\rangle\!\rangle \vee \mathrm{inv}\langle\!\langle b\rangle\!\rangle.$$

此时根据模性,

$$\mathrm{inv}\langle\!\langle b, x\rangle\!\rangle = (\mathrm{inv}\langle\!\langle b, x\rangle\!\rangle \cap \mathrm{inv}\langle\!\langle a\rangle\!\rangle) \vee \mathrm{inv}\langle\!\langle b\rangle\!\rangle.$$

因为 $b \in gSh$, 所以 $R_e \cap \mathrm{inv}\langle\!\langle b\rangle\!\rangle = \{e\}$. 由引理 3.5.4, $R_e \cap (\mathrm{inv}\langle\!\langle b, x\rangle\!\rangle \cap \mathrm{inv}\langle\!\langle a\rangle\!\rangle)$ 中包含元素 u 且 $u \notin E_S$. 由于 $aa^{-1}\|a^{-1}a$, 因此, $R_e \cap \mathrm{inv}\langle\!\langle a\rangle\!\rangle = \{e, a\}$, 从而有

$a = u \in \mathrm{inv}\langle\!\langle b, x \rangle\!\rangle$. 于是由 $x \in \ker\sigma$ 可得 $a\sigma \in \mathrm{inv}\langle\!\langle b, x \rangle\!\rangle\sigma = \mathrm{inv}\langle\!\langle b \rangle\!\rangle\sigma$. 这样, 必存在 $n \neq 0$, 使得 $a\sigma = b^n\sigma = a^{-2n}\sigma$ (因为 $b\sigma = a^{-2}\sigma$), 也就是说 $a\sigma$ 是周期元, 这与 S/σ 是无挠群矛盾. ∎

至此, 我们完成了定理 3.5.3 的必要性的证明.

下面证明定理 3.5.3 的的充分性. 以下总假设 S 是满足定理 3.5.3 中条件 (1)~(4) 的单逆半群.

首先注意到, 由条件 (4), 对 S 的每个的 $\mathcal{D}$ 类 D, E_D 是局部链. 事实上, 若 E_D 不是链, 并假设 $\{e, f\}$ 是 E_D 中唯一一对不可比的元素, 那么 $E_D\setminus\{e, f\}$ 是链, 且其中的每个元素都小于 e 和 f.

充分性的证明由以下引理构成.

引理 3.5.15 对每个 $e \in E_S$, eSe 是 E 酉逆半群, 即 S 是局部 E 酉半群, 且

$$|\ker\sigma \cap R_e| \leqslant 2,$$

$$\ker\sigma = \{x \in S : xx^{-1} \| x^{-1}x\} \cup E_S.$$

证明 S 是局部 E 酉半群可由推论 3.5.9 得到, 而 $\ker\sigma\setminus E_S \subseteq \{x \in S : xx^{-1} \| x^{-1}x\}$ 可由引理 3.5.10 得到.

现在设 $x \in S$, 并假设 $xx^{-1} \| x^{-1}x$, 但 $x \notin \ker\sigma$. 根据引理 3.5.12 的 (2), 存在 $y \in \ker\sigma \cap D_x$, 使得 $yy^{-1} < xx^{-1}$ 或者 $y^{-1}y < x^{-1}x$. 由引理 3.5.10 可知, $yy^{-1} \| y^{-1}y$, 这与定理 3.5.3 的条件 (4) 矛盾. 故 $\{x \in S : xx^{-1} \| x^{-1}x\} = \ker\sigma$.

任取 $e \in E_S$, 并假设 $x, y \in (\ker\sigma \cap R_e)\setminus\{e\}$, 那么 $xx^{-1} \| x^{-1}x$, 且 $xx^{-1} = yy^{-1} \| y^{-1}y$. 根据条件 (4), $x^{-1}x = y^{-1}y$. 于是由 S 是组合的可得 $x = y$, 从而 $\ker\sigma \cap R_e = \{e, x\}$. 故 $|\ker\sigma \cap R_e| \leqslant 2$.

故引理得证. ∎

引理 3.5.16 设 $b \in \ker\sigma\setminus E_S$, 并假设存在 $x \in R_b\setminus E_S$ 以及 $z \in L_b\setminus E_S$, 使得 $b \in xSz$, 那么 $b \in \mathrm{inv}\langle\!\langle x, z \rangle\!\rangle$.

证明 记 $e = bb^{-1}$, $f = b^{-1}b$, $D = D_b$. 因为 $b \in \ker\sigma$, 所以 $e\|f$, 于是由定理 3.5.3 的条件 (4) 可得, e, f 都是 E_D 中的极大元, 而 $E_D\setminus\{e, f\}$ 是链, 且 $E_D\setminus\{e, f\}$ 中的每个元素都小于 e 和 f.

设 $b = xyz$, 其中 $y \in S$. 不失一般性, 不妨设 $yy^{-1} = x^{-1}x$, $y^{-1}y = zz^{-1}$. 今假设 $x \in \ker\sigma$, 则根据引理 3.5.15, $b = x$. 类似地, 若 $z \in \ker\sigma$, 则 $b = z$. 现在假设 $x, z \notin \ker\sigma$. 由引理 3.5.15 不难得到, $x^{-1}x, zz^{-1} < e, f$, 并且 $x^{-1}x \leqslant zz^{-1}$, 或者 $x^{-1}x > zz^{-1}$.

如果 $x^{-1}x = zz^{-1}$, 则 $yy^{-1} = y^{-1}y$, 进而由 S 是组合的可得 $y \in E_S$. 这样便得 $b \in \mathrm{inv}\langle\!\langle x, z \rangle\!\rangle$.

如果 $x^{-1}x < zz^{-1} = y^{-1}y$, 并令 $w = (y^{-1}y)xz$, 那么

$$ww^{-1} = (y^{-1}y)xzz^{-1}x^{-1} = (y^{-1}y)x(x^{-1}xzz^{-1})x^{-1} = (y^{-1}y)xx^{-1} = y^{-1}y,$$

即 $w\mathcal{R}y^{-1}$. 因此, 由 $b \in \ker\sigma$ 可得

$$1 = b^{-1}\sigma = (z\sigma)^{-1}(y\sigma)^{-1}(x\sigma)^{-1},$$

进而 $y^{-1}\sigma = xz\sigma = w\sigma$ (因为 S/σ 是阿贝尔群). 类似地有

$$(y^{-1})^{-1}y^{-1} = x^{-1}x < ww^{-1}.$$

和上面一样可得, ww^{-1} 与 $w^{-1}w$ 是可比的, 并假设 g 是其中的最大者. 那么在 E 酉的局部子逆半群 gSg 中有 $(y^{-1}, w) \in \mathcal{R} \cup \sigma$, 因此, 由定理 1.2.9 得 $y^{-1} = w$. 于是, $b = xw^{-1}z \in \operatorname{inv}《x, z》$.

如果 $x^{-1}x > zz^{-1}$, 则可得出同样的结论. ■

引理 3.5.17 设 $A, B, C \in \operatorname{subfi} S$, $A \subseteq B \subseteq C \vee A$, 那么 $B \subseteq (B \cap C) \vee A$.

证明 首先, 根据引理 3.1.8,

$$A\Sigma \subseteq B\Sigma \subseteq C\Sigma \vee A\Sigma,$$

于是由 S/σ 是局部循环群可得

$$B\Sigma = (B\Sigma \cap C\Sigma) \vee A\Sigma = ((B \cap C) \vee A)\Sigma.$$

设 $b \in B \backslash E_S$, 则 $b \in C \vee A$. 由引理 3.5.4, 存在 $x_1, x_2, \cdots, x_n \in (A \cup C) \backslash E_S$, 使得 $b = x_1 x_2 \cdots x_n$, 且 $x_1 \in R_b$, $x_n \in L_b$, 而 $x_1, x_2, \cdots, x_n$ 交替地属于 A 和 C.

当 $n = 1$ 时, 显然有 $b \in (B \cap C) \vee A$. 下面假设 $n \geqslant 2$.

因为 $b = x_1(x_1^{-1}b) = x_1^{-1}b = (x_1^{-1}x_1x_2)x_3 \cdots x_n$, 因此, 当 $x_1 \in A$ 时, $x_1^{-1}b \in B$, $x_1^{-1}x_1x_2 \in C$. 由此, 要证明 $b \in (B \cap C) \vee A$, 只要证明 $x_1^{-1}b = (x_1^{-1}x_1x_2)x_3 \cdots x_n \in (B \cap C) \vee A$ 即可. 这样, 现在就直接设 $x_1 \in C$, 完全类似, 也直接设 $x_n \in C$. 下面证明 $b \in (B \cap C) \vee A$.

如果 $b \in \ker\sigma$, 则根据引理 3.5.16 得 $b \in B \cap \operatorname{inv}《x_1, x_n》 \subseteq B \cap C$. 所以, 以下总假设 $b \notin \ker\sigma$, 那么由引理 3.5.15, bb^{-1} 和 $b^{-1}b$ 是可比的, 并不妨设 $bb^{-1} > b^{-1}b$. 记 $e = bb^{-1}$, 则 $b \in R_e$ 是严格右正则的.

现在, 先假设 $x_1 \notin \ker\sigma$, 则由引理 3.5.15, $x_1^{-1}x_1$ 和 $x_1x_1^{-1} = e$ 是可比的. 若 $x_1^{-1}x_1 < x_1x_1^{-1}$, 则令 $c = x_1$; 若 $x_1^{-1}x_1 > x_1x_1^{-1}$, 则令 $c = x_1x_1^{-2}$. 易见, 在上面两种情形下都有 $c \in C \cap R_e$ 是严格右正则的, 且 $c \notin \ker\sigma$.

记 $g = b\sigma$, $h = c\sigma$. 由于 S/σ 是局部循环群, 且 $g, h \neq 1$, 因此存在 $k \in S/\sigma$ 以及非零整数 m, n, 使得 $g = k^m$, $h = k^n$. 利用引理 3.5.12 的 (1), 存在严格右正则元 $s \in R_e$, 使得 $s\sigma = k^{\pm}$, 进而, $s^m\sigma = b\sigma$, $s^n\sigma = c\sigma$. 如果 m 为负整数, 则 $s^{-m} \in R_e$ 是严格右正则的, 同样也有 $s^{-m}b \in R_e$ 且也是严格右正则的. 但 $(s^{-m}b)^{-1}(s^{-m}b) \leqslant b^{-1}b < e$, 这与 $s^{-m}b \in \ker\sigma$ 矛盾. 所以, m 是正整数. 类似地, n 也是正整数. 于是有 $s^m, s^n \in R_e$. 又由于 eSe 是 E 酉的, 所以 $b = s^m$, $c = s^n$, 进而 $s^{mn} \in (B \cap C) \cap R_e$, 且 $s^{mn} \neq e$.

另一方面, 因为 $g = b\sigma \in B\Sigma$, 因此, $g = b\sigma \in ((B \cap C) \vee A)\Sigma$. 于是应用引理 3.5.12, 存在右正则元 $t \in (B \cap C) \vee A$, 使得 $t \in R_e$, 且 $t\sigma = g^{\pm}$. 但若 $t\sigma = g^{-1}$, 则 $tb \in \ker\sigma$, $(tb)^{-1}(tb) \leqslant b^{-1}b < e$, 矛盾. 因此, $t\sigma = g$, 即 $b\sigma t$. 于是由 $t\mathcal{R}e = bb^{-1}$ 和 $t, b \in eSe$ 以及 eSe 的 E 酉性可得 $b = t \in (B \cap C) \vee A$.

最后, 再假设 $x_1 \in \ker\sigma$. 令

$$y_1 = x_1(x_2 \cdots x_n)(x_2 \cdots x_n)^{-1} = bx_n^{-1} \cdots x_3^{-1}x_2^{-1} = bx_n^{-1} \cdots x_3^{-1}(x_2^{-1}y_1^{-1}y_1),$$

则 $b\mathcal{R}y_1$, 且 $x_2^{-1}y_1^{-1}y_1\mathcal{L}y_1$. 于是由引理 3.5.16, $y_1 \in \text{inv}\langle\!\langle b, x_2^{-1}y_1^{-1}y_1\rangle\!\rangle$. 但由于 $x_1 \in C$, $x_2 \in A$, 所以 $y_1 \in B \cap C$, 且 $b = y_1(y_1^{-1}b)$. 注意到, $y_1^{-1}b \in B$, 且 $y_1^{-1}b = x_2 \cdots x_{n-1}(x_nb^{-1}b)$, 那么用归纳的方法即可证明 $y_1^{-1}b \in (B \cap C) \vee A$, 从而就证明了 $b \in (B \cap C) \vee A$.

故引理得证. ∎

我们注意到, 在引理 3.5.17 的条件下, 显然有 $B \supseteq (B \cap C) \vee A$, 进而有 $B = (B \cap C) \vee A$. 这样就完成了定理 3.5.3 充分性的证明.

尽管定理 3.5.3 的条件 (1)~(4) 描述了单的模逆半群 S 的特征, 但是 S 的结构、模逆半群和分配逆半群之间关系以及其他一些性质等问题还需要说明.

首先, 由定理 3.5.3 的条件 (4), 显然有下列命题.

命题 3.5.18 设 S 为模逆半群, 那么对 S 的每一个 $\mathcal{D}$ 类 D, E_D 要么是链, 要么是在一个链上恰好添加两个极大元而得到.

命题 3.5.19 模逆半群 S 是局部分配的, 也就是对任意的 $e \in E_S$, eSe 是分配的; S 是模的当且仅当 S 是局部分配的, 且满足定理 3.5.3 的条件 (4).

证明 显然, S 满足性质定理 3.3.14 的条件 (1)~(3) 当且仅当 eSe ($e \in E_S$) 满足 (1) ~ (3). 若 (4) 也满足, 则根据引理 3.5.7, 局部逆子半群 eSe ($e \in E_S$) 的每个 $\mathcal{D}$ 类的幂等元集是链, 再由定理 3.3.14, eSe ($e \in E_S$) 是分配的, 即 S 是局部分配的.

反之, 若 S 是局部分配的, 则定理 3.3.14 的条件 (1)~(3) 在 eSe ($e \in E_S$) 中都满足, 因此在 S 中也满足. ∎

下面要说明的是, 单的模逆半群 S 的 $\ker\sigma$ 和 S/σ 的某些性质.

命题 3.5.20 设 S 为单的模逆半群, 那么

(1) $\ker \sigma = \{x \in S : xx^{-1} \| x^{-1}x\} \cup E_S = \{x \in S : x^3 = x^2\}$;

(2) $\ker \sigma$ 是分配逆半群;

(3) S/σ 同构于有理数加法群 $(Q, +)$ 的某个子群.

证明 (1) $\ker \sigma = \{x \in S : xx^{-1} \| x^{-1}x\} \cup E_S$ 由引理 3.5.15 即可证明. 现在证明 $\ker \sigma = \{x \in S : x^3 = x^2\}$. 显然, 如果 $x^2 = x^3$, 则 $x^2 \sigma = x^3 \sigma$, 从而, $x\sigma = 1$, 即 $x \in \ker \sigma$. 反之, 若 $x \in \ker \sigma \backslash E_S$, 则 $x^2 \in \ker \sigma$. 假设 $x^2 \notin E_S$, 那么

$$\{x^2 x^{-2},\ (xx^{-1})(x^{-1}x),\ x^{-2},\ x^2\}$$

构成 E_D 的反链. 但根据定理 3.3.14 条件 (4), 这是不可能的. 因此, $x^2 \in E_S$, 再由 S 是组合的便得 $x^3 = x^2$.

(2) 由 (1) 可知, $\ker \sigma$ 是周期半群, 因此 $\ker \sigma$ 是完全半单的, 且它的每个主因子最多包含 2 个非零幂等元, 于是便得 $\ker \sigma$ 是分配的.

(3) 因为 S/σ 是无挠的局部循环群, 因而它是秩为 1 的阿贝尔群, 所以, 同构于有理数加法群 $(Q, +)$ 的某个子群 [37]. ∎

推论 3.5.21 设 S 为单的模逆半群, 那么

(1) 对任意的 $a \in S \backslash E_S$, 则 $\operatorname{inv}\langle a \rangle$ 要么是双循环半群, 要么是 Brandt 半群 B_5;

(2) S 是局部 E 酉的; 进而, S 是 E 酉的当且仅当 S 是分配的.

证明 (1) 设 $a \in S \backslash E_S$. 根据命题 3.5.20 的 (1), 若 $xx^{-1} \| x^{-1}x$, 则 $\operatorname{inv}\langle a \rangle$ 是 Brandt 半群 B_5; 若 xx^{-1} 与 $x^{-1}x$ 可比, 则 $\operatorname{inv}\langle a \rangle$ 就是双循环半群.

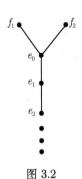

图 3.2

(2) 若 S 是分配的, 则 S 是 E 酉的. 反之, 若 S 是 E 酉的, 则 $\ker \sigma = E_S$. 于是由上面命题 3.5.20 的 (1) 知, 对任意的 $x \in S \backslash E_S$ 都有 xx^{-1} 与 $x^{-1}x$ 是可比的, 即对每个 $\mathcal{D}$ 类 D 来说, E_D 都是链, 故 S 是分配的. ∎

设 C'_ω 表示图 3.2 所示的半格. 注意到, C'_ω 实际上是在 ω 链 C_ω 中添加 2 个元素 f_1, f_2, 并使得 $f_1 \succ e_0, f_f \succ e_0$ 而得.

易见, C'_ω 的每个主理想都与 C_ω 同构, 因而 C'_ω 是一致的, 这样, Munn 半群 $T_{C'_\omega}$ 是双单的. 显然, $T_{C'_\omega}$ 不是分配的, 但对任意的 $e \in C'_\omega$, $eT_{C'_\omega}e$ 是双循环半群, 从而, $T_{C'_\omega}$ 是局部分配的. 另一方面, 从命题 3.5.19 知, $T_{C'_\omega}$ 是模的, 且 $T_{C'_\omega}/\sigma \cong (Z, +)$.

现在要证明的是, $T_{C'_\omega}$ 是唯一的一个是模的但不是分配的双单逆半群.

定理 3.5.22 设 C'_ω 是图 3.2 所示的半格. 则 Munn 半群 $T_{C'_\omega}$ 是模的但不是分配的双单逆半群; 反之, 任何模的但不是分配的双单逆半群都同构于 $T_{C'_\omega}$.

证明 $T_{C'_\omega}$ 是模的但不是分配的双单逆半群在上面已经作了说明.

反之, 设 S 是模的但不是分配的双单逆半群. 因为 S 不是分配的, 所以, E_S 恰好包含两个极大幂等元, 设其为 g_1, g_2. 记 $h_0 = g_1 g_2$, 则由命题 3.5.18 不难得到, $E_S = \{g_1, g_2\} \cup E_S h_0$, 且 $E_S h_0$ 是链, $g_1 \succ h_0, g_2 \succ h_0$.

设 $x \in R_{g_1} \cap L_{h_0}$, 并记 $h_i = x^{-(i+1)} x^{i+1}$, $i \geqslant 1$. 那么映射 $e \to x^{-1} e x$ 是 $E_S g_1$ 到 $S_S h_0$ 的同构映射, 故 $x^{-1} x \succ x^{-2} x^2$. 最后归纳可得, $x^{-i} x^i \succ x^{-(i+1)} x^{i+1}$, 即 $h_{i-1} \succ h_i$, 其中 $i \geqslant 1$. 设 $h \in Eh_0$. 因为 E_S 在 S 中是阿基米德的, 因此存在正整数 n, 使得 $h_{n-1} = x^{-n} x^n < h$. 但 Eh_0 是链, 所以, $h_{n-2} > h > h_{n-1}$, 由此得 $h = h_{n-1}$. 这样,
$$E_S = \{g_1, g_2\} \cup \{h_n : n \geqslant 0\}.$$
显然, E_S 与 $C_{\omega'}$ 同构.

最后, 因为 S 是组合的, 因而是基本逆半群. 于是根据 [5] 中定理 V.6.4, S 同构于 $T_{C'_\omega}$ 的某个遗传逆子半群 ($T_{C'_\omega}$ 的逆子半群 S' 称为遗传的, 如果对任意的 $e, f \in C'_\omega$, 总有 $S' \cap T_{e,f} \neq \emptyset$). 但 $T_{C'_\omega}$ 本身是组合的 (对任意 $e, f \in C'_\omega$, $|T_{e,f}| = 1$, 进而, $S' \cap T_{e,f} = T_{e,f}$), 故它的遗传逆子半群就是它自身, 从而, $S \cong T_{C'_\omega}$. ∎

我们注意到, $T_{C'_\omega}$ 是由变换
$$\alpha : C'_\omega f_1 \to C'_\omega e_0, \quad \beta : C'_\omega f_2 \to C'_\omega e_0$$
生成的.

设 A 是由 α^2, β^2 生成的 $T_{C'_\omega}$ 的全逆子半群. 由于 $T_{C'_\omega}$ 是模的, 所以 A 也是模的. A 有 2 个 $\mathcal{D}$ 类 D_{f_1} 和 D_{e_0}, 且
$$E_{D_{f_1}} = \{f_1, f_2, e_1, e_3, e_5, \cdots\}, \quad E_{D_{e_0}} = \{e_0, e_2, e_4, \cdots\}.$$
所以 A 是单的但不是双单的, 同时 A 不是分配的.

如果在半格 C'_ω 中再添加 f_3, 使得 $f_3 \succ e_0$, 如图 3.3 所示, 并记所得的半格为 C''_ω, 那么 Munn 半群 $T_{C''_\omega}$ 是局部分配的, 但它不是模的. 因此, 逆半群的局部分配性未必蕴涵它的模性.

模 (分配) 逆半群中, $\mathcal{D}$ 类的幂等元集上很强的限制条件说明半格是十分复杂的.

命题 3.5.23 任何半格都可嵌入到某个单的分配逆半群的幂等元半格中.

证明 设 X 为半格, 并不妨假设 $X = X^1$. 那么 Bruck-Reilly 扩张 $S = BR(X, \theta)$ 是单的组合的幺逆半群, 其中 $\theta : X \to \{1\}$. 半格 E_S 同构于 T_{C_ω} 与 X 的序积 (T_{C_ω} 与 X 的序积是指直积 $T_{C_\omega} \times X$, 而其中的偏序关系定义为: $(e_1, f_1) < (e_2, f_2)$ 当且仅当 $f_1 < f_2$, 或者 $f_1 = f_2$ 且 $e_1 < e_2$ (见文献[7], 推论

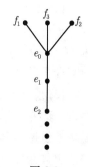

图 3.3

II.5.13)). X 中的每个元素都唯一地对应于幂等元集同构于 C_ω 的 $\mathcal{D}$ 类. 易证, E_S 在 S 中是阿基米德的, $S/\sigma \cong (Z, +)$, 故 S 是分配的. ∎

3.6 全逆子半群格是链的逆半群

子半群格构成链的任意半群的结构和性质是 Tamura 在文献 [44] 中研究的, 当然, 这些研究成果也被收集在文献 [9], [10] 中. 显然, 如果一个逆半群的逆子半群格构成链, 那么它就是群. 关于群有下列的刻画 [9,10,21].

定理 3.6.1 群 G 的子群格 $\text{subg} G$ 是链, 当且仅当 G 是循环 p 群或是拟循环 p 群 (p 为某些素数).

这一节要考虑的是全逆子半群格是链的逆半群. 就象在本章的开头所约定的那样, 如果逆半群 S 的全逆子半群格 $\text{subfi} S$ 是链, 则称 S 为链逆半群.

对 Brandt 半群 B_5, 因为 $\text{subfi} B_5 = \{E_{B_5}, B_5\}$, 所以 B_5 是链逆半群. 于是, 由定理 3.3.2 直接可得

定理 3.6.2 设 S 是 Brandt 半群, 那么 $\text{subfi} S$ 是链当且仅当 S 要么是带零的循环 p 群, 要么是带零的拟循环 p 群, 要么是 Brandt 半群 B_5.

定理 3.6.3 设 S 是逆半群, 那么 $\text{subfi} S$ 是链当且仅当

(1) S 的所有非平凡 $\mathcal{J}$ 类构成链;

(2) S 的每一个非平凡 $\mathcal{J}$ 类要么是循环 p 群, 要么是拟循环 p 群, 要么其对应的主因子是 Brandt 半群 B_5;

(3) 对任意的 $x, y \in S \backslash E_S$, 若 $J_x < J_y$, 则存在非零整数 n, 使得 $x = xx^{-1}y^n$.

证明 必要性. 假设 $\text{subfi} S$ 是链.

(1) 设 $x, y \in S \backslash E_S$, 那么必有 $\langle E_S, x, x^{-1} \rangle \subseteq \langle E_S, y, y^{-1} \rangle$, 或者 $\langle E_S, x, x^{-1} \rangle \supset \langle E_S, y, y^{-1} \rangle$. 如果 $\langle E_S, x, x^{-1} \rangle \subseteq \langle E_S, y, y^{-1} \rangle$, 则 $x \in \langle E_S, y, y^{-1} \rangle$, 因此, $J_x \leqslant J_y$; 如果 $\langle E_S, x, x^{-1} \rangle \supset \langle E_S, y, y^{-1} \rangle$, 则 $y \in \langle E_S, x, x^{-1} \rangle$, 因此, $J_y < J_x$. 从而证明了 S 的所有非平凡 $\mathcal{J}$ 类构成链.

(2) 设 J 是 S 的任一非平凡 $\mathcal{J}$ 类. 根据定理 3.1.4, 主因子 $\text{PF}(J)$ 是 0 单的链逆半群. 现在假设 $\text{PF}(J)$ 不是完全 0 单的, 那么由引理 3.3.5 即可得, $J = \text{PF}(J) \backslash \{0\}$ 是单的链逆半群, 当然 J 也是单的分配逆半群. 利用引理 3.1.8, 群 J/σ (σ 是 J 上的最小群同余) 的子群格 $\text{subg}(J/\sigma)$ 也是链, 从而由定理 3.6.1, J/σ 是周期群. 但另一方面, 由引理 3.3.7 和推论 3.3.10 可得, J 是 E 酉的组合的, 进一步可得 J/σ 是无挠群, 这是矛盾. 所以, 主因子 $\text{PF}(J)$ 是完全 0 单的, 于是由定理 3.6.2 即可证明 (2).

(3) 设 $x, y \in S \backslash E_S$, 且 $J_x < J_y$. 显然, $y \notin \langle E_S, x, x^{-1} \rangle$, 因此, $x \in \langle E_S, y, y^{-1} \rangle$ (因为 $\langle E_S, x, x^{-1} \rangle \subset \langle E_S, y, y^{-1} \rangle$). 于是利用引理 1.2.7, 存在非零整数 n, 使得 $x =$

3.6 全逆子半群格是链的逆半群

$xx^{-1}y^n$.

充分性. 假设逆半群 S 满足定理 3.6.3 的条件 (1), (2) 和 (3).

设 $A, B \in \text{subfi}S$, 且 $A \neq E_S$, $B \neq E_S$. 假设 $A \nsubseteq B$, 并设 $a \in A \backslash B$. 由条件 (2) 以及定理 3.6.2 和定理 3.6.1 可知, $\text{subfi}(\text{PF}(J_a))$ 是链. 此外, 根据引理 3.1.5, 映射 $C \to (C \cap J_a) \cup \{0\}$ 是 $\text{subfi}S$ 到 $\text{subfi}(\text{PF}(J_a))$ 的格满同态, 因此, $(A \cap J_a) \cup \{0\}$, $(B \cap J_a) \cup \{0\} \in \text{subfi}(\text{PF}(J_a))$. 但因为 $a \in (A \cap J_a) \backslash (B \cap J_a)$, 所以

$$(A \cap J_a) \cup \{0\} \nsubseteq (B \cap J_a) \cup \{0\}.$$

于是必有

$$(B \cap J_a) \cup \{0\} \subseteq (A \cap J_a) \cup \{0\},$$

即 $B \cap J_a \subseteq A \cap J_a$.

另一方面, 若 $b \in B \backslash E_S$, 且 $b \notin J_a$, 那么由 (1) 可得 $J_b > J_a$ 或者 $J_b < J_a$. 但当 $J_b > J_a$ 时, 由 (3) 得, 存在非零整数 n, 使得 $a = (aa^{-1})b^n$, 从而 $a \in B$, 这和 $a \in A \backslash B$ 矛盾. 所以, 一定有 $J_b < J_a$, 进而再由 (3) 即可得 $b \in A$. 这样, $B \subseteq A$.

故充分性得证. ■

下面再来讨论链逆半群的一些性质.

设 S 是链逆半群. 设 $x \in S$, 但 $x \notin \text{Gr}S$, 则 J_x 只有 4 个元素:

$$J_x = \{x, x^{-1}, xx^{-1}, x^{-1}x\}.$$

由于 S 是完全半单的, 所以单演逆子半群 $\text{inv}\langle x \rangle$ 也是完全半单的. 进而, $\text{inv}\langle x \rangle$ 的每个非群 $\mathcal{J}$ 类最多包含 4 个元素. 根据单演逆半群的性质 (引理 1.2.12) 可知, x 的指数是 2, 即 $x^2 \in \ker(\text{inv}\langle x \rangle) \subseteq \text{Gr}S$. 于是由性质 (2), $\ker(\text{inv}\langle x \rangle)$ 是循环 p 群. 因此, 存在素数 p 和 $k \geqslant 0$, 使得

$$x^2 = x^{2+p^k}.$$

这就是说, x 的周期是 p^k, 并当 $k > 0$ 时, $\ker(\text{inv}\langle x \rangle)$ 的单位元是 x^{p^k}, 而当 $k = 0$ 时, $\ker(\text{inv}\langle x \rangle)$ 的单位元是 x^2 (此时, $\ker(\text{inv}\langle x \rangle) = \{x^2\}$).

设 J 是 S 的包含 $\ker(\text{inv}\langle x \rangle)$ 的 $\mathcal{J}$ 类, $e \in E_S$ 是 $\ker(\text{inv}\langle x \rangle)$ 的单位元. 若 $z \in J \backslash E_S$ 且 $z \mathcal{R} e$, 则根据 (3), 存在非零整数 n, 使得 $z = zz^{-1}x^n = ex^n \in \ker(\text{inv}\langle x \rangle)$. 因此, $z \in \ker(\text{inv}\langle x \rangle)$. 这样, 由 (1) 即可得 $J = \ker(\text{inv}\langle x \rangle)$, 因而 J 是群.

命题 3.6.4 设 S 是链逆半群, $x \in S \backslash \text{Gr}S$, 那么 x 是指数为 2, 周期为 p^k (p 为某些素数, $k \geqslant 0$) 的周期元. $\text{inv}\langle x \rangle$ 的核 $\ker(\text{inv}\langle x \rangle)$ 是 S 的一个群 $\mathcal{J}$ 类, 且当 $k > 0$ 时其单位元为 x^{p^k}, 而 $k = 0$ 时其单位元为 x^2.

容易验证, 任何由指数为 2 且周期为 p^k ($k \geqslant 0$) 的元素生成的单演逆半群满足定理 3.6.3 的条件 (1)~(3), 进而是链逆半群.

如果 S 是链逆半群, G 和 H 是 S 的两个不同的非平凡极大子群, e, f 分别是 G 和 H 的单位元. 首先, 由定理 3.6.3 的条件 (2), G 和 H 是 S 的 $\mathcal{J}$ 类. 其次, 再由定理 3.6.3 的条件 (1) 和 (3) 不难得到, $e < f$ 或者 $f < e$. 现在不妨设 $e < f$. 这时利用 (3) 容易验证, 映射

$$\psi_{f,e}: u \to eu$$

是 H 到 G 上的满同态. 事实上, 对 H 的任意非平凡子群 K 都有 $K\psi_{f,e} = G$. 这样, 因为 H 是循环 p 群或是拟循环 p 群, 因此, H 是阶数为 p 的循环群. 设 $a \in G\backslash\{e\}$, $b \in H\backslash\{f\}$. 若 $a^p \neq e$, 那么存在 $n \in Z^+$, 使得 $b = f(a^p)^n$, 由此有 $b = ((fa)^p)^n = f$ (因为 $(fa)^p = f$), 这是矛盾. 这样说明, G 也是阶数为 p 的循环群. 于是有下面的结论:

命题 3.6.5 如果链逆半群 S 至少包含两个非平凡的极大子群, 那么存在素数 p, 使得 S 的所有非平凡子群都有阶数 p.

设 x 是链逆半群 S 的指数为 2 的元素, 用 K_x 表示 S 的逆子半群 $\mathrm{inv}\langle x\rangle$ 的核, 即 $K_x = \ker(\mathrm{inv}\langle x\rangle)$, 并用 e_x 表示 K_x 的单位元.

再设 J 是 S 的非群 $\mathcal{J}$ 类, $x \in J\backslash E_S$, 并设 G 是 S 的非平凡极大子群, e 是 G 的单位元, 且 $G < J$. 根据定理 3.6.3 的 (2), 对任意的 $g \in G\backslash\{e\}$, 存在非零整数 n, 使得 $g = ex^n$, 因此也有 $g^{-1} = x^{-n}e = (x^{-n}ex^n)x^{-n}$. 于是不难得到, $e < xx^{-1}$, 且 $e < x^{-1}x$, 进而, $e \leqslant x^{-1}xxx^{-1} = e_x$ (因为 $x^{-1}xxx^{-1} \in E_S$, 且 $x^{-1}xxx^{-1} = x^{-1}x^2x^{-1} \in K_x$). 因此, $G \leqslant K_x$.

命题 3.6.6 设 x 是链逆半群 S 的指数为 2 的元素, G 是 S 的非平凡极大子群, $G < J_x$, 那么 $G \leqslant K_x$. 进而, 若 K_x 是平凡的, 则 G 也是平凡的.

命题 3.6.7 设 x 是链逆半群 S 的指数为 2 的元素, G 是 S 的非平凡极大子群, 且其单位元为 e, $G > J_x$. 那么 $|G| = 2$, 且对任意的 $z \in G\backslash\{e\}$, 有 $x = xx^{-1}z$, 此时, x 的周期至多为 2.

证明 因为 $J_x < G$, 因此对任意的 $z \in G\backslash\{e\}$, 存在非零整数 n, 使得 $x = (xx^{-1})z^n$. 于是 $xx^{-1} < e$. 且对任意的 $z \in G\backslash\{e\}$ 都有 $xx^{-1}z\mathcal{R}xx^{-1}z^n = xx^{-1}$. 但 $R_{xx^{-1}} = \{xx^{-1}, x\}$, 所以 $xx^{-1}z = xx^{-1}$ 或者 $xx^{-1}z = x$. 若 $xx^{-1}z = xx^{-1}$, 则对任意的非零整数 m 有 $xx^{-1}z^m = xx^{-1}$, 这与定理 3.6.3 的 (3) 矛盾. 这样, 对任意的 $z \in G\backslash\{e\}$ 都有 $xx^{-1}z = x$.

现在假设 G 包含阶数 $l > 2$ 的元素 z, 则

$$x = xx^{-1}z = xx^{-1}z^2,$$

因此, $xz = x$, 进而, 对任意的 $k \geqslant 1$, 有 $xz^n = x$. 此时,

$$x = xz^{l-1} = (xx^{-1}z)z^{l-1} = xx^{-1}z^l = xx^{-1}e = xx^{-1},$$

3.6 全逆子半群格是链的逆半群

矛盾. 所以, G 中不等于 e 的元素的阶数都是 2, 而 G 是循环 p 群或是拟循环 p 群, 由此可得 $|G| = 2$. ∎

推论 3.6.8 设 S 是链逆半群.

(1) 如果 S 包含阶数是某个素数 p 的方幂 $p^k (k > 1)$ 的极大子群 H, 那么 H 是 S 的唯一非平凡极大子群;

(2) 如果 S 包含拟循环 p 群 G 作为它的极大子群, 那么 G 是 S 的唯一非平凡 $\mathcal{J}$ 类.

证明 (1) 如果 H 是 S 的任一非平凡的阶数是素数的方幂 (但不是素数阶) 的极大子群, 那么由命题 3.6.5, H 是 S 的唯一非平凡极大子群.

(2) 设 $x \in S$ 是指数为 2 的元素, 则由命题 3.6.7, $G \not\geqslant J_x$, 因此 $G < J_x$. 于是利用命题 3.6.6 可知, $G \leqslant K_x$, 且 $|G| = |K_x|$. 因为 G 是非平凡的, 所以, K_x 也是非平凡的. 根据命题 3.6.5 后面的说明, $G = K_x$, 进而, G 是有限的, 这就是说 G 不能是拟循环群. ∎

设 J 和 J' 是链逆半群 S 的非群 $\mathcal{J}$ 类, 且 $J < J'$. 设 $x \in J \backslash E_S, y \in J' \backslash E_S$. 根据命题 3.6.4 可知, K_y 是 S 的群 $\mathcal{J}$ 类, 因此, $K_y \nsubseteq J$. 现在, 对于 J 和 K_y 有三种情况: 或者 $J < K_y$, 或者 $J > K_y$, 或者 J 和 K_y 不可比.

设 $J < K_y$. 假设 K_y 是平凡的, 即 $K_y = J_{y^2} = \{y^2\}$. 由于 $E_J = E_{J_x} = \{xx^{-1}, x^{-1}x\}$, 所以存在 $u, v \in S^1$, 使得 $xx^{-1} = uy^2v$. 如果记 $e = xx^{-1}, f = y^2$, $g = fveu$, 则易见, $g \in E_S$, 进而 $g \leqslant f = y^2, g \leqslant uu^{-1}$. 再令 $z = u^{-1}e$, 那么

$$e = ufv = uu^{-1}ufv = uu^{-1}e = uz,$$

$$g = u^{-1}ug = u^{-1}(ufveu) = (u^{-1}e)u = zu,$$

$$z = u^{-1}e = u^{-1}euu^{-1} = u^{-1}(ufve)uu^{-1} = u^{-1}ugu^{-1} = gu^{-1}.$$

于是, $e \mathcal{L} z \mathcal{R} g$, 即 $g \in E_{J_x}$. 这样, $g = xx^{-1}$, 或者 $g = x^{-1}x$. 故有 $xx^{-1} < y^2$ 或者 $x^{-1}x < y^2$. 于是, 对任意非零整数 n, 都有

$$xx^{-1}y^n = (xx^{-1}y^2)y^n = xx^{-1}(y^2y^n) = xx^{-1},$$

或者

$$x^{-1}xy^n = (x^{-1}xy^2)y^n = x^{-1}x(y^2y^n) = x^{-1}x,$$

这与定理 3.6.3 的 (3) 矛盾. 所以, K_y 是非平凡的. 那么根据命题 3.6.7, $|K_y| = 2$, 且 $x = xx^{-1}y^3$(因为 y^3 不是 K_y 的单位元). 进而, $xx^{-1} < y^3y^{-3} = y^2$,

$$x = xx^{-1}y^3 = (xx^{-1}y^2)y = x^{-1}xy.$$

设 $J > K_y$. 那么由命题 3.6.7 可知 $K_y \leqslant K_x$, 再由定理 3.6.3 的 (3) 又可得
$$x = xx^{-1}y^{\pm 1}.$$

当 $x = xx^{-1}y$ 时,
$$x^2 = (xx^{-1}y)(xx^{-1}y) = (xx^{-1}yy^{-1})(xx^{-1}y) = (xx^{-1}yxx^{-1}y^{-1})y^2,$$

因此, $K_x \leqslant K_y$, 所以, $K_x = K_y$. 当 $x = xx^{-1}y^{-1}$ 时, 同样可证 $K_x = K_y$.

设 J 和 K_y 不可比. 那么根据定理 3.6.3 的 (1), K_y 是平凡 $\mathcal{J}$ 类, 再由命题 3.6.7, K_x 也是平凡 $\mathcal{J}$ 类. 此时, 也有 $x = xx^{-1}y^{\pm 1}$.

综合上面的讨论, 便得下面的命题.

命题 3.6.9 设 S 是链逆半群, $x, y \in S \backslash \mathrm{Gr} S$, 且 $J_x < J_y$. 那么必有 $x = xx^{-1}y$ 或者 $x = xx^{-1}y^{-1}$, 并且

(1) 若 $J_x < K_y$, 则 $|K_y| = 2, |K_x| \leqslant 2$;

(2) 若 $J_x > K_y$, 则 $K_y = K_x$;

(3) 若 $J_x \| K_y$, 则 K_y 和 K_x 都是平凡的.

推论 3.6.10 如果链逆半群 S 包含阶数为素数 p 的极大子群, 且 $p \neq 2$, 那么

(1) S 的每个非平凡子群的阶数都为 p;

(2) S 的所有非群元都有相同的核 K 和相同的周期 p;

(3) S 的每个非平凡子群 G 满足 $G \leqslant K$.

证明 由命题 3.6.5 即可证明 (1).

设 G 是 S 的非平凡子群, x 是 S 的非群元, 则由命题 3.6.7, $G \not> J_x$, 因此, $G < J_x$. 于是由命题 3.6.6 得 $G \leqslant K_x$, 从而 $|G| = |K_x|$. 所以, x 的周期也是 p. 如果 y 是 S 的另一个非群元, 那么有 $K_y \leqslant K_x \leqslant K_y$, 这就是说 $K_x = K_y = K$, 从而 (2) 得证. 最后, 由 (2) 即可得每个非平凡子群 G 满足 $G \leqslant K$, 故 (3) 也成立. ∎

3.7 0 分配逆半群

引理 3.7.1 设 L 是 0 分配 (0 模) 的完全格, $\phi: L \to M$ 是 L 到 M 上的格满同态, 且 ϕ 是完全 $\vee$ 同态, 并满足 $a\phi = 0$ 蕴涵 $a = 0$, 那么 M 是 0 分配格.

证明 对每个 $m \in M$, 令 m' 表示集合
$$m\phi^{-1} = \{x \in L : x\phi = m\}$$

的最大元. 那么由引理 1.1.5 的证明可知, 映射 $m \to m'$ 是保序保交的, 即对任意的 $m, n \in L$, 有
$$m \leqslant n \Rightarrow m' \leqslant n', \quad (m \wedge n)' = m' \wedge n'.$$

设 $m, n, r \in M$, 且 $m \wedge n = m \wedge r = 0$. 那么 $m' \wedge n' = m' \wedge r' = 0$, 于是, 由 L 的 0 分配性可得 $m' \wedge (n' \vee r') = 0$. 从而, $m \wedge (n \vee r) = 0$. ∎

推论 3.7.2 逆半群 S 是 0 分配逆半群, 当且仅当 S 的每个主因子是 0 分配的.

关于 Brandt 半群, 有下列等价条件.

定理 3.7.3 设 S 是 Brandt 半群, 但 S 不是带零群, 那么下列条件等价:
(1) S 是 0 分配的;
(2) S 是分配的;
(3) S 同构于 B_5.

证明 显然, 只需要证明 (1) $\Rightarrow$ (3).

设 S 是 0 分配 Brandt 半群. 设 e, f 是 S 的两个不同的非零幂等元, 并设 $a \in R_e \cap L_f$. 易见, $\langle E_S, a, a^{-1} \rangle = E_S \cup \{a, a^{-1}\}$. 若 $x \in H_e$, 那么 $xa \mathcal{H} a$, 且 $\langle E_S, xa, (xa)^{-1} \rangle = E_S \cup \{xa, (xa)^{-1}\}$. 因此,

$$\langle E_S, x, x^{-1} \rangle \cap \langle E_S, a, a^{-1} \rangle = E_S = \langle E_S, x, x^{-1} \rangle \cap \langle E_S, xa, (xa)^{-1} \rangle.$$

注意到, $x = (xa)a^{-1}$, 于是由 0 分配性可得

$$\langle E_S, x, x^{-1} \rangle = \langle E_S, x, x^{-1} \rangle \cap (\langle E_S, a, a^{-1} \rangle \vee \langle E_S, xa, (xa)^{-1} \rangle) = E_S,$$

进而, $\langle E_S, x, x^{-1} \rangle = E_S$, 即 $x \in E_S$. 这证明了 S 是组合的.

假设 g 是 S 的第三个非零幂等元, 并设 $b \in R_f \cap L_g$, $c = ab$. 显然, $c \in R_e \cap L_g$, 且 $a = cb^{-1}$. 易见, $\langle E_S, b, b^{-1} \rangle = E_S \cup \{b, b^{-1}\}$, $\langle E_S, c, c^{-1} \rangle = E_S \cup \{c, c^{-1}\}$. 由此不难验证, $\langle E_S, a, a^{-1} \rangle \cap \langle E_S, b, b^{-1} \rangle = E_S = \langle E_S, a, a^{-1} \rangle \cap \langle E_S, c, c^{-1} \rangle$. 于是,

$$\langle E_S, a, a^{-1} \rangle = \langle E_S, a, a^{-1} \rangle \cap (\langle E_S, b, b^{-1} \rangle \vee \langle E_S, c, c^{-1} \rangle) = E_S,$$

从而 $a \in E_S$, 这是矛盾. 这样, S 是只有两个非零幂等元的组合 Brandt 半群, 所以同构于 B_5. ∎

命题 3.7.4 群 G 的子群格 $\mathrm{subg}G$ 是 0 分配格, 当且仅当对任意的 $x_1, x_2, \cdots, x_k \in G$, 如果 $x_1 x_2 \cdots x_k \neq 1$, 那么存在正整数 n, 使得 $1 \neq (x_1 x_2 \cdots x_k)^n \in \langle\!\langle x_1 \rangle\!\rangle \cup \langle\!\langle x_2 \rangle\!\rangle \cup \cdots \cup \langle\!\langle x_k \rangle\!\rangle$.

证明 必要性. 设 $x_1, x_2, \cdots, x_k \in G$, 且 $x_1 x_2 \cdots x_k \neq 1$. 记 $x = x_1 x_2 \cdots x_k$. 若 $k = 1$, 则结论是显然成立的. 下面假设 $k \geqslant 2$. 如果对每个 i ($i = 1, 2, \cdots, k$), $\langle\!\langle x \rangle\!\rangle \cap \langle\!\langle x_i \rangle\!\rangle = \{1\}$, 那么利用 0 分配性,

$$\langle\!\langle x \rangle\!\rangle \cap \langle\!\langle x_1, x_2 \rangle\!\rangle = \langle\!\langle x \rangle\!\rangle \cap (\langle\!\langle x_1 \rangle\!\rangle \vee \langle\!\langle x_2 \rangle\!\rangle) = \{1\},$$

$$\langle\!\langle x\rangle\!\rangle \cap \langle\!\langle x_1, x_2, x_3\rangle\!\rangle = \langle\!\langle x\rangle\!\rangle \cap (\langle\!\langle x_1, x_2\rangle\!\rangle \vee \langle\!\langle x_3\rangle\!\rangle) = \{1\}, \cdots,$$

$$\langle\!\langle x\rangle\!\rangle \cap \langle\!\langle x_1, x_2, \cdots, x_k\rangle\!\rangle = \langle\!\langle x\rangle\!\rangle \cap (\langle\!\langle x_1, x_2, \cdots, x_{k-1}\rangle\!\rangle \vee \langle\!\langle x_k\rangle\!\rangle) = \{1\},$$

这是矛盾. 所以, 一定存在某个 $1 \leqslant i \leqslant k$, 使得 $\langle\!\langle x\rangle\!\rangle \cap \langle\!\langle x_i\rangle\!\rangle \neq \{1\}$, 也就是存在正整数 n, 使得 $1 \neq (x_1 x_2 \cdots x_k)^n \in \langle\!\langle x_1\rangle\!\rangle \cup \langle\!\langle x_2\rangle\!\rangle \cup \cdots \cup \langle\!\langle x_k\rangle\!\rangle$.

充分性. 设 $A, B, C \in \mathrm{subg}G$, $A \cap B = A \cap C = \{1\}$. 假设 $x \in A \cap (B \vee C)$, 且 $x \neq 1$. 则存在 $x_1, x_2, \cdots, x_k \in (B \cup C) \backslash \{1\}$, 使得 $x = x_1 x_2 \cdots x_k$, 因此对某个 $1 \leqslant i \leqslant k$ 必有 $\langle\!\langle x\rangle\!\rangle \cap \langle\!\langle x_i\rangle\!\rangle \neq \{1\}$. 但 $A \cap B = A \cap C = \{1\}$, 所以, 关于所有的 $1 \leqslant i \leqslant k$, $\langle\!\langle x\rangle\!\rangle \cap \langle\!\langle x_i\rangle\!\rangle = \{1\}$, 这是矛盾. 故 $A \cap (B \vee C) = \{1\}$, 从而 $\mathrm{subg}G$ 是 0 分配格. ∎

推论 3.7.5 无挠群 G 的子群格 $\mathrm{subg}G$ 是 0 分配格, 当且仅当对任意的 $a, b \in G$, 如果 $ab \neq 1$, 那么存在非零整数 n 和 m, 使得 $(ab)^m = a^n$ 或者 $(ab)^m = b^n$.

证明 由命题 3.7.4, 必要性是直接的.

反之, 设 $x, x_1, x_2, \cdots, x_k \in G \backslash \{1\}$, 且 $x = x_1 x_2 \cdots x_k$. 那么根据假设不难证明, $\langle\!\langle x\rangle\!\rangle \cap (\langle\!\langle x_1\rangle\!\rangle \cup \langle\!\langle x_2\rangle\!\rangle \cup \cdots \cup \langle\!\langle x_k\rangle\!\rangle) \neq \{1\}$. 故再由命题 3.7.4, $\mathrm{subg}G$ 是 0 分配格. ∎

设二阶对角矩阵 $a = \begin{pmatrix} -2 & 0 \\ 0 & -3 \end{pmatrix}$, $b = \begin{pmatrix} 2 & 0 \\ 0 & 3 \end{pmatrix}$, $e = \begin{pmatrix} 1 & 0 \\ 0 & 1 \end{pmatrix}$, 并令

$$G = \{e, a^{\pm 1}, b^{\pm 1}, b^{\pm 2}, a^{\pm 3}, b^{\pm 4}, b^{\pm 5}, \cdots\}.$$

显然, G 是群, 且 $ab = ba$, $a^2 = b^2$, 进而 $\mathrm{subg}G$ 是 0 分配格. 但不难看出, G 不是局部循环群, 即 $\mathrm{subg}G$ 不是分配格. 这表明, 存在子群格是 0 分配格但不是分配格的群.

在引理 3.4.4 的证明中我们看到, 如果假设 0 单的但不是完全 0 单的逆半群 S 包含零因子时, 那么一定存在 $A, B, C \in (\mathrm{subfi}S) \backslash \{E_S\}$, 使得

$$A \cap B = E_S = A \cap C, \quad A \subseteq B \vee C.$$

因此, 在这种假设下, S 就不是 0 分配的. 这就是说, 如果 0 单逆半群 S 是 0 分配的, 但不是完全 0 单的, 那么 $S \backslash \{0\}$ 是单逆半群, 且 $\mathrm{subfi}S \cong \mathrm{subfi}(S \backslash \{0\})$.

再设 S 是单逆半群, 但不是群. 在引理 3.4.5, 引理 3.4.7, 引理 3.4.8 和引理 3.4.9 的证明中, 我们也注意到, 如果假设 S 不是 E 酉的, 或者 S 不是组合的, 或者 E_S 在 S 中不是阿基米德的, 或者 S 包含一个 $\mathcal{D}$ 类 D, 使得 E_D 中存在长度大于 2 的反链, 那么也一定存在 $A, B, C \in (\mathrm{subfi}S) \backslash \{E_S\}$, 使得 $A \cap B = E_S = A \cap C$, 且 $A \subseteq B \vee C$. 这说明在上述任何一种假设下, 非群的单逆半群 S 都不是 0 分配的. 因此我们有下面的命题.

3.7　0 分配逆半群

命题 3.7.6　设单逆半群 S 是 0 分配的, 但不是群, 那么

(1) S 是 E 酉的;

(2) E_S 在 S 中是阿基米德的;

(3) S 是组合的;

(4) 对 S 的每个 $\mathcal{D}$ 类 D, E_D 中反链的长度不超过 2.

引理 3.7.7　设 S 是组合的 E 酉的单逆半群, 但不是群, 那么 S/σ 是无挠群.

证明　假设 S/σ 不是无挠群, 那么存在 $x \in S \setminus E_S$ 以及正整数 n, 使得 $x^n \sigma = 1$, 也即存在 $e \in E_S$, 使得 $ex^n = e$. 由 S 的 E 酉性, 存在 $f \in E_S$, 使得 $x^n = f$. 进而由引理 1.3.1, $fx \in \mathrm{Gr} S$. 但 S 是组合的, 因此, $fx \in E_S$, 从而 $x \in E_S$, 矛盾. ∎

推论 3.7.8　设单逆半群 S 是 0 分配的, 但不是群, 那么 S/σ 是无挠群.

现在利用引理 3.1.8, 推论 3.7.5 和推论 3.7.8, 可得下面的推论.

推论 3.7.9　设单逆半群 S 是 0 分配的, 但不是群, 那么对任意的 $a, b \in S/\sigma$, 若 $ab \neq 1$, 则存在非零整数 n 和 m, 使得 $(ab)^m = a^n$ 或者 $(ab)^m = b^n$.

这一节的主要结果是:

定理 3.7.10　设 S 是单逆半群, 但不是群, 那么 S 是 0 分配的, 当且仅当

(1) S 是 E 酉的;

(2) S 是组合的;

(3) 对任意的 $a, b \in S/\sigma$, 若 $ab \neq 1$, 则存在非零整数 n 和 m, 使得 $(ab)^m = a^n$ 或者 $(ab)^m = b^n$.

证明　根据命题 3.7.6 和推论 3.7.9, 必要性显然.

下面证明充分性. 设 S 满足定理 3.7.10 的 (1), (2) 和 (3), 并设 $A, B, C \in \mathrm{subfi} S$, 且 $A \cap B = A \cap C = E_S$.

假设 $x \in A \cap (B \vee C)$, 且 $x \notin E_S$. 那么存在 $x_1, x_2, \cdots, x_k \in (B \cup C) \setminus E_S$, 使得 $x = x_1 x_2 \cdots x_k$, 因此, $x\sigma = (x_1\sigma)(x_2\sigma) \cdots (x_k\sigma)$. 因为 S 是 E 酉的, 所以, $x\sigma \neq 1$, 且对任意的 $i = 1, 2, \cdots, k$, 总有 $x_i \sigma \neq 1$. 另一方面, 根据引理 3.1.8, $A\Sigma \cap B\Sigma = A\Sigma \cap C\Sigma = \{1\}$, 这里 Σ 是由 σ 诱导的格同态. 而由引理 3.7.7 和推论 3.7.5, $\mathrm{subg}(S/\sigma)$ 是 0 分配格, 所以有 $A\Sigma \cap (B\Sigma \vee C\Sigma) = \{1\}$. 但显然, $1 \neq x\sigma = (x_1\sigma)(x_2\sigma)\cdots(x_k\sigma) \in A\Sigma \cap (B\Sigma \vee C\Sigma)$, 这是矛盾. 故 $A \cap (B \vee C) = E_S$, 从而 $\mathrm{subfi} S$ 是 0 分配格. ∎

由定理 3.7.10 和定理 3.4.13 可知, 3.4 节中定义的逆半群 M 是 0 分配的, 但不是分配的. 关于 0 分配逆半群和分配逆半群的关系, 利用定理 3.4.14, 我们有下面的结论.

定理 3.7.11　设单逆半群 S 是 0 分配的, 但 S 不是群, 那么 S 不是分配逆半群, 当且仅当要么 S/σ 不是局部循环群, 要么 S 包含一个同构于 M 的逆子半群.

第四章 逆半群的全子半群格和凸逆子半群格

逆半群 S 的子半群 A 称为 S 的全子半群, 如果 $E_S \subseteq A$. 用 subf$S$ 表示逆半群 S 的所有全子半群构成的集合. 容易看出, subf$S$ 是格, 而 subfi$S$ 是 subf$S$ 的完全子格, subf$S$ 也是 S 的子半群格 sub$S$ 的完全子格; 对任意的 $A, B \in \text{subf}S$, 有 $A \wedge B = A \cap B$, $A \vee B = \langle A, B \rangle$.

在第三章的 3.1 节中, 给出了一个逆半群 S 的全逆子半群格 subfi$S$ 的子直积分解, 即 subfi$S$ 是 S 的所有主因子的全逆子半群格的子直积. 这一章, 要将类似的结果引入到逆半群 S 的全子半群格 subf$S$ 上来. 利用这种分解以及第三章的相应结果, 可以完全刻画具有某些类型全子半群格的逆半群的特性.

其次, 这一章还将讨论半格的凸子半群构成的格.

这一章的结果来自文献 [48],[49].

4.1 逆半群的全子半群格的分解

定理 4.1.1   如果 S 是逆半群, $J \in S/\mathcal{J}$, 那么对任意 $A, B \in \text{subf}S$, 有

$$\langle A, B \rangle \cap J = \langle A \cap J, B \cap J \rangle \cap J.$$

证明   显然, $\langle A, B \rangle \cap J \supseteq \langle A \cap J, B \cap J \rangle \cap J$. 反之, 设 $x \in \langle A, B \rangle \cap J$. 那么存在 $x_1, x_2, \cdots, x_n \in A \cup B$, 使得 $x = x_1 x_2 \cdots x_n$. 于是由引理 1.2.3, 存在 $e_1, e_2, \cdots, e_n \in E_S$, 使得 $x = (e_1 x_1)(e_2 x_2) \cdots (e_n x_n)$, 且 $e_i x_i \mathcal{D} x$, 其中 $i = 1, 2, \cdots, n$. 因为 $E_S \subseteq A \cap B$, 因此, $e_i x_i \in (A \cap J) \cup (B \cap J)$, 进而, $x \in \langle A \cap J, B \cap J \rangle \cap J$. 这证明了 $\langle A, B \rangle \cap J \subseteq \langle A \cap J, B \cap J \rangle \cap J$, 从而, $\langle A, B \rangle \cap J = \langle A \cap J, B \cap J \rangle \cap J$. ∎

引理 4.1.2   设 S 是逆半群, $J \in S/\mathcal{J}$, 定义 subf$S$ 上的等价关系 γ_J 为

$$A \gamma_J B \Leftrightarrow A \cap J = B \cap J.$$

那么

(1) γ_J 是同余;

(2) 在格 subf$S$ 中, $\bigwedge\limits_{J \in S/\mathcal{J}} \gamma_J = 0$.

证明   (1) 易见, γ_J 是等价关系. 设 $A, B, C \in \text{subf}S$, 且满足 $A \gamma_J B$, 即 $A \cap J = B \cap J$, 那么 $A \cap C \cap J = B \cap C \cap J$. 因此, $(A \cap C) \cap J = (B \cap C) \cap J$, 即 $(A \cap C) \gamma_J (B \cap C)$.

又根据引理 4.1.1,

$$(A \vee C) \cap J = \langle A \cap J, C \cap J \rangle \cap J = \langle B \cap J, C \cap J \rangle \cap J = (B \vee C) \cap J,$$

所以, $(A \vee C)\gamma_J(B \vee C)$. 故 γ_J 是同余.

(2) 假设 $A \bigwedge_{J \in S/\mathcal{J}} \gamma_J B$, 也就是对每个 $J \in S/\mathcal{J}$, $A \cap J = B \cap J$, 那么显然, $A = B$. 从而, $\bigwedge_{J \in S/\mathcal{J}} \gamma_J = 0$. ∎

由引理 4.1.2, 下面的推论是显然的.

推论 4.1.3 如果 S 是逆半群, 那么 $\mathrm{subf}S$ 是 $(\mathrm{subf}S)/\gamma_J$ $(J \in S/\mathcal{J})$ 的子直积.

和 3.1 节中一样, 如果 S 是逆半群, 那么对任意 $J \in S/\mathcal{J}$, 记

$$N(J) = E_S \cup \{K \in S/\mathcal{J} : K < J\}, \quad I(J) = E_S \cup \{K \in S/\mathcal{J} : K \leqslant J\}.$$

则 $N(J), I(J) \in \mathrm{subf}S$, $[N(J), I(J)]$ 是 $\mathrm{subf}S$ 的格区间, 且当 $A \in \mathrm{subf}S$ 时,

$$A_J = (A \cap J) \cup N(J) = (A \cap I(J)) \cup N(J) \in [N(J), I(J)].$$

而且对任意的 $A, B \in \mathrm{subf}S$, 有 $A_J = B_J \Leftrightarrow A \cap J = B \cap J$, $A \in [N(J), I(J)] \Rightarrow A_J = A$.

引理 4.1.4 如果 S 是逆半群, $J \in S/\mathcal{J}$, 那么 $[N(J), I(J)] \cong \mathrm{subf}(\mathrm{PF}(J))$.

证明 设 $J \in S/\mathcal{J}$, $A \in [N(J), I(J)]$. 构造 $[N(J), I(J)]$ 到 $\mathrm{subf}(\mathrm{PF}(J))$ 的映射 $\varphi_J : A \longrightarrow (A \cap J) \cup \{0\}$.

设 $A, B \in [N(J), I(J)]$. 如果 $A\varphi_J = B\varphi_J$, 即 $A \cap J = B \cap J$, 那么 $A_J = B_J$. 因此, $A = A_J = B_J = B$. 另一方面, 若 $C \in \mathrm{subf}(\mathrm{PF}(J))$, 并令 $D = (C \backslash \{0\}) \cup N(J)$, 则不难验证, $D \in \mathrm{subf}S$. 易见, $D \in [N(J), I(J)]$, 且 $C = (D \cap J) \cup \{0\}$, 即 $D\varphi_J = C$. 因此证明了 φ_J 是双射. 其次, 若 $A \subseteq B$, 则 $A \cap J \subseteq B \cap J$. 进而, $A\varphi_J \leqslant B\varphi_J$, 这说明 φ_J 是保序的, 所以 φ_J 是同构. ∎

命题 4.1.5 设 S 是逆半群, $J \in S/\mathcal{J}$, 那么

$$(\mathrm{subf}S)/\gamma_J \cong \mathrm{subf}(\mathrm{PF}(J)).$$

证明 定义映射 $\varphi: (\mathrm{subf}S)/\gamma_J \to \mathrm{subf}(\mathrm{PF}(J))$, 使得对任意的 $A \in \mathrm{subf}S$, 有

$$A\gamma_J \to (A \cap J) \cup \{0\}.$$

易见, φ 是双射. 又因为

$$A\gamma_J \leqslant B\gamma_J \Leftrightarrow (A\cap B)\gamma_J = A\gamma_J$$
$$\Leftrightarrow (A\cap B)\cap J = A\cap J$$
$$\Leftrightarrow (A\cap J)\cap (B\cap J) = A\cap J$$
$$\Leftrightarrow A\cap J \subseteq B\cap J,$$

故 φ 是同构. ∎

利用命题 4.1.5 和推论 4.1.3, 便可得关于 subf$S$ 的分解定理.

定理 4.1.6 设 S 是逆半群, 那么 subf$S$ 是 subf(PF(J)) $(J \in S/\mathcal{J})$ 的子直积.

引理 4.1.7 如果 S 是逆半群, 那么由 S 上的最小群同余 σ 诱导的 Σ:

$$\Sigma: \text{subf}S \to \text{subf}(S/\sigma), \quad A\Sigma = \{a\sigma : a \in A\}, \quad A \in \text{subf}S$$

是 subf$S$ 到 subf(S/σ) 上的满同态.

证明 首先, 对任意的 $A, B \in \text{subf}S$, 等式 $(A \vee B)\Sigma = A\Sigma \vee B\Sigma$ 显然成立. 且不难看出, Σ 是 subf$S$ 到 subf(S/σ) 满射.

其次, 设 $A, B \in \text{subf}S$, 且 $x \in A\Sigma \cap B\Sigma$. 那么存在 $a \in A$ 和 $b \in B$, 使得 $x = a\sigma = b\sigma$, 即存在 $e \in E_S$, 使得 $ea = eb$. 由此可得 $a^{-1}e = b^{-1}e$, 进而 $ba^{-1}e = bb^{-1}e \in E_S$. 于是有 $ba^{-1}ea \in A$. 另一方面, 因为 $a^{-1}ea \in E_S$, 因此, $ba^{-1}ea \in B$. 这样, $ba^{-1}ea \in A \cap B$, 且显然, $x = (ba^{-1}ea)\sigma$, 从而 $x \in (A\cap B)\Sigma$, 故 $(A\cap B)\Sigma \supseteq A\Sigma \cap B\Sigma$. 又因为显然有 $(A\cap B)\Sigma \subseteq A\Sigma \cap B\Sigma$, 故 $(A\cap B)\Sigma = A\Sigma \cap B\Sigma$.

从而引理得证. ∎

4.2 全子半群格是分配格和模格的逆半群

根据引理 4.1.4 和定理 4.1.6 可得下面的定理.

定理 4.2.1 如果 S 是逆半群, 那么 subf$S$ 是分配格 (下半分配格、上半分配格、模格、半模格), 当且仅当对每个 $J \in S/\mathcal{J}$, subf(PF(J)) 是分配格 (下半分配格、上半分配格、模格、半模格).

定理 4.2.1 表明, 研究逆任意逆半群的全子半群格的问题可以归结为主要去研究 (0) 单逆半群的全子半群格问题.

定理 4.2.2 设 G 是群, e 是它的单位元, 那么下列条件等价:

(1) sub$G$ 是分配格 (下半分配格、上半分配格、模格、半模格);

(2) subf$G$ = subg$G$ 是分配格 (下半分配格、上半分配格、模格、半模格);

(3) G 是周期的局部循环群 (周期的局部循环群、周期的局部循环群、周期的 M 群、周期的 UM 群).

4.2 全子半群格是分配格和模格的逆半群

证明 显然, 只需要证明 subf$G$ 的半模性、下半分配性、上半分配性都蕴涵 G 是周期群即可.

假设 G 包含无限阶元素 a, 则对任意的非零整数 m, n, 有

$$a^m = a^n \Leftrightarrow m = n.$$

令

$$A = \{e, a^3, a^4, a^6, a^7, \cdots\},$$
$$B = \{e, a^2, a^4, a^6, a^7, \cdots\},$$
$$C = \{e, a^4, a^6, a^7, \cdots\}.$$

那么容易验证, $A, B, C \in \text{subf}G$, 且 $A \succ C = A \cap B$. 但是

$$A \vee B = \langle A, B \rangle = \{e, a^2, a^3, a^4, a^5, a^6, a^7, \cdots\}$$
$$> \{e, a^2, a^4, a^5, a^6, a^7, \cdots\}$$
$$> \{e, a^2, a^4, a^6, a^7, \cdots\} = B,$$

这就是说 $A \vee B \not\succ B$. 所以 subf$G$ 不是半模格.

如果令

$$A = \{e, a^4, a^5, a^6, a^7, \cdots\},$$
$$B = \{e, a^2, a^4, a^6, a^7, \cdots\},$$
$$C = \{e, a^3, a^4, a^6, a^7, \cdots\},$$

那么也有 $A, B, C \in \text{subf}G$, 且

$$A \cap B = \{e, a^4, a^6, a^7, \cdots\} = A \cap C.$$

然而, 因为

$$B \vee C = \{e, a^2, a^3, a^4, a^5, a^6, a^7, \cdots\} > A,$$

因此

$$A \cap (B \vee C) = A \neq A \cap B.$$

由此说明 subf$G$ 也不是下半分配格.

最后, 令

$$A = \langle a^2, a^{-2} \rangle, \quad B = \langle e, a^3 \rangle, \quad C = \langle e, a^{-5} \rangle.$$

则 $A \vee B = \langle a, a^{-1} \rangle = A \vee C$, 但是因为 $B \cap C = \{e\}$, 所以

$$A \vee (B \cap C) = A \neq A \vee B.$$

这说明 subf$G$ 也不是上半分配格.

综上所述, 如果 G 包含无限阶元素, 那么 subf$G$ 既不是半模格, 也不是下半分配格, 也不是上半分配格, 从而定理得证. ∎

引理 4.2.3 设 S 是 0 单逆半群. 如果 subf$S$ 是分配格 (下半分配格、上半分配格、模格), 那么 S 是完全 0 单半群.

证明 首先, 设 subf$S$ 是分配格 (下半分配格、模格), 那么 subfi$S$ 也是分配格 (下半分配格、模格). 假设 S 不是完全 0 单半群, 那么由引理 3.4.4 和引理 3.4.5(命题 3.5.2 和推论 3.5.9), $S\backslash\{0\}$ 是 E 酉逆半群 (E 酉逆半群、局部 E 酉逆半群). 进而, 映射 $A \to A\backslash\{0\}$ 是 subf$S$ 到 subf$(S\backslash\{0\})$ 的格同构, 因此, subf$(S\backslash\{0\})$ 是分配格 (下半分配格 (引理 1.1.5)、模格). 进一步, 根据引理 4.1.7, subf$((S\backslash\{0\})/\sigma)$ 是分配格 (下半分配格、模格), 所以, 由定理 4.2.2, $(S\backslash\{0\})/\sigma$ 是周期群.

任取 $a \in S\backslash\{0\}$. 下面来证明, 当 $S\backslash\{0\}$ 是局部 E 酉逆半群时, a 是周期元. 事实上, 存在 $k \in Z^+$, 使得 $a^k\sigma = 1$. 令 $e = aa^{-1}$. 由于 $(ea^ke)\sigma = 1$, 所以存在 $f \in E_S$, 使得 $ea^ke = f$. 于是, $a^{k+1} = fa$, 由此可得 $a^{k+1} = a^{k+1}a^{-(k+1)}a$(引理 1.2.7), 进而, $a^{2k+1} = a^{k+1}$, 这就是说 a 是周期元. a 的任意性表明 S 是周期半群, 这是矛盾, 因为周期的 0 单半群是完全 0 单半群. 所以, 当 subf$S$ 是分配格 (下半分配格、模格) 时, S 是完全 0 单逆半群.

现在设 subf$S$ 是上半分配格. 假设 S 不是完全 0 单的, 那么 S 包含一个双循环 $\mathcal{B}(a,b)$, 使得 $ab = 1$ 是其中的单位元. 令

$$A = \langle E_S, a^2, b^2\rangle, \quad B = \langle E_S, a^3\rangle, \quad C = \langle E_S, b^5\rangle.$$

不难验证,

$$A \vee B = \langle E_S, a, b\rangle = A \vee C,$$

因此由 subf$(S\backslash\{0\})$ 的上半分配性, $A \vee (B \cap C) = A \vee B$. 进而, 根据引理 4.1.7,

$$A\Sigma \vee (B\Sigma \cap C\Sigma) = A\Sigma \vee B\Sigma,$$

即

$$\langle a^2\sigma, b^2\sigma\rangle \vee (\langle 1, a^3\sigma\rangle \cap \langle 1, b^5\sigma\rangle) = \langle 1, a^3\sigma\rangle \vee \langle 1, b^5\sigma\rangle = \langle a\sigma, b\sigma\rangle.$$

由此容易证明, $a\sigma$ 是周期元. 另一方面, 因为 subfi$S$ 也是上半分配格, 所以由引理 3.4.4 和引理 3.4.5 可知, $S\backslash\{0\}$ 是 E 酉逆半群. 所以不难得到 a 是周期的, 这是矛盾. 故 S 是完全 0 单半群. ∎

定理 4.2.4 设 S 是 0 单逆半群, 那么下列条件等价:

(1) subf$S$ 是分配格;

(2) subf$S$ 是下半分配格;

4.2 全子半群格是分配格和模格的逆半群

(3) subf$S$ 是上半分配格;

(4) S 要么是带零的周期局部循环群, 要么同构于 B_5.

证明 显然, 只需要证明 $(2) \Rightarrow (4)$ 和 $(3) \Rightarrow (4)$.

设 subf$S$ 是下半分配格 (上半分配格), 那么 subfi$S$ 是下半分配格 (上半分配格), 进而, 由引理 4.2.3, S 是完全 0 单半群. 于是, 再由定理 3.4.3 和引理 4.2.2, S 要么是带零的周期局部循环群, 要么同构于 B_5. ∎

定理 4.2.5 如果 S 是逆半群, 那么下列条件等价:

(1) subf$S$ 是分配格;

(2) subf$S$ 是下半分配格;

(3) subf$S$ 是上半分配格;

(4) S 的每个非平凡 $\mathcal{J}$ 类要么是周期的局部循环群, 要么对应的主因子同构于 B_5.

现在我们再来讨论 subf$S$ 是模格的逆半群 S.

设 X 是任意非空集合, $\mathcal{RT}(X)$ 表示 X 上满足自反性和传递性的所有关系的集合. 显然, $\mathcal{RT}(X)$ 是完全格. 现在假设 $|X| \geqslant 3$, 并设 $x_1, x_2, x_3 \in X$ 是 X 中的三个不同的元素. 记

$$\rho_1 = \{(x_1, x_2), (x_1, x_3)\} \cup \{(x,x) : x \in X\},$$
$$\rho_2 = \{(x_2, x_3)\} \cup \{(x,x) : x \in X\},$$
$$\rho_3 = \{(x_1, x_2)\} \cup \{(x,x) : x \in X\}.$$

易见, $\rho_1, \rho_2, \rho_3 \in \mathcal{RT}(X)$. 注意到, $\rho_2 \succ \rho_2 \wedge \rho_3 = 1_X$, 且

$$\rho_2 \vee \rho_3 = \{(x_1, x_2), (x_1, x_3), (x_2, x_3)\} \cup \{(x,x) : x \in X\},$$

但 $\rho_2 \vee \rho_3 > \rho_1 > \rho_3$. 所以, $\mathcal{RT}(X)$ 不是半模格. 另一方面, 如果 $|X| \leqslant 2$, 那么 $\mathcal{RT}(X)$ 显然是分配格.

引理 4.2.6 设 X 是任意一个非空集合, 那么下列条件等价:

(1) $\mathcal{RT}(X)$ 是分配格;

(2) $\mathcal{RT}(X)$ 是模格;

(3) $\mathcal{RT}(X)$ 是半模格;

(4) $|X| \leqslant 2$.

定理 4.2.7 设 $S = \mathcal{M}^0(I, \{1\}, I; E)$ 是组合的 Brandt 半群, 那么

$$\text{subf}S \cong \mathcal{RT}(E_S \backslash \{0\}).$$

证明 对任意的 $A \in \text{subf}S$, 令

$$\pi_A = \{(aa^{-1}, a^{-1}a) \in E_S \times E_S : a \in A \backslash \{0\}\}.$$

易见, π_A 是自反关系. 假设 $(e,f),(f,g) \in \pi_A$, 那么存在 $a,b \in A\backslash\{0\}$, 使得 $aa^{-1} = e$, $a^{-1}a = f = bb^{-1}$, $b^{-1}b = g$. 于是, $(ab)(ab)^{-1} = e$, $(ab)^{-1}(ab) = g$, 即 $(e,g) \in \pi_A$. 所以, $\pi_A \in \mathcal{RT}(E_S\backslash\{0\})$.

反之, 设 $\pi \in \mathcal{RT}(E_S\backslash\{0\})$, 并令

$$A_\pi = \{s \in S : (ss^{-1}, s^{-1}s) \in \pi\} \cup \{0\}.$$

显然, $E_S \subseteq A_\pi$. 任取 $a = (i,1,\lambda), b = (j,1,\mu) \in A_\pi$. 那么

$$(i,1,i) = aa^{-1}\pi a^{-1}a = (\lambda, 1, \lambda),$$

$$(j,1,j) = bb^{-1}\pi b^{-1}b = (\mu, 1, \mu).$$

若 $j \neq \lambda$, 则 $ab = 0 \in A_\pi$. 若 $j = \lambda$, 则 $ab = (i,1,\mu)$, $(i,1,i)\pi(\mu,1,\mu)$, 进而

$$(i,1,i) = (ab)(ab)^{-1}\pi(ab)^{-1}(ab) = (\mu,1,\mu),$$

即 $ab \in A_\pi$. 因此, $A_\pi \in \mathrm{subf}S$.

另一方面, 还可以证明

$$\pi_{A_\pi} = \{(aa^{-1}, a^{-1}a) \in E_S \times E_S : a \in A_\pi\backslash\{0\}\} = \pi.$$

事实上, 如果 $(e,f) \in \pi_{A_\pi}$, 即存在 $a \in A_\pi\backslash\{0\}$, 使得 $aa^{-1} = e$, $a^{-1}a = f$, 那么 $(e,f) = (aa^{-1}, a^{-1}a) \in \pi$. 反之, 如果 $(e,f) \in \pi$, 那么因为 $e\mathcal{D}f$, 因此存在 $a \in S\backslash\{0\}$, 使得 $aa^{-1} = e$, $a^{-1}a = f$, 于是, $a \in A_\pi\backslash\{0\}$, 故 $(e,f) = (aa^{-1}, a^{-1}a) \in \pi_{A_\pi}$.

现在设 $A, B \in \mathrm{subf}S$. 显然, $A \subseteq B$ 蕴涵 $\pi_A \leqslant \pi_B$. 反之, 如果 $\pi_A \leqslant \pi_B$, 并设 $a \in A\backslash\{0\}$, 那么 $(aa^{-1}, a^{-1}a) \in \pi_A$, 进而, $(aa^{-1}, a^{-1}a) \in \pi_B$, 即存在 $b \in B\backslash\{0\}$, 使得 $bb^{-1} = aa^{-1}$, $b^{-1}b = a^{-1}a$. 但 S 是组合半群, 所以 $a = b \in B$. 故 $A \subseteq B$.

容易证明, 映射 $A \to \pi_A$ 是 $\mathrm{subf}S$ 到 $\mathcal{RT}(E_S\backslash\{0\})$ 的格同构. ∎

引理 4.2.8 如果 $S = \mathcal{M}^0(I,G,I;E)$ 是 Brandt 半群, $\mathrm{subf}S$ 是半模格, 那么 S 要么是带零的 UM 群, 要么是组合半群.

证明 设 $\mathrm{subf}S$ 是半模格. 若 $|E_S\backslash\{0\}| = 1$, 那么 S 是带零群, 从而 $\mathrm{subf}S \cong \mathrm{subf}(S\backslash\{0\})$, 即 S 是带零的 UM 群. 若 $|E_S\backslash\{0\}| > 1$, 那么 S 中存在不同的非零幂等元 $e = (i,1,i)$ 和 $f = (j,1,j)$. 假设 S 不是组合半群, 那么存在 $b = (i,x,i) \in H_e\backslash\{e\}$. 令 $a = (i,y,j) \in R_e \cap L_f$, 则 $a^{-1}ba = (j, y^{-1}xy, j) \in H_f\backslash\{f\}$. 令

$$A = \langle E_S, a\rangle, \quad B = \langle E_S, b\rangle, \quad C = \langle E_S, b, a^{-1}ba\rangle.$$

显然, $A = E_S \cup \{a\}$, $B = E_S \cup \langle b\rangle$, $C = E_S \cup \langle b\rangle \cup \langle a^{-1}ba\rangle$, 进而, $A \cap B = E_S$. 于是, $A \succ A \cap B$. 但 $A \vee B = E_S \cup \langle a,b\rangle > C > B$, 这和半模性矛盾. 故当 $|E_S\backslash\{0\}| > 1$ 时, S 一定是组合半群. ∎

利用引理 4.2.2, 引理 4.2.6, 定理 4.2.7 和引理 4.2.8, 有下面的推论.

推论 4.2.9 如果 S 是 Brandt 半群, 那么 subf$S$ 是半模格, 当且仅当 S 要么是带零的周期 UM 群, 要么同构于 B_5.

定理 4.2.10 如果 S 是 0 单逆半群, 那么 subf$S$ 是模格, 当且仅当 S 要么是带零的周期 M 群, 要么同构于 B_5.

证明 充分性显然, 所以只需要证明必要性. 假设 subf$S$ 是模格, 那么根据引理 4.2.3, S 是周期的 Brandt 半群. 再由推论 4.2.9 可知, S 要么是带零的周期 M 群, 要么同构于 B_5. ∎

定理 4.2.11 如果 S 是逆半群, 那么 subf$S$ 是模格, 当且仅当 S 的每个非平凡 $\mathcal{J}$ 类要么是周期的 M 群, 要么它对应的主因子同构于 B_5.

4.3 全子半群格是链的逆半群

注意到, subf$B_5 = \{E_{B_5}, E_{B_5} \cup \{a\}, E_{B_5} \cup \{b\}, B_5\}$, 所以, subf$B_5$ 不是链.

定理 4.3.1 如果 S 是逆半群, 那么 subf$S$ 是链, 当且仅当

(1) S 的所有非平凡 $\mathcal{J}$ 类的集合构成链 (相对于 $S/\mathcal{J}$ 中的偏序关系);

(2) S 的每个平凡 $\mathcal{J}$ 类要么是循环 p 群, 要么是拟循环 p 群;

(3) 对任意的 $x, y \in S \backslash E_S$, 若 $J_x < J_y$, 则存在 $n \in Z^+$, 使得 $x = xx^{-1}y^n$.

证明 设 subf$S$ 是链. 那么对任意的 $x, y \in S \backslash E_S$, 或者 $\langle E_S, x \rangle \leqslant \langle E_S, y \rangle$, 或者 $\langle E_S, y \rangle \leqslant \langle E_S, x \rangle$, 因此有 $J_x \leqslant J_y$, 或者 $J_y \leqslant J_x$. 这证明了 (1) 成立.

因为链是分配格, 所以由引理 4.1.4, 定理 4.2.5 和定理 3.6.1 可知 (2) 也成立.

如果 $x, y \in S \backslash E_S$, 且 $J_x < J_y$, 则显然有 $y \notin \langle E_S, x \rangle$, 从而, $x \in \langle E_S, y \rangle$. 于是, 根据引理 1.2.7, 存在 $n \in Z^+$, 使得 $x = xx^{-1}y^n$, 故 (3) 得证.

反之, 假设 S 是满足 (1), (2), (3). 设 $A, B \in $ subf$S, A \neq E_S, B \neq E_S$, 且 $A \nsubseteq B$.

设 $a \in A \backslash B$, 那么 J_a 要么是循环 p 群, 要么是拟循环 p 群, 因此, subfJ_a 是链. 因为 $a \in (A \cap J_a) \backslash (B \cap J_a)$, 所以, $A \cap J_a \nsubseteq B \cap J_a$. 于是, $A \cap J_a \supseteq B \cap J_a$ (因为 $A \cap J_a, B \cap J_a \in $ subfJ_a, subfJ_a 是链). 设 $b \in B \backslash E_S$, 但 $b \notin J_a$. 则 $J_b < J_a$, 或者 $J_b > J_a$ (根据 (1)). 若 $J_b > J_a$, 那么存在 $n \in Z^+$, 使得 $a = aa^{-1}b^n$, 从而 $a \in B$, 这是矛盾. 所以必有 $J_b < J_a$, 进而存在 $n \in Z^+$, 使得 $b = bb^{-1}a^n$, 从而 $b \in A$. 这样就证明了 $B \subseteq A$.

故 subf$S$ 是链. ∎

设 $S = \bigcup_{\alpha \in Y} S_\alpha$ 是半群, 其中 Y 是半格, S_α $(\alpha \in Y)$ 是一族两两不交的半群. 称 S 是半群 S_α $(\alpha \in Y)$ 的强半格, 如果对任意的 $\alpha, \beta \in Y, \alpha \geqslant \beta$, 存在同态 $\psi_{\alpha,\beta}$: $S_\alpha \to S_\beta$, 使得

(1) 若 $\alpha > \beta > \gamma$, 则 $\psi_{\alpha,\beta} \psi_{\beta,\gamma} = \psi_{\alpha,\gamma}$;

(2) $\psi_{\alpha,\alpha} = 1_{S_\alpha}$ 是 S_α 上的恒等映射;

(3) 若 $a \in S_\alpha, b \in S_\beta$,则 $ab = (a\psi_{\alpha,\alpha\beta})(b\psi_{\beta,\alpha\beta})$.

如果 $S = \bigcup_{\alpha \in Y} S_\alpha$ 是半群 S_α $(\alpha \in Y)$ 的强半格,则记为 $S = [Y, S_\alpha, \psi_{\alpha,\beta}]$. 半群 S_α $(\alpha \in Y)$ 的强半格 $S = [Y, S_\alpha, \psi_{\alpha,\beta}]$ 称为强链,如果 $\psi_{\alpha,\beta}$ 是单射,且 Y 是链.

易见,如果 $S = \bigcup_{\alpha \in Y} G_\alpha$ 是群 G_α $(\alpha \in Y)$ 的强半格,e_α 是 G_α 的单位元,那么

$$a\psi_{\alpha,\beta} = ae_\beta,$$

其中 $\alpha \geqslant \beta, a \in G_\alpha$.

设 S 是半群,记

$$\overline{S} = \{x \in S : J_x \in S/\mathcal{J}, |J_x| > 1\}.$$

设 S 是逆半群,且 subf$S$ 是链. 由定理 4.3.1 可知,S 是 Clifford 半群,且 $E_{\overline{S}}$ 是链. 因此,$\overline{S} = [E_{\overline{S}}, G_e, \psi_{e,f}]$ 是 S 的非平凡极大子群 G_e $(e \in E_{\overline{S}})$ 的强半格,其中每个 G_e $(e \in E_{\overline{S}})$ 要么是循环 p 群,要么是拟循环 p 群. 现在假设 G_e 和 G_f 是两个不同的非平凡极大子群,并不妨设 $e > f$. 设 H 是 G_e 的阶数为 p 的子群 (因为 G_e 是循环 p 群,或是拟循环 p 群,所以这样的子群 H 是存在的). 由定理 4.3.1 的 (3) 不难看出,$\psi_{e,f}$ 是满射. 事实上,$H\psi_{e,f} = G_f$. 这样,G_f 是阶数为 p 的循环群. 设 $a \in G_e \backslash \{e\}, b \in G_f \backslash \{f\}$. 若 $a^p \neq e$,那么存在 $n \in Z^+$,使得 $b = f(a^p)^n$,由此有 $b = ((fa)^p)^n = f$ (因为 $(fa)^p = f$),这是矛盾. 这样说明,G_e 也是阶数为 p 的循环群. 从而 G_e 和 G_f 都是阶数为 p 的循环群.

引理 4.3.2 设 S 是逆半群,且 subf$S$ 是链.

(1) 如果 S 包含至少两个非平凡极大子群,那么存在素数 p,使得 S 的每个非平凡极大子群有阶数 p;

(2) 如果 S 包含非平凡极大子群 G,使得 G 不是素数阶的,那么 G 是 S 的惟一非平凡极大子群.

定理 4.3.3 如果 S 是逆半群,那么 subf$S$ 是链,当且仅当 S 是下列情形之一:

(1) S 是半格;

(2) $\overline{S}$ 是循环 p 群;

(3) $\overline{S}$ 是拟循环 p 群;

(4) $\overline{S}$ 是阶数都为同一个素数 p 的循环群 G_e $(e \in E_{\overline{S}})$ 的强链.

证明 必要性. 设 subf$S$ 是链. 假设 S 包含至少两个非平凡极大子群,那么根据引理 4.3.2,存在素数 p,使得 S 的每个极大子群 G_e $(e \in E_{\overline{S}})$ 的阶数都为 p. 又因为 $E_{\overline{S}}$ 是链,而 $\psi_{e,f}$ $(e \in E_{\overline{S}})$ 是双射 $(e > f)$,所以,$\overline{S}$ 是 G_e $(e \in E_{\overline{S}})$ 的强链.

充分性. 如果 $\overline{S}$ 是循环 p 群,或者是拟循环 p 群,那么 S 包含唯一的极大子群,进而,由定理 4.3.1, subf$S$ 是链. 如果 $\overline{S}$ 是阶数为同一个素数 p 的循环群

G_e ($e \in E_{\overline{S}}$) 的强链, 那么显然, S 满足定理 4.3.1 的条件 (1) 和 (2). 设 $x \in G_e \backslash \{e\}$, $y \in G_f \backslash \{f\}$, 且 $e > f$. 因为 $\psi_{e,f}$ 是双射 (也是同构), 所以, $fx = x\psi_{e,f} \in G_f \backslash \{f\}$, 且 xf 生成 G_f. 因此, 存在 $n \in Z^+$, 使得 $y = (fx)^n = fx^n = yy^{-1}x^n$, 即定理 4.3.1 的条件 (3) 也满足. 故 subf$S$ 是链. ■

4.4 半格的凸子半群格

逆半群 S 的子半群 U 称为凸子半群, 如果 $a, b \in U, c \in S$ 以及 $a \leqslant c \leqslant b$ 蕴涵 $c \in U$; 若 S 的凸子半群 U 还是 S 的逆子半群, 则 U 称为凸逆子半群. 易见, 一个逆半群的任意多个凸逆子半群的交集仍然是凸逆子半群. 所以, 逆半群 S 的所有凸逆子半群构成的集合 subci$S$ (包括空集) 构成一个完全格.

如果 S 是半格, 则 S 的凸逆子半群称为凸子半格; U 是凸子半格, 当且仅当 U 是 S 的凸子半群. 半格 E 的所有凸子半格构成的格 subci$E$ 称为 E 的凸子半群格. 这一节将研究半格的凸子半群格的各种性质和特征.

设 S 是逆半群, X 是 S 的子集, 那么用 invc$\langle X \rangle$ 表示由 X 生成的凸逆子半群, 用 $X\uparrow$ 表示集合 $\{a \in S: $ 存在 $x \in X$, 使得 $a \geqslant x\}$, 用 $X\downarrow$ 表示集合 $\{a \in S:$ 存在 $x \in X$, 使得 $a \leqslant x\}$. 特别地, 若 $X = \{x\}$, 则将 $X\uparrow$ 和 $X\downarrow$ 分别记为 $x\downarrow$ 和 $x\uparrow$. 如果 $a, b \in S$, 且 $a \leqslant b$, 那么用 $[a,b]$ 表示集合 $\{x \in S: a \leqslant x \leqslant b\}$, 用 $[a,b)$ 表示集合 $\{x \in S: a \leqslant x < b\}$, 甚至也有记号 $(a,b]$ 和 (a,b).

命题 4.4.1 设 S 是逆半群, U 是 S 的逆子半群, 那么 U 是凸逆子半群, 当且仅当 E_U 是 E_S 的凸子半格.

证明 显然, 只需要证明充分性. 假设 E_U 是 E_S 的凸子半格, 并设 $u, v \in U$, $a \in S$, 且 $u \leqslant a \leqslant v$. 那么 $uu^{-1} \leqslant aa^{-1} \leqslant vv^{-1}$, 进而 $aa^{-1} \in E_U$. 于是有 $a = aa^{-1}v \in U$. ■

下面的命题是显然的.

命题 4.4.2 设 S 是逆半群, X 是 S 的子集, 那么

(1) invc$\langle X \rangle = \bigcup\limits_{a,b \in \text{inv}\langle X \rangle} [a,b]$;

(2) invc$\langle X \rangle \subseteq X\downarrow$.

推论 4.4.3 设 S 是逆半群, $U, V \in $ subci$S$, 那么

(1) invc$\langle U \rangle = \bigcup\limits_{a,b \in U} [a,b]$;

(2) $U \vee V = \bigcup\limits_{a,b \in \langle U,V \rangle} [a,b]$.

一般来说, 逆半群 S 的凸逆子半群格 subci$S$ 不是它的逆子半群格 subi$S$ 的子格. 事实上, 设 $C_3 = \{e, f, g\}$ 是有三个元素的链, 且 $e > f > g$. 那么不难验证,

$\mathrm{invc}\langle e,g\rangle = C_3$,而 $\mathrm{inv}\langle e,g\rangle = \{e,g\}$,所以 $\mathrm{subci}C_3$ 不是 $\mathrm{subi}C_3$ 的子格 (见图 4.1 所示).

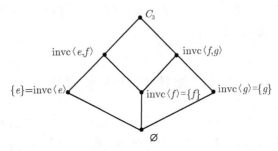

图 4.1 格 $\mathrm{subci}C_3$

不难看出,如果 E 是包含 C_3 的任意半格,那么 $\mathrm{subci}E$ 也不是 $\mathrm{subi}E$ 的子格. 于是根据命题 4.4.1 可得

命题 4.4.4 设 S 是逆半群,那么 $\mathrm{subci}S$ 是 $\mathrm{subi}S$ 的子格,当且仅当 E_S 中任何链的长度小于 2.

设 L 是一个格,在 L 上定义关系 M 如下:aMb,如果对任意的 $x \leqslant b$,总有 $(a \wedge b) \vee x = (a \vee x) \wedge b$. 不难验证,$aMb \Leftrightarrow$ 对任意的 $x \in [a \wedge b, b]$,有 $x = (a \vee x) \wedge b$. 格 L 称为 M 对称格,如果关系 M 是对称关系. M 对称格一定是半模格;如果 L 是有限长的格,那么 M 对称性和半模性是等价的 (有 $n+1$ 个元素的链的长度定义为 n;格 (半格) L 的长度是指 L 中所有链的长度的上确界).

格 L 称为伪可补格,如果 L 有零元 0,且对任意的 $a \in L$,存在满足 $a \wedge a^* = 0$ 的最大元 $a^* \in L$ (a^* 通常称为 a 的伪补元). 格 L 称为弱 (上) 半模格,如果对任意的 $a, b \in L, a, b \succ a \wedge b \Rightarrow a \vee b \succ a, b$.

定理 4.4.5 设 E 是半格,则下列条件等价:

(1) $\mathrm{subci}E$ 是布尔格;

(2) $\mathrm{subci}E$ 是分配格;

(3) $\mathrm{subci}E$ 是模格;

(4) $\mathrm{subci}E$ 是 M 对称格;

(5) $\mathrm{subci}E$ 是半模格;

(6) $\mathrm{subci}E$ 是弱半模格;

(7) $\mathrm{subci}E$ 是下半分配格;

(8) $\mathrm{subci}E$ 是伪可补格;

(9) $\mathrm{subci}E$ 是相对可补格;

(10) $|E| \leqslant 2$.

证明 首先,如果 $|E| \leqslant 2$,那么 $\mathrm{subci}E$ 要么是二元链,要么是四元"菱形"格,

4.4 半格的凸子半群格

所以, 条件 (10) 蕴涵条件 (1)~(9) 中的任何一条.

其次, 因为 (1) $\Rightarrow$ (2) $\Rightarrow$ (3) $\Rightarrow$ (4) $\Rightarrow$ (5) 是显然的, 所以现在只需要证明 (6) $\Rightarrow$ (10), (7) $\Rightarrow$ (10), (8) $\Rightarrow$ (10) 和 (9) $\Rightarrow$ (10).

现在假设 $|E| > 2$.

如果 E 是链, 那么 E 中包含子链 $e > f > g$. 易见, $\mathrm{invc}\langle e, g\rangle = [e, g] = [e, f] \cup [f, g]$, 且 $[f, e] \cap [f, g] = \{f\}$. 下面证明 (6), (7), (8) 和 (9) 都不成立.

因为 $\{e\}, \{g\} \succ \varnothing = \{e\} \cap \{g\}$, 但 $\{e\} \vee \{g\} \supset [f, g] \supset \{g\}$, 所以 subci$E$ 不是弱半模格.

又 $\{f\} \cap \{e\} = \varnothing = \{f\} \cap \{g\}$, 但 $\{f\} \cap (\{e\} \vee \{g\}) = \{f\}$, 所以 subci$E$ 也不是下半分配格.

subci$E$ 也不是伪补格, 这是因为 $\{f\}$ 在 subci$E$ 中显然没有伪补元.

再假设 A 是 $\{f\}$ 在区间 $[\varnothing, E]$ 中的补元, 那么 $A \cap \{f\} = \varnothing$, $A \vee \{f\} = E$, 进而 $e, g \in \{f\} \vee A$. 此时, 根据命题 4.4.2 知, $e, g \in A$. 这样, $\{f\} \cap A \neq \varnothing$, 这是矛盾. 所以 subci$E$ 也不是相对可补格.

如果 E 不是链, 那么 E 中包含元素 e, g 和 f, 使得 $e \| g$, 且 $f = eg$. 由命题 4.4.2 可知, $\mathrm{invc}\langle e, g\rangle = [f, e] \cup [f, g]$, 而 $[f, e] \cap [f, g] = \{f\}$. 下面仍然要证明 (6), (7), (8) 和 (9) 都不成立.

由 $\{e\}, \{g\} \succ \varnothing = \{e\} \cap \{g\}$ 以及 $\{e\} \vee \{g\} \supset [f, g] \supset \{g\}$ 即可知, subci$E$ 不是弱半模格.

又由 $\{f\} \cap \{e\} = \varnothing = \{f\} \cap \{g\}$ 以及 $\{f\} \cap (\{e\} \vee \{g\}) = \{f\}$ 知, subci$E$ 也不是下半分配格. 同时, $\{f\}$ 在 subci$E$ 中没有伪补元, 所以 subci$E$ 也不是伪补格.

再假设 A 是 $\{f\}$ 在区间 $[\varnothing, E]$ 中的补元, 那么 $A \cap \{f\} = \varnothing$, $A \vee \{f\} = E$, 进而 $e, g \in \{f\} \vee A$. 此时, 根据命题 4.4.2 知, $e, g \in A$. 这样, $\{f\} \cap A \neq \varnothing$, 这是矛盾. 所以 subci$E$ 也不是相对可补格. ∎

半格 E 称为树, 如果 $x, y \in E$, 且 $x \| y$, 那么不存在 $z \in E$, 使得 $x < z$ 和 $y < z$, 即 E 是树, 如果 E 中不存在有公共上界的两个不可比较的元素. 显然, 半格 E 是树, 当且仅当 E 的每个主理想是链.

引理 4.4.6 设 E 是半格, 则下列条件等价:

(1) E 是树;

(2) 若 $A, B \in \mathrm{subci} E$, $A \cap B \neq \varnothing$, 则 $A \vee B = A \cup B$;

(3) 若 $A, B \in \mathrm{subci} E$, 则对任意的 $a \in A$, 有 $A \vee B = A \cup \bigcup_{b \in B} \mathrm{invc}\langle a, b\rangle$;

(4) 若 $A, B \in \mathrm{subci} E$, $A \cap B \neq \varnothing$, 则 $\mathrm{inv}\langle A, B\rangle = A \cup B$.

证明 (1) $\Rightarrow$ (2) 设 E 是树, $A, B \in \mathrm{subci} E$, 且 $A \cap B \neq \varnothing$. 为了证明 $A \vee B = A \cup B$, 只需要证明 $A \cup B \in \mathrm{subci} E$ 即可. 设 $e \in A \cap B$, $a \in A$, $b \in B$. 因为

$e \geqslant ea$, 且 $e \geqslant eb$, 所以 ea 和 eb 是可比的 (因为 E 是树). 由此有 $eab \in A \cup B$, 并由 $eab \leqslant ab \leqslant a, b$ 可知, $ab \in A \cup B$. 假设 $x \in E$ 且 $a \geqslant x \geqslant b$, 那么由 $a \geqslant x$ 和 $a \geqslant ea$ 得, x 和 ea 是可比的. 若 $x \geqslant ea$, 则 $x \in A$(因为 $ea \in A$); 若 $x < ea$, 则 $e \geqslant ea \geqslant x \geqslant b$, 从而 $x \in B$.

(2) $\Rightarrow$ (3) 设 (2) 成立, 则对任意的 $a \in A$, 总有

$$A \vee B = A \cup (\text{invc}\langle a \rangle \vee B).$$

于是, 对任意的 $b, c \in B$, 有

$$\text{invc}\langle a \rangle \vee \text{invc}\langle b, c \rangle = \text{invc}\langle a, b \rangle \cup \text{invc}\langle a, c \rangle.$$

故 $\text{invc}\langle a \rangle \vee B = \bigcup_{b \in B} \text{invc}\langle a, b \rangle$, 由此即可证明 (3) 成立.

(3) $\Rightarrow$ (2) 只要取 $a \in A \cap B$ 即可证明.

(2) $\Rightarrow$ (4) 显然.

(4) $\Rightarrow$ (1) 设 (4) 成立, 但假设 E 不是树, 则存在 $e, f, g \in E$, 使得 $f \| g$, 且 $e > f$, $e > g$. 因此 $fg \in [f, e] \vee [g, e]$, 但 $fg \notin [f, e] \cup [g, e]$, 这是矛盾, 故 E 一定是树. ∎

格 L 称为下半模格, 如果对任意的 $a, b \in L$, $a \vee b \succ a \Rightarrow a \succ a \wedge b$. 格 L 称为弱下半模格, 如果对任意的 $a, b \in L$, $a \vee b \succ a, b \Rightarrow a, b \succ a \wedge b$.

格 L 上的 M^* 关系是 M 关系的对偶: $aM^*b \Leftrightarrow x = (a \wedge x) \vee b$, 其中 $x \in [b, a \vee b]$. 格 L 称为 M^* 对称格, 如果关系 M^* 是对称关系. 不难看出, M^* 对称格一定是下半模格.

有最小元的偏序集 P 的元素 a 叫做原子, 如果 a 覆盖 P 的最小元.

引理 4.4.7[50] 任何上半分配的原子格 (即每个元素是一些原子的并) 是 M^* 对称格.

定理 4.4.8 设 E 是半格, 则下列条件等价:

(1) $\text{subci}E$ 是上半分配格;

(2) $\text{subci}E$ 是 M^* 对称格;

(3) $\text{subci}E$ 是下半模格;

(4) 对任意的 $A, B \in \text{subci}E$, $B \succ A$ 当且仅当 $A \subset B$, 且 $|B \setminus A| = 1$;

(5) E 是树.

证明 (1) $\Rightarrow$ (2) 因为 $\text{subci}E$ 是原子格, 因此根据引理 4.4.7 即可证.

(2) $\Rightarrow$ (3) 由前面的注释即可证.

(3) $\Rightarrow$ (5) 假设 $\text{subci}E$ 是下半模格, 但 E 不是树, 那么存在 $e, f, h \in E$, 使得 $e \| f$, 且 $e, f < h$. 令 $g = ef$, $F = [g, h]$.

根据 Zorn 引理知, F 包含一个满足 $f \notin G$ 和 $[e, h] \subseteq G$ 的极大凸子半格 G. 显然, $g \notin G$(否则由 $g < f < h$ 得 $f \in G$). 注意到 F 的真包含 G 的凸子半格

都包含 f 和 g, 因此 G 是 subci$F$ 中的极大元. 由此得 $F = G \vee \mathrm{invc}\langle e,f \rangle \succ G$, 且 $G \cap \mathrm{invc}\langle e,f \rangle \subset [g,e]$ (因为 $g \notin G$, 且对任意的 $x \in [g,f]$, $ex = g$). 这样, $[g,e] \subset \mathrm{invc}\langle e,f \rangle$, 所以有 $\mathrm{invc}\langle e,f \rangle \not\succ G \cap \mathrm{invc}\langle e,f \rangle$, 这说明 subci$F$ 不是下半模格. 但另一方面, 由 subci$E$ 的下半模性容易看出 subci$F$ 是下半模格, 这是矛盾. 故 E 是树.

(5) $\Rightarrow$ (1) 设 $A, B, C \in$ subci$E$, 且 $A \vee B = A \vee C$. 下面证明 $A \vee (B \cap C) = A \vee B$. 易见, 如果 $A = \emptyset$, 或者 $B \cup C \subseteq A$, 则 $A \vee (B \cap C) = A \vee B$. 以下假设 $A \neq \emptyset$, 且 $B, C \not\subseteq A$.

设 $x \in A \vee B$, 但 $x \notin A$, 并设 $e \in A$, 则由命题 4.4.6 知, 存在 $b \in B \backslash A$, 使得 $x \in \mathrm{invc}\langle e,b \rangle = [eb,e] \cup [eb,b]$. 又因为 $b \in A \vee C$, 所以由命题 4.4.6 知, 存在 $c \in C \backslash A$, 使得 $b \in \mathrm{invc}\langle e,c \rangle = [ec,e] \cup [ec,c]$; 类似地, 存在 $d \in B \backslash A$, 使得 $c \in \mathrm{invc}\langle e,d \rangle = [ed,e] \cup [ed,d]$.

若 $b \in [ec,c]$, 且 $c \in [ed,d]$, 则 $b \leqslant c$, 且 $c \leqslant d$, 因此 $b \leqslant c \leqslant d$, 即 $c \in B \cap C$(因为 $b, d \in B$). 这样, $x \in A \vee (B \cap C)$.

若 $b \in [ec,c]$, 且 $c \in [ed,e]$, 则 $b \leqslant c$, 且 $c \leqslant e$, 因此 $b = c \in B \cap C$ (因为 $ec = c$), 故有 $x \in A \vee (B \cap C)$.

若 $b \in [ec,e]$, 且 $c \in [ed,d]$, 则 $c \leqslant d$. 另一方面, 存在 $h \in C \backslash A$, 使得 $d \in \mathrm{invc}\langle e,h \rangle = [eh,e] \cup [eh,h]$. 当 $d \in [eh,h]$ 时, $c \leqslant d \leqslant h$, 进而 $d \in C \cap B$ (因为 $c, h \in C$). 这样, $c \in A \vee (B \cap C)$, 由此得 $b \in A \vee (B \cap C)$, 故有 $x \in A \vee (B \cap C)$. 当 $d \in [eh,e]$ 时, $d = ed$, 所以 $c = d \in B \cap C$. 于是得 $b \in A \vee (B \cap C)$, 故也有 $x \in A \vee (B \cap C)$.

若 $b \in [ec,e]$, 且 $c \in [ed,e]$, 则 $ed \leqslant c = ec \leqslant b \leqslant e$, 因此 $ed = bd \in B$, 于是有 $c \in B \cap C$. 从而可得 $b \in A \vee (B \cap C)$, 故也有 $x \in A \vee (B \cap C)$.

这样就证明了 $A \vee (B \cap C) = A \vee B$.

(1) $\Rightarrow$ (4) 假设 $B \succ A$. 若 $A = \emptyset$, 则 $|B| = 1$. 现在设 $A \neq \emptyset$. 设 $a \in A$, 并设 $b, c \in B \backslash A$, 那么 $A \vee \{b\} = A \vee \{c\} = B$. 于是由上半分配性知, $A \vee (\{b\} \cap \{c\}) = B$, 由此得 $b = c$.

(4) $\Rightarrow$ (3) 显然. ∎

偏序集 P 称为满足降链条件, 如果对 P 中任何形如 $a_1 \geqslant a_2 \geqslant \cdots \geqslant a_n \geqslant \cdots$ 的链都存在 k, 使得 $a_k = a_{k+1} = a_{k+2} = \cdots$. 偏序集 P 满足降链条件, 当且仅当 P 的任何非空子集是有极小元的偏序集.

定理 4.4.9 设 E 是满足降链条件的半格, 则 subci$E$ 是弱下半模格, 当且仅当 E 是树.

证明 只需要证明必要性, 这个证明仅仅是修改了定理 4.4.8 中 (3) $\Rightarrow$ (5) 的证明. 假设 subci$E$ 是弱下半模格, 但 E 不是树, 那么存在 $e, f, h \in E$, 使得 $e \| f$, 且

$e, f < h$. 令 $g = ef$, $F = [g, h]$, 则 subci$F$ 是弱下半模格. 由降链条件, 可以假设 $e \succ g$, 并可以假设 h 是满足 $h > e$ 和 $h > f$ 的最小元. 令 $G = [e, h]$. 由于对任意的 $a \notin G$, 有 $ea = g$, 所以 $F \succ G$. 再令 $H = F \setminus \{h\}$. 易见, $H \in \text{subci}F$, 且 $G \cap H = [e, h)$, 同时, $F = G \vee H$, 且 $F \succ H$. 利用命题 4.4.2 知, $[e, h) \vee \{g\} = \bigcup\limits_{a \in [e,h)} [g, a]$. 由此可知 $f \notin [e, h) \vee \{g\}$, 故 $H \supset [e, h) \vee \{g\} \supset G \cap H$, 即 $H \not\succ G \cap H$, 这就是说 subci$F$ 不是弱下半模格, 矛盾. ∎

定理 4.4.9 中, 如果没有 "满足降链条件" 的限制, 则 subci$E$ 的弱下半模性未必蕴涵 E 是树. 看下面的例子.

设半格 $E = X \cup \{e, f, 0\}$, 其中 $\{e, f, 0\}$ 是三元素半格, 但不是链, 而 $X = \{1 = x_0 > x_1 > \cdots\}$ 是同构于 C_ω 的链, 且 X 中的每个元素都大于 e 和 f. 显然, E 不是树, 且 E 不满足降链条件.

现在设 $A, B \in \text{subci}E$, 并使得 $A \vee B \succ A$, 且 $A \vee B \succ B$. 注意到 $[e, 1]$ 和 $[f, 1]$ 以及 $\{e, f, 0\}$ 都是树, 因此当 $A \vee B$ 包含在 $[e, 1]$ 或者 $[f, 1]$ 或者 $\{e, f, 0\}$ 中时, 由定理 4.4.8 即可得 $A, B \succ A \cap B$. 下面假设 $A \vee B$ 包含某个 x_i, 并同时包含 e 和 f. 此时, $0 \in A \vee B$, 进而 $A \vee B = [0, x_i]$. 因为 $x_i \downarrow \cong E$, 所以不失一般性, 可设 $x_i = x_0$, 即 $A \vee B = E$. 这样, $1 \in A \cup B$, 并不妨设 $1 \in A$. 由此不难看出, 必有 $e \in A$ 或者 $f \in A$ (否则, $A \subseteq X \subset [e, 1] \subset E = A \vee B$, 这和 $A \vee B \succ A$ 矛盾). 不妨设 $e \in A$. 由 $A \neq E$ 容易得 $0 \notin A$, 进而 $A = [e, 1]$.

若 $1 \in B$, 则 $B = [f, 1]$, 因此 $A \succ X = A \cap B$, 且 $B \succ X = A \cap B$.

若 $1 \notin B$, 则 $0 \in B$ (否则, $B \subset B \cup \{0\} \subset E$), 因此又有 $x_1 \in B$ (否则, $B \subset B \cup \{x_1\} \subset E$). 由此可得 $B = [0, x_1]$, 进而 $A \cap B = [e, x_1]$. 这样, $A \setminus (A \cap B) = \{1\}$, 且 $B \setminus (A \cap B) = \{0, f\}$. 于是, $A \succ A \cap B$, 并由 $[e, x_1] \vee \{0\} = [e, x_1] \vee \{f\} = [0, x_1]$ 还可得 $B \succ A \cap B$. 这说明 subci$E$ 是弱下半模格.

在半格 E 中, 如果 $e, f \in E$ 在 E 中有上确界, 则将其表示为 $e \diamond f$. 不难验证, 如果 $e, f, z \in E$, $e \leqslant z$, $f \leqslant z$, 那么 $e \diamond f = z$ 当且仅当 $[e, z] \cap [f, z] = \{z\}$.

半格 E 称为上半分配半格, 如果 $e, f, g \in E$, 当 $e \diamond f = e \diamond g$ 时, 则 $e \diamond (fg)$ 存在, 且 $e \diamond (fg) = e \diamond f$.

定理 4.4.10 半格 E 是上半分配半格, 当且仅当对任意的 $e \in E$, subci$E$ 的区间 $[\{e\}, E]$ 是伪可补格.

证明 充分性. 设 $e, f, g, z \in E$, 且 $e \diamond f = e \diamond g = z$, 那么 $[f, z] \cup [g, z] \subseteq [e, z]^*$, 其中 $[e, z]^*$ 是 $[e, z]$ 在 $[\{z\}, E]$ 中的伪补元, 进而 $[f, z] \vee [g, z] = [fg, z] \subseteq [e, z]^*$. 于是, $[fg, z] \cap [e, z] \subseteq [e, z]^* \cap [e, z] = \{z\}$, 这样就有 $e \diamond (fg) = z = e \diamond f$. 故 E 是上半分配半格.

4.4 半格的凸子半群格

必要性. 设 $z \in E$, 并设 $A \in [\{z\}, E]$. 令

$$B = \{t \in E : e \diamond (tz) = z \text{ 对所有满足 } e \leqslant z \text{ 的 } e \in A \text{ 都成立}\},$$

$$C = \{t \in E : t \geqslant z \Rightarrow [z, t] \cap A = \{z\}\}.$$

显然, $z \in B \cap C$, 并由 E 的上半分配性不难得 $B, C \in \text{subci} E$. 下证 $B \cap C$ 就是 A 在 $[\{z\}, E]$ 中的伪补元.

设 $t \in A \cap (B \cap C)$, 则 $tz \in A$, 因此 $(tz) \diamond (tz) = z$, 即 $t \geqslant z$. 由此可得 $[z, t] \cap A = \{z\}$, 进而 $t = z$, 所以 $A \cap (B \cap C) = \{z\}$. 如果假设 $X \in [\{z\}, E]$, 且 $A \cap X = \{z\}$, 并设 $f \in X$, 那么 $[fz, z] \subseteq X$, 且对任意的 $e \in A$ 以及 $e \leqslant z$, 有 $[e, z] \subseteq A$, 从而 $[e, z] \cap [fz, z] \subseteq A \cap X = \{z\}$, 由此有 $e \diamond (fz) = z$. 这样, $f \in B$. 若 $f \geqslant z$, 则 $[z, f] \cap A \subseteq X \cap A = \{z\}$, 所以 $f \in C$. 故有 $X \subseteq B \cap C$. 这证明了 $B \cap C$ 是 A 在 $[\{z\}, E]$ 中的伪补元. ∎

定理 4.4.11 设 E 是半格.

(1) 如果对任意的 $e \in E$, $\text{subci} E$ 的区间 $[\{e\}, E]$ 是下半分配格, 那么 E 是上半分配半格;

(2) 如果 E 满足降链条件, 那么 E 是上半分配半格, 当且仅当对任意的 $e \in E$, $\text{subci} E$ 的区间 $[\{e\}, E]$ 是下半分配格.

证明 (1) 设 $e, f, g, z \in E$, 且 $e \diamond f = e \diamond g = z$. 和定理 4.4.10 的证明类似可知, $[e, z] \cap [f, z] = [e, z] \cap [g, z] = \{z\}$. 于是由 $[\{e\}, E]$ 的下半分配性得 $[e, z] \cap ([f, z] \vee [g, z]) = \{z\}$, 由此有 $[e, z] \cap [fg, z] = \{z\}$, 即 $e \diamond (fg) = z$. 故 E 是上半分配半格.

(2) 充分性在 (1) 中已经证明, 所以只需证明必要性. 设 $e \in E$, 并设 $A, B, C \in [\{e\}, E]$, 且 $A \cap B = A \cap C$. 由于 E 满足降链条件, 因此 $A \cap B \cap C$ 中包含极小元, 不妨设其为 z. 任取 $a \in A \cap (B \vee C)$. 因为 $a \in B \vee C$, 所以根据推论 4.4.3 不难得, 存在 $d \in B \cup C$ 以及 $b \in B$ 和 $c \in C$, 使得 $bc \leqslant a \leqslant d$. 易见, $[az, z] \cap [bz, z] \subseteq A \cap B = A \cap B \cap C$, 所以由 z 的选择可得, $[az, z] \cap [bz, z] = \{z\}$, 即 $(az) \diamond (bz) = z$. 类似地, $(az) \diamond (cz) = z$. 于是根据 E 的上半分配性即有 $(az) \diamond (bcz) = z$, 由此得 $az = z \in A \cap B$, 进而 $a \in B \cup C$ (因为 $az \leqslant a \leqslant d$), 从而 $a \in A \cap B$. 这样就证明了 $A \cap (B \vee C) = A \cap B$, 故 $[\{e\}, E]$ 是下半分配格. ∎

下面的例子说明, 如果没有降链条件的限制, 定理 4.4.11 中 (2) 的必要性未必成立.

设半格 $E = B \cup X \cup C \cup \{b, c, 0, x\}$ (见图 4.2), 其中 $B = \{b_0 > b_1 > b_2 > \cdots\}$, $C = \{c_0 > c_1 > c_2 > \cdots\}$, $X = \{x_0 > x_1 > x_2 > \cdots\}$ 是两两不交的且都同构于 C_ω 的三个链, $\{b, c, 0, x\}$ 是 "菱形" 半格, 并且 $bc = 0$; $b \diamond c = x$; $b_i < x_k \Leftrightarrow k \leqslant 2i + 1$; $c_i < x_k \Leftrightarrow k \leqslant 2i$; $b < b_i$; $c < c_i$; $x < x_i$, 这里 $i, k = 0, 1, 2, \cdots$.

不难验证, 图 4.2 所示的 E 是上半分配半格, 且显然 E 不满足降链条件. 然而 subci$E$ 的区间 $[\{x_0\}, E]$ 不是下半分配格, 这是因为若令 $X' = X \cup \{x\}$, $U = B \cup X$, $V = C \cup X$, 那么 $X', U, V \in$ subci$E$, 且 $X' \cap U = X = X' \cap V$, 但由 $b_0 c_0 = bc = 0$ 可知, $X' \cap (U \vee V) = X' \neq X$.

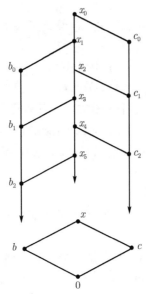

图 4.2 半格 $E = B \cup X \cup C \cup \{b, c, 0, x\}$

称半格 E 是下半分配半格, 如果对任意的有公共上界的 $e, f, g \in E$, 当 $ef = eg$ 时, 那么存在 f 和 g 的上界 h, 使得 $eh = ef$.

定理 4.4.12 设 E 是半格.

(1) 如果对任意的 $e \in E$, subci$E$ 的区间 $[\{e\}, E]$ 是上半分配格, 那么 E 是下半分配半格;

(2) 如果 E 满足降链条件, 那么 E 是下半分配半格, 当且仅当对任意的 $e \in E$, subci$E$ 的区间 $[\{e\}, E]$ 是上半分配格.

证明 (1) 设 $e, f, g, z \in E$, 且 $e \| f$, $e \| g$; $ef = eg = z$; $e, f, g \leqslant u$. 那么 $[f, u] \vee [e, u] = [z, u] = [g, u] \vee [e, u]$, 于是由 $[\{u\}, E]$ 是上半分配格可得, $[z, u] = ([f, u] \cap [g, u]) \vee [e, u]$. 注意到 $z \notin [e, u]$, 所以存在 $k \in [e, u]$ 和 $h \in [f, u] \cap [g, u]$, 使得 $z \geqslant kh$, 故 $z = eh$.

(2) 假设 E 满足降链条件, 且 E 是下半分配半格. 设 $e \in E$, $A, B, C \in [\{e\}, E]$, 且 $A \vee B = A \vee C$. 设 $b \in B \backslash A$, 则 $b \in A \vee C$. 因此, 要么 $b \in A \downarrow$, 要么存在 $c \in C \backslash A$, 使得 $b \leqslant c$. 类似地, 必有 $c \in A \downarrow$, 或者存在 $b_1 \in B \backslash A$, 使得 $c \leqslant b_1$.

如果 $b \leqslant c \leqslant b_1$, 则 $c \in B \cap C$, 所以 $b \in A \downarrow \cup (B \cap C) \downarrow$. 根据降链条件知, $A \vee B$

中包含最小元 m, 进而存在 $a_1 \in A$ 以及 $b' \in B$, 使得 $m = a_1 b'$. 同时由于 $m \in A \vee C$, 因此也存在 $a_2 \in A$ 和 $c' \in C$, 使得 $m = a_2 c'$. 不失一般性, 可以假设 $a_1 = a_2 = a$, 又因为 $m \leqslant e$, 所以也可以假设 $a, b', c' \leqslant e$. 根据 E 的下半分配性知, 存在 b', c' 的上界 h, 使得 $m = ha$. 现在还可以假设 $h \leqslant e$. 于是有 $h \in [b', e] \cap [c', e] \subseteq B \cap C$ 以及 $m \in A \vee (B \cap C)$. 注意到 $b \geqslant m$, 所以 $b \in A \vee (B \cap C)$, 故有 $A \vee (B \cap C) = A \vee B$, 从而 $[\{e\}, E]$ 是上半分配格. ∎

设半格 $E = B_0 \cup X_0 \cup C_0 \cup \{e\}$ (见图 4.3), 其中 $B_0 = \{b_0 > b_1 > b_2 > \cdots\}$, $C_0 = \{c_0 > c_1 > c_2 > \cdots\}$, $X_0 = \{x_0 > x_1 > x_2 > \cdots\}$ 是两两不交的且都同构于 C_ω 的三个链, e 是 E 中的最大元, 且 $b_i > x_k \Leftrightarrow k \geqslant 2i$; $c_i > x_k \Leftrightarrow k \geqslant 2i - 1$, 这里 $i, k = 0, 1, 2, \cdots$. 令 $A = [x_0, e]$, $B = B_0 \cup \{e\}$, $C = C_0 \cup \{e\}$, 则 $A, B, C \in [\{e\}, E]$. 显然, $B \cap C = \{e\}$. 又因为 $x_0 b_i = x_{2i}$, $\mathrm{invc}\langle X \cup \{e\}\rangle = E$, 所以 $A \vee B = E$, 其中 $i = 0, 1, 2, \cdots$. 对称地也有 $A \vee C = E$. 另一方面, $A \vee (B \cap C) = A \vee \{e\} = A \neq E = A \vee B$, 这就是说 $[\{e\}, E]$ 不是上半分配格. 但容易验证, E 是下半分配半格. 这个例子说明, 定理 4.4.12 中 (1) 的逆命题一般是不成立的.

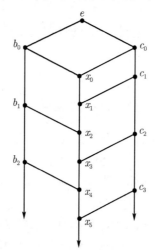

图 4.3 $E = B_0 \cup X_0 \cup C_0 \cup \{e\}$

定理 4.4.13 设 E 是半格, 则下列条件等价:
(1) 对任意的 $e \in E$, subci$E$ 的区间 $[\{e\}, E]$ 是分配格;
(2) 对任意的 $e \in E$, subci$E$ 的区间 $[\{e\}, E]$ 是模格;
(3) 对任意的 $e \in E$, subci$E$ 的区间 $[\{e\}, E]$ 是 M 对称格;
(4) 对任意的 $e \in E$, subci$E$ 的区间 $[\{e\}, E]$ 是 M^* 对称格;
(5) 对任意的 $e \in E$, subci$E$ 的区间 $[\{e\}, E]$ 是下半模格;
(6) E 是树.

证明 由命题 4.4.6 知, 如果 E 是树, 那么对任意的 $e \in E$ 以及 $A, B \in [\{e\}, E]$, 有 $A \vee B = A \cup B$, 所以 $[\{e\}, E]$ 是分配格. 这样, (6) 蕴涵 (1)~(5) 中的每一个. 另外, (5) ⇒ (6) 的证明和定理 4.4.8 中 (3) ⇒ (5) 的证明是一样的.

下面证明 (3) ⇒ (6). 假设 E 不是树, 则存在 $e, f, g, h \in E$, 使得 $e \| f$; $ef = g$, 且 $e, f \leqslant h$. 令 $F = [g, h] \in \mathrm{subci}E$, 并设 $A = \mathrm{invc}\langle e, f \rangle$, $B = [f, h]$. 易见, $A \cap B = \{f\}$, 所以 $A, B \in [\{f\}, E]$. 假设 $C \in [A \cap B, B]$, $d \in (A \vee C) \cap B$, 则由命题 4.4.2 可得, 要么存在 $a \in A$, 使得 $d \leqslant a$, 即 $d \leqslant e$ 或者 $d \leqslant f$; 要么存在 $c \in C$, 使得 $d \leqslant c$. 又因为 $d \in B$, 因此 $d \geqslant f$, 这样 $d \not\leqslant e$. 于是可得 $d \in C$, 进而 $(A \vee C) \cap B = C$, 这样有 AMB. 然而, 由于 $[g, f] \in [A \cap B, A]$, 而 $[g, f] \vee B = [g, h] = F$, 所以 $([g, f] \vee B) \cap A = A \neq [g, f]$, 这就是说 $(B, A) \notin M$, 这是矛盾. ∎

定理 4.4.14 设 E 是半格, 且 E 满足降链条件, 则下列条件等价:
(1) 对任意的 $e \in E$, $\mathrm{subci}E$ 的区间 $[\{e\}, E]$ 是弱下半模格;
(2) 对任意的 $e \in E$, $\mathrm{subci}E$ 的区间 $[\{e\}, E]$ 是半模格;
(3) 对任意的 $e \in E$, $\mathrm{subci}E$ 的区间 $[\{e\}, E]$ 是弱半模格;
(4) E 是树.

证明 (1) ⇒ (4) 的证明和定理 4.4.9 的证明完全类似, 所以只需要证明 (3) ⇒ (4).

假设 E 不是树, 则集合

$$T = \{r \in E : 存在 s, t \in E, 使得 s \| t, 且 s, t \leqslant r\}$$

非空. 由于 E 满足降链条件, 因此 T 中存在极小元. 设 u 是 T 的一个极小元, 并设 $a, b \in E$, $a \| b$, 且 $a, b \leqslant u$, 则根据 u 的极小性知, $u = a \diamond b$. 再一次利用降链条件还可知, 存在 $e \in [ab, a]$ 和 $f \in [ab, b]$, 使得 $e \succ ab$ 和 $f \succ ab$, 进一步, 有 $u = e \diamond f$, 且 $e \| f$ 以及 $ef = ab$. 令 $F = [ef, e \diamond f] = [ef, u]$.

设 $A = [e, u]$, $B = [ef, e] \vee [e, u]$, 则 $A, B \in [\{e\}, E]$. 假设 $x \in B$, 且 $x \| e$, 那么根据命题 4.4.2 可知, 存在 $z \in [e, u)$, 使得 $x \leqslant z$, 这样有 $e, b \leqslant z$, 即 $z \in T$. 但注意到 $z < u$ 以及 u 是 T 的极小元, 这是矛盾. 所以 $B = [ef, e] \cup [e, u)$. 此时, $A \cap B = [e, u)$, 进而 $A \backslash B = \{u\}$, 而 $B \backslash A = \{ef\}$ (因为 $e \succ ef$). 由此得 $A, B \succ A \cap B$, 但 $B \subset B \vee \{f\} \subset F = A \vee B$, 这是矛盾 (因为 (3) 成立, 所以 $[\{e\}, E]$ 是弱下半模格). ∎

最后也指出, 在定理 4.4.14 中, 如果 E 不满足降链条件, 那么 (1) ((2), (3)) ⇒ (4) 一般来说不成立. 比如, 半格 $E = X \cup \{e, f, 0\}$, 其中 $\{e, f, 0\}$ 是三元素半格, 但不是链, 而 $X = \{1 = x_0 > x_1 > \cdots\}$ 是同构于 C_ω 的链, 且 X 中的每个元素都大于 e 和 f. 可以验证, 对任意的 $t \in E$, $\mathrm{subci}E$ 的区间 $[\{t\}, E]$ 是半模格 (当然是弱半模格), 也是弱下半模格 (由于篇幅所限, 所以读者自己去验证), 但显然 E 不是树.

第五章　π 逆半群的全 π 逆子半群格

第二章讨论了具有各种类型 π 逆子半群格的 π 逆半群的性质和特征, 这一章将研究 π 逆半群的全 π 逆子半群格.

如果 S 是 π 逆半群, 那么用 $\pi\langle\!\langle X\rangle\!\rangle$ 表示由 S 的子集 X 生成的全 π 逆子半群; 用 $\mathrm{subf}\pi S$ 表示 S 的所有全 π 逆子半群构成的集合, 显然, $\mathrm{subf}\pi S$ 是格. 事实上, $\mathrm{subf}\pi S$ 是 $\mathrm{sub}\pi S$ 的完全子格, 且根据命题 2.1.6, 对任意的 $A, B \in \mathrm{subf}\pi S$, 有

$$A \wedge B = A \cap B, \qquad A \vee B = \langle A, B \rangle.$$

$\mathrm{subf}\pi S$ 也是 S 的子半群格 $\mathrm{sub}S$ 的完全子格. 如果 S 是逆半群, 那么显然, $\mathrm{subf}\pi S = \mathrm{subfi}S$.

像逆半群一样, 称 π 逆半群 S 为 $\mathcal{P}$π 逆半群, 如果 S 的全 π 逆子半群格 $\mathrm{subf}\pi S$ 具有性质 $\mathcal{P}$, 比如, S 是分配 π 逆半群, 那是指 S 的全 π 逆子半群格 $\mathrm{subf}\pi S$ 是分配格, 等等.

在本章的 5.1 节中, 讨论 $\mathrm{subf}\pi S$ 是分配格的 π 逆半群, 在 5.2 节中, 讨论 $\mathrm{subf}\pi S$ 是链的 π 逆半群, 特别地, 还要研究强 π 逆半群的情形.

这一章的结果主要来自文献 [51],[52].

5.1　分配 π 逆半群

设 S 是 π 逆半群, $J \in S/\mathcal{J}$. 根据命题 2.1.13, 要么 $J \subseteq \mathrm{Reg}S$, 要么 $J \cap \mathrm{Reg}S = \varnothing$. 因此, 主因子 $\mathrm{PF}(J)$ 要么是 0 单逆半群, 要么是零积半群 (即 2 幂零半群). 在前一种情况下, J 被称为正则 $\mathcal{J}$ 类, 而在后一种情况下, J 被称为奇异 $\mathcal{J}$ 类.

引理 5.1.1　设 S 是 π 逆半群, $J \in S/\mathcal{J}$ 是 S 的正则 $\mathcal{J}$ 类, 且 $A, B \in \mathrm{subf}\pi S$, 那么

$$(A \vee B) \cap J = \langle A \cap J, B \cap J \rangle \cap J.$$

证明　设 $x \in (A \vee B) \cap J$, 则存在 $x_1, x_2, \cdots, x_n \in A \cup B$, 使得 $x = x_1 x_2 \cdots x_n$, 其中 $n \in Z^+$. 因为 J 是正则 $\mathcal{J}$ 类, 因此, $x \in \mathrm{Reg}S$. 进而, 根据引理 1.2.3, 存在 $e_1, e_2, \cdots, e_n \in E_S$, 使得 $x = (e_1 x_1)(e_2 x_2) \cdots (e_n x_n)$, 且对每个 i, 有 $e_i x_i \mathcal{D} x$. 从而, $e_i x_i \in (A \cap J) \cup (B \cap J)$. 这样 $x \in \langle A \cap J, B \cap J \rangle \cap J$, 所以, $(A \vee B) \cap J \subseteq \langle A \cap J, B \cap J \rangle \cap J$. 而 $(A \vee B) \cap J \supseteq \langle A \cap J, B \cap J \rangle \cap J$ 是显然的, 于是有 $(A \vee B) \cap J = \langle A \cap J, B \cap J \rangle \cap J$. ∎

设 S 是 π 逆半群, $J \in S/\mathcal{J}$, $A, B \in \mathrm{subf}\pi S$. 令

$$N(J) = \langle E_S \rangle \cup \{K \in S/\mathcal{J} : K < J\},$$

$$I(J) = \langle E_S \rangle \cup \{K \in S/\mathcal{J} : K \leqslant J\}.$$

不难验证, $N(J), I(J) \in \mathrm{subf}\pi S$, 且 $I(J) = N(J) \cup J$. 所以, $[N(J), I(J)]$ 是 $\mathrm{subf}\pi S$ 的一个区间. 对任意的 $A \in \mathrm{subf}\pi S$, 记

$$A_J = (A \cap J) \cup N(J) = (A \cap I(J)) \cup N(J).$$

则 $A_J \in [N(J), I(J)]$. 易见, 对任意的 $A, B \in \mathrm{subf}\pi S$, 有

$$A_J = B_J \Leftrightarrow A \cap J = B \cap J.$$

而当 $A \in [N(J), I(J)]$ 时, $A_J = A$.

引理 5.1.2 设 S 是 π 逆半群, $J \in S/\mathcal{J}$ 是 S 的正则 $\mathcal{J}$ 类, 定义映射 φ_J 如下: 对任意的 $A \in \mathrm{subf}\pi S$, $A\varphi_J = (A \cap J) \cup \{0\}$. 那么

(1) φ_J 是 $\mathrm{subf}\pi S$ 到 $\mathrm{subf}\pi(\mathrm{PF}(J))$ 的满同态;

(2) φ_J 在区间 $[N(J), I(J)]$ 上的限制是同构, 因此

$$[N(J), I(J)] \cong \mathrm{subf}\pi(\mathrm{PF}(J)) = \mathrm{subfi}(\mathrm{PF}(J)).$$

证明 显然, φ_J 是 $\mathrm{subf}\pi S$ 到 $\mathrm{subf}\pi(\mathrm{PF}(J))$ 的映射.

首先, 对任意的 $A, B \in \mathrm{subf}\pi S$, 有

$$\begin{aligned}(A \cap B)\varphi_J &= ((A \cap B) \cap J) \cup \{0\} \\ &= ((A \cap J) \cup \{0\}) \cap ((B \cap J) \cup \{0\}) \\ &= A\varphi_J \cap B\varphi_J,\end{aligned}$$

而根据引理 5.1.1, 又有

$$\begin{aligned}(A \vee B)\varphi_J &= ((A \vee B) \cap J) \cup \{0\} \\ &= (\langle A \cap J, B \cap J \rangle \cap J) \cup \{0\} \\ &= ((A \cap J) \cup \{0\}) \vee ((B \cap J) \cup \{0\}) \\ &= A\varphi_J \vee B\varphi_J,\end{aligned}$$

这证明了 φ_J 是同态.

另一方面, 对任意的 $C \in \mathrm{subf}\pi(\mathrm{PF}(J))$, 记 $D = (C \backslash \{0\}) \cup N(J)$, 并任取 $x, y \in D$. 若 $x, y \in C$, 则要么 $J_{xy} < J_x = J$, 进而 $xy \in N(J)$, 要么 $J_{xy} = J_x = J$, 进而 $xy \in C$; 若 $x \in C$ 且 $y \in N(J) \backslash E_S$, 则 $J_{xy} \leqslant J_y < J$, 进而 $xy \in N(J)$; 若

5.1 分配 π 逆半群

$x \in C$ 且 $y \in E_S$, 则要么 $J_{xy} < J_x = J$, 进而 $xy \in N(J)$, 要么 $J_{xy} = J_x = J$, 进而 $J_{xy} = J_{x(x^{-1}xy)} \leqslant J_{x^{-1}xy} \leqslant J_x$, 即 $x^{-1}xy \in J$, 因此 $xy = x(x^{-1}xy) \in C$(因为 $x^{-1}xy \in E_S$). 这样 $xy \in D$, 所以 $D \in [N(J), I(J)]$, 且显然, $C = (D \cap J) \cup \{0\}$, 从而 $D\varphi_J = C$. 这说明 φ_J 在区间 $[N(J), I(J)]$ 上的限制是满射, 当然 φ_J 本身是满射, 所以 (1) 得证.

其次, 设 $A, B \in [N(J), I(J)]$. 如果 $A\varphi_J = B\varphi_J$, 也就是 $A \cap J = B \cap J$, 那么 $A_J = B_J$. 但 $A, B \in [N(J), I(J)]$, 因此 $A = A_J = B_J = B$.

最后, φ_J 在区间 $[N(J), I(J)]$ 上的限制是同构, 从而 (2) 得证. ∎

需要指出的是, 对于一个奇异 $\mathcal{J}$ 类 J 来说, 引理 5.1.2 中定义的映射 φ_J 未必是满射. 来看下面的例子.

设 $X = \{x_1, x_2, \cdots\}$ 是无限可数集, $\mathcal{T}_X$ 表示 X 上所有变换的集合. 设 $\alpha, \beta \in \mathcal{T}_X$, 且 $x_i\alpha = x_{i+1}, i \geqslant 1$; $x_i\beta = x_{i-1}, i \geqslant 2, x_1\beta = x_1$. 那么 $\alpha\beta = 1_X$, 但 $\beta\alpha \neq 1_X$, 因此, $T = \langle \alpha, \beta \rangle$ 是双循环半群, 1_X 是其中的单位元. 如果记 $\varepsilon_i = \beta^i\alpha^i, i > 0$, 那么 $1_X = \varepsilon_0 > \varepsilon_1 > \varepsilon_2 > \cdots$.

令 $S = T \cup X \cup \{0\}$, 在 S 上定义运算如下:

$$a \cdot b = \begin{cases} ab, & \text{如果 } a, b \in T, \\ a\tau, & \text{如果 } a \in X, b = \tau \in T, \\ 0, & \text{如果 } a \in T, b \in X, \\ 0, & \text{如果 } a, b \in X. \end{cases}$$

不难验证, S 是强 π 逆半群; S 中的诣零子半群 $I = X \cup \{0\}$ 是 S 的理想, S 是由 T 做的 $I = X \cup \{0\}$ 的理想扩张; X 恰好是 S 的一个 $\mathcal{J}$ 类, 也是 S 的一个 $\mathcal{R}$ 类, 主因子 $\mathrm{PF}(X)$ 就是 I. 因此, $\mathrm{subf}\pi(\mathrm{PF}(X)) = \mathrm{sub}(\mathrm{PF}(X))\setminus\{\emptyset\}$. 显然, $\{x_1, 0\} \in \mathrm{subf}\pi(\mathrm{PF}(X))$.

令 $A = \pi\langle\!\langle x_1 \rangle\!\rangle \in \mathrm{subf}\pi S$. 因为对每个 $i \geqslant 0$, $x_1\varepsilon_i = x_1\beta^i\alpha^i = x_1\alpha^i = x_{i+1}$, 而 $\varepsilon_i \in E_S$, 所以, $A = E_S \cup I = E_S \cup X$. 现在假设 $U \in \mathrm{subf}\pi S$, 且 $(U \cap X) \cup \{0\} = \{x_1, 0\}$, 则 $x_1 \in U$, 进而, $X \subseteq A \subseteq U$. 但此时, $(U \cap X) \cup \{0\} = X \cup \{0\} \neq \{x_1, 0\}$, 这是矛盾. 这证明了映射 $\varphi_X : U \to (U \cap X) \cup \{0\}$ 就不是 $\mathrm{subf}\pi S$ 到 $\mathrm{subf}\pi(\mathrm{PF}(X))$ 的满射.

引理 5.1.3 设 S 是 π 逆半群, 且 $a \in S \setminus \mathrm{Reg}S$, $x \in \pi\langle\!\langle a \rangle\!\rangle$.

(1) 若 $J_x \not\leqslant J_a$, 则 $x \in \langle E_S \rangle$;

(2) 若 $J_x = J_a$, 则 $x \in \langle E_S, a \rangle$.

证明 因为 a 是非正则元, 所以 $J_a \cap \mathrm{Reg}S = \emptyset$. 令 $A = N(J_a) \cup \langle E_S, a \rangle$, 那么不难验证, A 是 S 的全子半群. 注意到, $\langle E_S, a \rangle \subseteq I(J_a)$, 因此, $A \subseteq I(J_a)$. 又由于

$J_a \cap \mathrm{Reg}S = \varnothing$，所以

$$A \cap \mathrm{Reg}S = N(J_a) \cap \mathrm{Reg}S = \mathrm{Reg}N(J_a) \subseteq \mathrm{Reg}A,$$

进而，$A \in \mathrm{subf}\pi S$. 于是有 $\pi\langle\!\langle a\rangle\!\rangle \subseteq A$，从而，$x \in A$.

若 $J_x \not\leqslant J_a$，则 $x \notin N(J_a) \cup \langle E_S, a\rangle \backslash \langle E_S\rangle$，所以 $x \in \langle E_S\rangle$，故 (1) 得证.

若 $J_x = J_a$，则 $x \notin N(J_a)$，因此 $x \in \langle E_S, a\rangle$，故 (2) 得证. ∎

推论 5.1.4 设 S 是 π 逆半群，且 $a,b \in S \backslash \mathrm{Reg}S$，$aJb$. 如果 $b \in \pi\langle\!\langle a\rangle\!\rangle$，则要么 $b \in \langle E_S\rangle$，要么存在 $s,t \in \langle E_S\rangle^1$，使得 $b = sat$.

证明 因为 a 是非正则元，所以 $J_a \cap J_a^2 = \varnothing$. 利用上面的引理，$b \in \langle E_S, a\rangle$. 假设 $b = uavaw$，其中 $u,v,w \in \langle E_S, a\rangle^1$，那么 $J_b \leqslant J_{uav} \leqslant J_a$，$J_a \leqslant J_{aw} \leqslant J_a$，因此，$uav, aw \in J_a$，且 $b = (uav)(aw) \in J_a$，这和 $J_a \cap J_a^2 = \varnothing$ 矛盾. 故必有 $b \in \langle E_S\rangle$，或者存在 $s,t \in \langle E_S\rangle^1$，使得 $b = sat$. ∎

定理 5.1.5 如果 S 是 π 逆半群，那么 $\mathrm{subf}\pi S$ 是分配格，当且仅当

(1) 对 S 的每个正则 $\mathcal{J}$ 类 J，$\mathrm{subf}\pi(\mathrm{PF}(J))$ 是分配格；

(2) 如果 $a, b_1, b_2, \cdots, b_n \in S$，且 $a = b_1 b_2 \cdots b_n \in S \backslash \mathrm{Reg}S$，那么 $a \in \pi\langle\!\langle b_1\rangle\!\rangle \cup \pi\langle\!\langle b_2\rangle\!\rangle \cup \cdots \cup \pi\langle\!\langle b_n\rangle\!\rangle$.

证明 必要性. 设 $\mathrm{subf}\pi S$ 是分配格，那么根据引理 5.1.2，(1) 是显然成立的. 下面证明 (2) 是成立的. 因为 $a \in (\pi\langle\!\langle b_1\rangle\!\rangle \vee \pi\langle\!\langle b_2\rangle\!\rangle \vee \cdots \vee \pi\langle\!\langle b_n\rangle\!\rangle) \cap \pi\langle\!\langle a\rangle\!\rangle$，于是由分配性，

$$a \in (\pi\langle\!\langle b_1\rangle\!\rangle \cap \pi\langle\!\langle a\rangle\!\rangle) \vee (\pi\langle\!\langle b_2\rangle\!\rangle \cap \pi\langle\!\langle a\rangle\!\rangle) \vee \cdots \vee (\pi\langle\!\langle b_n\rangle\!\rangle \cap \pi\langle\!\langle a\rangle\!\rangle).$$

那么存在 $a_i \in \bigcup_{k=1}^{n} (\pi\langle\!\langle b_k\rangle\!\rangle \cap \pi\langle\!\langle a\rangle\!\rangle)$，使得 $a = a_1 a_2 \ldots a_n$，其中 $i = 1, 2, \cdots, n$. 又因为 $\mathrm{PF}(J_a)$ 是零积半群，因此，$a_1, a_2, \cdots, a_n$ 中最多有一个包含在 J_a 中. 根据引理 5.1.3，若对某个 i 有 $J_{a_i} > J_a$，则 $a_i \in \langle E_S\rangle$. 由此可知，如果每个 $a_i \notin J_a$，那么 $a \in \langle E_S\rangle$，进而，$a \in \pi\langle\!\langle b_1\rangle\!\rangle \cup \pi\langle\!\langle b_2\rangle\!\rangle \cup \cdots \cup \pi\langle\!\langle b_n\rangle\!\rangle$. 如果对某个 i，$a_i \in J_a$，则由 $E_S \subseteq \pi\langle\!\langle a_i\rangle\!\rangle$ 可得，$a \in \pi\langle\!\langle b_1\rangle\!\rangle \cup \pi\langle\!\langle b_2\rangle\!\rangle \cup \cdots \cup \pi\langle\!\langle b_n\rangle\!\rangle$.

充分性. 假设 S 满足定理的条件 (1) 和 (2)，并设 $A, B, C \in \mathrm{subf}\pi S$. 任取 $a \in A \cap (B \vee C)$. 显然，$\pi\langle\!\langle a\rangle\!\rangle \subseteq A \cap (B \vee C)$.

如果 $a \in \mathrm{Reg}S$，则 J_a 是正则 $\mathcal{J}$ 类，因此，根据命题 5.1.1，映射 φ_{J_a} 是 $\mathrm{subf}\pi S$ 到 $\mathrm{subf}\pi(\mathrm{PF}(J))$ 上的满同态. 于是

$$\begin{aligned} a &\in (\pi\langle\!\langle a\rangle\!\rangle \cap J_a) \cup \{0\} = \pi\langle\!\langle a\rangle\!\rangle \varphi_{J_a} \\ &\subseteq (A \cap (B \vee C))\varphi_{J_a} \\ &= A\varphi_{J_a} \cap (B\varphi_{J_a} \vee C\varphi_{J_a}). \end{aligned}$$

从而, 由 subfπ(PF(J)) 的分配性可得

$$a \in (A\varphi_{J_a} \cap B\varphi_{J_a}) \vee (A\varphi_{J_a} \cap C\varphi_{J_a})$$
$$=((A \cap B) \vee (A \cap C))\varphi_{J_a}$$
$$=(((A \cap B) \vee (A \cap C)) \cap J_a) \cup \{0\},$$

由此, $a \in (A \cap B) \vee (A \cap C)$.

如果 $a \in S \backslash \mathrm{Reg}S$, 那么存在 $a_1, a_2, \cdots, a_n \in B \cup C$, 使得 $a = a_1 a_2 \cdots a_n$. 根据 (2), 则存在 i, 使得 $a \in \pi《a_i》$, 由此也有 $a \in (A \cap B) \vee (A \cap C)$.

这样就证明了 $A \cap (B \vee C) = (A \cap B) \vee (A \cap C)$, 故 subf$\pi S$ 是分配格. ∎

定理 5.1.6 如果 S 是强 π 逆半群, 那么 subfπS 是分配格, 当且仅当

(1) subfi($\mathrm{Reg}S$) 是分配格;

(2) 如果 $b, c \in S$, 且 $bc \in S \backslash \mathrm{Reg}S$, 那么 $bc \in \pi《b》 \cup \pi《c》$.

证明 必要性. 设 subfπS 是分配格. 因为 S 是强 π 逆半群, 因此, $\mathrm{Reg}S$ 是逆半群. 进而, subfi($\mathrm{Reg}S$) 就是 subfπS 的区间 $[E_S, \mathrm{Reg}S]$, 所以, subfi($\mathrm{Reg}S$) 是分配格. 而根据定理 5.1.5, (2) 是平凡的.

充分性. 设 S 满足定理 5.1.6 的 (1) 和 (2). 那么由定理 3.3.1, $\mathrm{Reg}S$ 的每个主因子是分配的. 又 S 的每个非平凡正则 $\mathcal{J}$ 类 J 就是 $\mathrm{Reg}S$ 的非平凡 $\mathcal{J}$ 类, 所以, subfπ(PF(J)) 是分配格.

其次, 假设 $a = b_1 b_2 \cdots b_n \in S \backslash \mathrm{Reg}S$. 那么 $a \in \pi《b_1》$, 或者 $a \in \pi《b_2 \cdots b_n》$. 如果 $a \in \pi《b_2 \cdots b_n》$, 则 $b_2 \cdots b_n \in S \backslash \mathrm{Reg}S$ (因为 $\mathrm{Reg}S \subseteq$ subfπS). 现在重复上述过程, 最后不难得到, $a \in \pi《b_1》 \cup \pi《b_2》 \cup \ldots \cup \pi《b_n》$. 于是, 根据定理 5.1.5, subf$\pi S$ 是分配格. ∎

引理 5.1.7 设 S 是强 π 逆半群, $a \in S \backslash \mathrm{Reg}S$, $b \in J_a$, 且 $\pi《a》 = \pi《b》$, 那么 $a = b$.

证明 因为 S 是强 π 逆半群, 所以, E_S 是半格. 于是由推论 5.1.4, 存在 $e, f, g, h \in E_S^1$, 使得 $a = ebf$, $b = gah$. 显然, $eaf = a$, 由此, $b = g(eaf)h = e(gah)f = ebf = a$. ∎

引理 5.1.8 设 S 是强 π 逆半群, subfπS 是分配格, $a \in S \backslash \mathrm{Reg}S$, $b \in S$, 且存在 $u, v \in \mathrm{Reg}S$, 使得 $a = bu$ 和 $b = av$, 那么 $a = b$.

证明 显然, $a \mathcal{J} b$. 因为 $a \in S \backslash \mathrm{Reg}S$, 所以, $b \in S \backslash \mathrm{Reg}S$. 利用定理 5.1.5 的 (2) 可得, $a \in \pi《b》 \cup \pi《u》$. 而 $\pi《u》 \subseteq \mathrm{Reg}S$, 因而, $a \in \pi《b》$. 对称地, $b \in \pi《a》$. 故由前一个引理可得 $a = b$. ∎

推论 5.1.9 设 S 是强 π 逆半群, subfπS 是分配格, $a \in S \backslash \mathrm{Reg}S$, $u \in \mathrm{Reg}S$. 那么

$$a = au \Leftrightarrow a = auu^{-1} \Leftrightarrow a = au^{-1} \Leftrightarrow a = au^{-1}u.$$

证明 因为 $au = (auu^{-1})u$, $auu^{-1} = (au)u^{-1}$, 因此由引理 5.1.8 即得 $a = au \Leftrightarrow a = auu^{-1}$. 类似地, $a = au^{-1} \Leftrightarrow a = au^{-1}u$. 于是,

$$a = au \Leftrightarrow auu^{-1} = a \Leftrightarrow au^{-1} = a \Leftrightarrow au^{-1}u = a.$$

从而推论得证. ∎

引理 5.1.10 设 S 是强 π 逆半群, subfπS 是分配格, $a,b \in S\backslash \mathrm{Reg}S$, $a\mathcal{R}b$, 那么 $a = b$.

证明 因为 $a\mathcal{R}b$, 即存在 $s,t \in S^1$, 使得 $a = bs$, $b = at$. 那么, $a = a(ts) = a(ts)^n$, 其中 $(ts)^n \in \mathrm{Reg}S$. 由推论 5.1.9, $a = a(ts)^n((ts)^n)^{-1}$. 于是, $b = at = a(ts)^n((ts)^n)^{-1}t$, 且 $(ts)^n((ts)^n)^{-1}t\mathcal{R}(ts)^n((ts)^n)^{-1}$, 从而 $(ts)^n((ts)^n)^{-1}t \in \mathrm{Reg}S$, 这就是说, 存在 $u \in \mathrm{Reg}S$, 使得 $b = au$. 于是由引理 5.1.8 即可得 $a = b$. ∎

命题 5.1.11 设 S 是强 π 逆半群. 如果 subfπS 是分配格, 那么每个奇异 $\mathcal{J}$ 类是平凡的.

证明 假设 $a,b \in J$, $a,b \in S\backslash\mathrm{Reg}S$. 那么存在 $s,t,x,y \in S^1$, 使得 $a = sbt$, $b = xay$. 因为 S 是强 π 逆半群, 因此存在 $n \in Z^+$, 使得 $(sx)^n, (yt)^n \in \mathrm{Reg}S$. 显然, $a = (sx)a(yt) = (sx)^n a(yt)^n$. 易见, $a = a((yt)^n)^{-1}(yt)^n$. 根据推论 5.1.9 有 $a = a(yt)^n$. 于是, $a = a(yt)^{2n}$, 且 $a\mathcal{R}a(yt)^n y$. 再由引理 5.1.10 可知, $a = a(yt)^n y$. 对偶地, $a = x(sx)^n a$, 由此可得 $b = xay = x(sx)^n a(yt)^n y = a$. ∎

5.2 链 π 逆半群

引理 5.2.1 设 S 是 π 逆半群, 且满足: 对任意的 $x,y \in S\backslash\langle E_S\rangle$, 总有 $J_x < J_y$ 蕴涵 $x \in \pi\langle\!\langle y\rangle\!\rangle$. 那么对 S 的任意奇异 $\mathcal{J}$ 类 J, 映射

$$\varphi: A \to (A \cap J) \cup \{0\}$$

是 subfπS 到 subf$\pi(\mathrm{PF}(J))$ 的同态. 进而, φ 是 subfπS 到 subf$\pi(\mathrm{PF}(J))$ 的子集

$$\{(A \cap J) \cup \{0\} : A \in \mathrm{subf}\pi S\} = (\mathrm{subf}\pi S)\varphi$$

上的满同态.

证明 设 $J \in S/\mathcal{J}$ 是奇异 $\mathcal{J}$ 类, 则 $\mathrm{PF}(J)$ 是零积半群, 即 $J^2 \cap J = \emptyset$.

对任意的 $A, B \in \mathrm{subf}\pi S$, 显然,

$$\langle A \cap J, B \cap J\rangle \cap J \subseteq (A \vee B) \cap J.$$

设 $x \in (A \vee B) \cap J$, 则存在 $n \in Z^+$ 以及 $x_1, x_2, \cdots, x_n \in A \cup B$, 使得 $x = x_1 x_2 \cdots x_n$, 进而, $J_x \leqslant J_{x_i}$, 其中 $i = 1, 2, \cdots, n$. 但由于 $J^2 \cap J = \emptyset$, 所以不难证明, 存在

$1 \leqslant k \leqslant n$, 使得 $J_x < J_{x_k}$. 进而根据假设, $x \in \pi \langle\!\langle x_k \rangle\!\rangle$, 因此, $x \in (A \cup B) \cap J$. 这样就证明了
$$(A \vee B) \cap J = \langle A \cap J, B \cap J \rangle \cap J.$$

于是
$$\begin{aligned}(A \cap B)\varphi &= ((A \cap B) \cap J) \cup \{0\} \\ &= ((A \cap J) \cup \{0\}) \cap ((B \cap J) \cup \{0\}) \\ &= A\varphi \cap B\varphi, \\ (A \vee B)\varphi &= ((A \vee B) \cap J) \cup \{0\} \\ &= (\langle A \cap J, B \cap J\rangle \cap J) \cup \{0\} \\ &= ((A \cap J) \cup \{0\}) \vee ((B \cap J) \cup \{0\}) \\ &= A\varphi \vee B\varphi.\end{aligned}$$

这就证明了 φ 是 subfπS 到 subfπ(PF(J)) 的同态. 引理的第二部分是平凡的. ■

设 S 是 π 逆半群, 令
$$\mathcal{J}^* = \{J \in S/\mathcal{J} : |J| \geqslant 2,\ 或者\ |J| = 1\ 但\ E_S \cap J = \varnothing\}.$$

那么 $\mathcal{J}^*$ 是 $S/\mathcal{J}$ 的偏序子集.

定理 5.2.2 设 S 是 π 逆半群. 那么 subfπS 是链, 当且仅当

(1) $\mathcal{J}^*$ 是链;

(2) 对任意的 $x, y \in S \setminus \langle E_S \rangle$, 若 $J_x < J_y$, 则 $x \in \pi \langle\!\langle y \rangle\!\rangle$;

(3) S 的每个非平凡正则 $\mathcal{J}$ 类要么是循环 p 群, 要么是拟循环 p 群, 要么对应的主因子同构于 B_5;

(4) 关于 S 的每个奇异 $\mathcal{J}$ 类 J, subfπ(PF(J)) 的子集
$$\{(A \cap J) \cup \{0\} \in \text{subf}\pi(\text{PF}(J)) : A \in \text{subf}\pi S\}$$
是链.

证明 必要性. 设 subfπS 是链. 则对任意的 $x, y \in S \setminus \langle E_S \rangle$, 要么 $\pi\langle\!\langle x \rangle\!\rangle \leqslant \pi\langle\!\langle y \rangle\!\rangle$, 要么 $\pi\langle\!\langle y \rangle\!\rangle \leqslant \pi\langle\!\langle x \rangle\!\rangle$. 如果 $\pi\langle\!\langle x \rangle\!\rangle \leqslant \pi\langle\!\langle y \rangle\!\rangle$, 那么 $x \in \pi\langle\!\langle y \rangle\!\rangle$, 进而由引理 2.1.8 不难得 $J_x \leqslant J_y$; 而如果 $\pi\langle\!\langle y \rangle\!\rangle \leqslant \pi\langle\!\langle x \rangle\!\rangle$, 那么 $y \in \pi\langle\!\langle x \rangle\!\rangle$, 进而仍然由引理 2.1.8 可知 $J_y \leqslant J_x$. 这就证明了 (1).

其次, 设 $x, y \in S \setminus \langle E_S \rangle$, 且 $J_x < J_y$. 那么根据引理 2.1.8 不难得 $y \notin \pi\langle\!\langle x \rangle\!\rangle$, 因此必有 $\pi\langle\!\langle x \rangle\!\rangle \leqslant \pi\langle\!\langle y \rangle\!\rangle$, 即 $x \in \pi\langle\!\langle y \rangle\!\rangle$. 这样, (2) 得证.

再次, 如果 J 是 S 的非平凡正则 $\mathcal{J}$ 类, 那么根据命题 2.1.13, 主因子 PF(J) 是 0 单逆半群, 进而由引理 5.1.2, subfπ(PF(J)) = subfi(PF(J)) 是链. 于是利用定理 3.6.2 和定理 3.6.3 的不难得到, J 要么是循环 p 群, 要么是拟循环 p 群, 要么对应的主因子同构于 B_5, 从而 (3) 得证.

最后，如果 J 是 S 的奇异 $\mathcal{J}$ 类，那么因为 S 满足 (2)，即满足引理 5.2.1 的假设，所以根据引理 5.2.1 可知，

$$\{(A\cap J)\cup\{0\}\in\mathrm{subf}\pi(\mathrm{PF}(J)): A\in\mathrm{subf}\pi S\}$$

是链，这证明了 (4) 成立。

充分性。假设 S 满足定理 5.2.2 的 (1)~(4)，并设 $A,B\in\mathrm{subf}\pi S$，且 $A\not\subseteq B$。

①假设 $A\backslash B$ 包含 S 中的正则元，并不妨设 $a\in(A\backslash B)\cap\mathrm{Reg}S$。那么 $a\notin\langle E_S\rangle$，进而，$J_a$ 或是循环 p 群，或是拟循环 p 群，或者主因子 $\mathrm{PF}(J_a)$ 同构于 B_5。显然，$\mathrm{subf}\pi(\mathrm{PF}(J_a))=\mathrm{subfi}(\mathrm{PF}(J_a))$ 是链。另一方面，根据引理 5.1.2，映射 $\varphi_{J_a}: C\to(C\cap J_a)\cup\{0\}$ 是 $\mathrm{subf}\pi S$ 到 $\mathrm{subfi}(\mathrm{PF}(J_a))$ 的满同态。因为 $A\not\subseteq B$，因此，$(A\cap J_a)\cup\{0\}\not\subseteq(B\cap J_a)\cup\{0\}$。这样一定有 $(B\cap J_a)\cup\{0\}\subseteq(A\cap J_a)\cup\{0\}$（因为 $\mathrm{subfi}(\mathrm{PF}(J_a))$ 是链），即 $B\cap J_a\subseteq A\cap J_a$。再设 $b\in B\backslash\langle E_S\rangle$，但 $b\notin J_a$。那么由 (1)，必有 $J_b<J_a$ 或者 $J_b>J_a$。若 $J_b<J_a$，则 $b\in\pi\langle\!\langle a\rangle\!\rangle\subseteq A$，因而 $B\subseteq A$；而若 $J_b>J_a$，则 $a\in\pi\langle\!\langle b\rangle\!\rangle\subseteq B$，进而 $a\in B$，这是矛盾。这样，当 $A\backslash B$ 包含 S 中的正则元时，$B\subseteq A$。

②假设 $A\backslash B$ 中不包含 S 的正则元。设 $a\in A\backslash B$。此时，J_a 是 S 的奇异 $\mathcal{J}$ 类。因为 S 满足 (2)，即满足引理 5.2.1 的假设，而 $A\not\subseteq B$，因此，由引理 5.2.1 可知，$(A\cap J_a)\cup\{0\}\not\subseteq(B\cap J_a)\cup\{0\}$。进而，$(B\cap J_a)\cup\{0\}\subseteq(A\cap J_a)\cup\{0\}$（利用 (4)），这就是说，$B\cap J_a\subseteq A\cap J_a$。设 $b\in B\backslash\langle E_S\rangle$ 但 $b\notin J_a$。根据 (1) 可得 $J_b<J_a$ 或者 $J_b>J_a$。若 $J_b<J_a$，则 $b\in\pi\langle\!\langle a\rangle\!\rangle\subseteq A$，于是有 $B\subseteq A$。但若 $J_b>J_a$，则 $a\in\pi\langle\!\langle b\rangle\!\rangle\subseteq B$。进而，$a\in B$，矛盾。这样，当 $A\backslash B$ 中不包含 S 的正则元时，也有 $B\subseteq A$。

综上所述，$\mathrm{subf}\pi S$ 是链。∎

由定理 5.2.2 和命题 5.1.11，显然有下面的推论。

推论 5.2.3 设 S 是强 π 逆半群，但 S 不是逆半群。那么 $\mathrm{subf}\pi S$ 是链，当且仅当

(1) 每个奇异 $\mathcal{J}$ 类是平凡的；

(2) 每个非平凡的正则 $\mathcal{J}$ 类要么是循环 p 群，要么是拟循环 p 群，要么它对应的主因子同构于 B_5；

(3) $\mathcal{J}^*$ 构成一个链；

(4) 对任意的 $a,b\in S\backslash E_S$，若 $J_a<J_b$，则 $a\in\pi\langle\!\langle b\rangle\!\rangle$。

推论 5.2.4 设 S 是强 π 逆半群，$\mathrm{Reg}S=E_S$，但 $S\neq E_S$。那么 $\mathrm{subf}\pi S$ 是链，当且仅当

(1) 每个奇异的 $\mathcal{J}$ 类是平凡的，且它们构成一个链；

(2) 若 $a,b\in S\backslash E_S$，$J_b<J_a$，则 $b\in\langle E_S,a\rangle$。

第六章 π 逆半群上的有限性条件

被所有有限半群所满足的半群的任一性质称为半群的有限性条件. 有限性条件可以用半群的元素, 子半群等术语来给出, 例如周期性、局部有限性、有限秩、(半群的) 有限维数等; 有一系列的有限性条件还可以用子半群格的术语描述, 例如, 极小 (大) 性条件、(格的) 有限长、有限宽等.

本章主要研究 π 逆半群上的有限性条件. 在 5.1 节中, 研究 π 逆子半群的一个抽象有限性条件; 在 5.2 节中, 研究 π 逆子半群格上若干具体的有限性条件; 在 5.3 节中, 研究诣零半群上的有限性条件; 在 5.4 中, 研究逆半群的全逆子半群格的长度.

这一章的结果主要来自文献 [39],[53],[54].

6.1 一个抽象有限性条件

半群 S 的基是指 S 的极小生成集. 下面的引理 6.1.1 和引理 6.1.2 来自于文献 [9],[10].

引理 6.1.1 设 S 为拟周期半群, 且 S 不包含有唯一无限基的子半群, 那么 E_S 和 $\mathrm{Gr}S$ 都有限.

引理 6.1.2 设 S 为诣零半群. 如果 S 的所有幂零子半群都有限, 则 S 有限.

推论 6.1.3 如果诣零半群 S 是无限的, 则 S 中必存在一个幂零子半群是无限的, 从而 S 中存在一个有唯一无限基的子半群.

证明 由引理 6.1.2, S 包含无限的幂零子半群, 不妨设其为 A. 易证, 集合 $A\backslash A^2$ 是 A 的极小生成基, 也是最小生成集. 因为 A 是无限的, 因此 $A\backslash A^2$ 也是无限的. 故 $A\backslash A^2$ 是 A 的唯一无限基. ∎

设 θ 为 π 逆半群的某抽象性质, 且满足下列条件中的一条或若干条:

(A) θ 对 π 逆子半群 S 是可遗传的, 即具有性质 θ 的 π 逆半群的任何 π 逆子半群也具有性质 θ;

(B) 具有性质 θ 的任何半群没有无限基;

(C) 被有限个具有性质 θ 的 π 逆半群覆盖的 π 逆半群也具有性质 θ;

(D) 借助具有性质 θ 的 π 逆半群所作的具有性质 θ 的 π 逆半群的理想扩张仍然具有性质 θ;

(E) 对任何具有性质 θ 的群 G, Brandt 半群 $B(G,2)$ 也具有性质 θ.

引理 6.1.4　设 S 为 π 逆半群,性质 θ 满足 (A), (B) 两条. 如果 S 具有性质 θ, 则 E_S 有限, 且 S 的每个极大子群也具有性质 θ.

证明　因为 $\langle E_S \rangle$ 是 S 的 π 逆子半群, 因此根据条件 (A), $\langle E_S \rangle$ 具有性质 θ. 于是由命题 2.1.1 和引理 6.1.1 以及条件 (B) 即可知, E_S 有限. 至于 S 的每个极大子群具有性质 θ, 由条件 (A) 即可得. ∎

显然, 如果 θ 满足性质 (A) 和 (B), 则当半群 S 和 S^0 之一具有性质 θ 时, 另一个也具有性质 θ. 因此, 不失一般性, 以下总假设 π 逆半群 S 中有零元, 即 $S = S^0$.

引理 6.1.5　设 S 是 π 逆半群, 性质 θ 满足 (A) 和 (B), S 是具有性质 θ. 如果 I 是 S 的诣零子半群, 则 I 是有限半群.

证明　因为诣零半群是 π 逆半群, 因此由 (A), I 具有性质 θ. 于是由条件 (B) 及推论 6.1.3 可得 I 有限. ∎

引理 6.1.6　设 S 为 π 逆半群, A, B 为 S 的理想. 如果 $E_A = E_B$, 则 $\operatorname{Reg} A = \operatorname{Reg} B$.

证明　任取 $a \in \operatorname{Reg} A$, 则 $aa^{-1} \in E_A = E_B$. 从而, $a = aa^{-1}a \in \operatorname{Reg} B$ (因为 B 是 S 的理想), 即 $\operatorname{Reg} A \subseteq \operatorname{Reg} B$. 同理, $\operatorname{Reg} B \subseteq \operatorname{Reg} A$. 故 $\operatorname{Reg} A = \operatorname{Reg} B$. ∎

半群 S 的理想 $S_1, S_2, \cdots$ 称为理想主序列, 如果

$$S_1 \subset S_2 \subset \cdots \subset S_n \cdots,$$

且 S_1 是 S 的极小理想, 且对每个 n, 商 S_{n+1}/S_n 要么是 0 单半群, 要么是完全 0 单半群, 要么是诣零半群.

引理 6.1.7　设 S 为 π 逆半群, 性质 θ 满足 (A) 和 (B). 如果 S 具有性质 θ, 则 S 中存在一个理想主序列, 且 $S \backslash \operatorname{Reg} S$ 有限.

证明　设 θ 满足 (A) 和 (B), S 具有性质 θ. 如果 S 是诣零半群, 那么由引理 6.1.5, S 是有限的, 自然 S 中存在理想主序列. 以下总假设 S 中存在非零幂等元. 由引理 6.1.4, E_S 有限, 进而不难看出, S 中一定存在理想序列

$$S_1 \subset S_2 \subset \cdots \subset S_n = S,$$

并且满足:

(1) 对任意的 i, 不存在 S 的理想 T, 使得 $E_{S_i} \subset E_T \subset E_{S_{i+1}}$;

(2) 对任意的 i, $E_{S_i} \subset E_{S_{i+1}}$;

(3) S_1 中不存在 S 的包含非零幂等元的理想;

(4) S_1 中包含非零幂等元.

易见, S 的严格包含在 S_1 中的理想都是诣零半群, 因此, 根据引理 6.1.5 容易证明, 存在 S 的有限项理想序列

$$\{0\} = S^{(0)} \subset S_1^{(1)} \subset S_1^{(2)} \subset \cdots \subset S_1^{(t)} = S_1,$$

使得 $S_1^{(1)}$ 是 S 的 0 极小理想, 而 $S_1^{(i)}$ 是 S 的包含在 $S_1^{(i+1)}$ 中的 0 极大理想, 其中 $i = 1, 2, \cdots, t-1$. 显然, $S_1^{(i)}$ 是有限的, $S_1/S_1^{(t-1)}$ 是 0 单的 (因为 S_1 中有非零幂等元). 由 E_S 的有限性可得 $S_1/S_1^{(t-1)}$ 是完全 0 单的, 这说明 $S_1 \backslash S_1^{(t-1)} \subseteq \mathrm{Reg} S$. 从而, 根据引理 6.1.5, S_1 中的非正则元是有限的. 再考查 S_2. 由 $S_1 \subset S_2 \subset \cdots \subset S_n = S$ 的选择以及已知条件和引理 6.1.2 可知, 存在 S 的有限项理想序列 $S_2 \subset S_2^{(1)} \subset S_2^{(2)} \subset \cdots \subset S_2^{(r)} = S_2$, 使得 S_1 是包含在 $S_2^{(1)}$ 中的 S 的 0 极大理想, $S_2^{(i)}$ 是包含在 $S_2^{(i+1)}$ 中的 S 的 0 极大理想, 其中 $i = 1, 2, \cdots, r$. 像讨论 S_1 的情形一样, 可证 S_2/S_1 中只有有限个非正则元, 从而 S_2 中包含有限个非正则元.

重复上述过程 $n-1$ 次, 可在 S 找到理想主序列

$$\{0\} \subset S_1^{(1)} \subset \cdots \subset S_1^{(t)} = S_1 \subset S_2^{(1)} \cdots \subset S_2^{(r)} = S_2 \cdots S_n^{(1)} \subset S_n^{(2)} \cdots S_n^{(h)} = S,$$

且 S 中的非正则元个数有限. ∎

定理 6.1.8 设 S 为 π 逆半群, θ 是 π 逆半群上的有限性条件, 且性质 θ 满足 (A)~(E), 则下列条件等价:

(1) S 具有性质 θ;

(2) S 中存在理想主序列, 且每个主因子或者是有限维 Brandt 半群, 或者是有限诣零半群; S 的每个极大子群具有性质 θ;

(3) E_S 和 $S \backslash \mathrm{Reg} S$ 都有限, 且 S 的每个极大子群具有性质 θ.

证明 (1) ⇒ (3) 由引理 6.1.4 和引理 6.1.7 即可证.

(3) ⇒ (2) 设 $\{0\} = S_0 \subseteq S_1 \subseteq \cdots \subseteq S_n \subseteq \cdots$ 是 S 的一个理想序列. 根据 E_S 的有限性及引理 6.1.5, 必存在正整数 n, 使得当 $i, j \geq n$ 时, $\mathrm{Reg} S_i = \mathrm{Reg} S_j$. 另一方面, 由于 $S \backslash \mathrm{Reg} S$ 有限, 因此, 必存在正整数 m, 当 $i, j \geq m$ 时, $S_i \backslash \mathrm{Reg} S_i = S_j \backslash \mathrm{Reg} S_j$. 令 $k = \max\{n, m\}$, 则当 $i, j \geq k$ 时, $S_i = S_j$. 这证明了 S 中的任一理想序列必有限, 从而说明 S 中存在理想主序列. 由于 E_S 有限, 所以每个主因子或者是完全 0 单的, 或者是诣零半群. 如果是前者, 则其为完全 0 单的逆半群, 从而是 Brandt 半群; 如果是后者, 由 S 中非正则元的有限性知, 其必为有限诣零半群. S 的每个极大子群具有性质 θ 显然.

(2) ⇒ (1) 设 S 的每个极大子群具有性质 θ, 且理想主序列

$$\{0\} = S_0 \subset S_1 \subset \cdots \subset S_n = S$$

满足 (2) 中的性质. 不妨假设 S_i 是第一个包含非零幂等元的理想, 则 $S_0, S_1, \cdots, S_{i-1}$ 是有限诣零半群, 因而它们都具有性质 θ (因为 θ 是有限性条件). 这时, S_i/S_{i-1} 是完全 0 单的 π 逆半群, 从而是有限维的 Brandt 半群. 因为任何有限维的 Brandt 半群都可被有限个同构于 $B(G, 2)$ 的 Brandt 半群覆盖 (引理 1.2.11), 因此, S_i/S_{i-1} 可

被有限个 Brandt 半群 $B(G,2)$ 覆盖, 其中 G 是 S 的极大子群. 由条件 (E), $B(G,2)$ 具有性质 θ. 所以, 利用条件 (C) 和 (D), S_i 也具有性质 θ.

现在来考查 S_{i+1}. 如果 S_{i+1}/S_i 中不包含非零幂等元, 则 S_{i+1}/S_i 是有限诣零半群, 因而具有性质 θ, 进而由条件 (D), S_{i+1} 具有性质 θ. 如果 S_{i+1}/S_i 中包含非零幂等元, 那么 S_{i+1}/S_i 是有限维 Brandt 半群, 仍利用条件 (C), (D), (E) 可得 S_{i+1} 具有性质 θ. 这样重复若干次后, 可得 S/S_{n-1} 是有限诣零半群, 或者是有限维 Brandt 半群. 从而, S 具有性质 θ. ∎

6.2 其他有限性条件

引理 6.2.1 设 S 为 π 逆半群, 一族 π 逆半群 $S_i(i \in I)$ 覆盖 S, 即 $S = \bigcup_{i \in I} S_i$, 则 $\mathrm{sub}\pi S$ 是 $\prod_{i \in I} \mathrm{sub}\pi S_i$ 的 $\vee$ 同态像.

证明 作映射 $\varphi: \prod_{i \in I} \mathrm{sub}\pi S_i \to \mathrm{sub}\pi S$, 使得关于 $(\cdots, A_i, \cdots) \in \prod_{i \in I} \mathrm{sub}\pi S_i$,

$$(\cdots, A_i, \cdots)\varphi = \pi \langle A_i : i \in I \rangle.$$

易证, φ 就是 $\vee$ 同态. ∎

下面的引理是文献 [10] 中第五章的习题 5.

引理 6.2.2 设 G 为群, $A \in \mathrm{sub}iB(G,2)$, 且 $A_{ij} = \{g \in G : (i,g,j) \in A\}$, 其中 $i,j = 1,2$, 则要么 A 是 $B(G,2)$ 中带零极大子群的 0 直并, 要么 A_{11} 是 G 中的子群, 且存在 $g \in G$, 使得 $A_{12} = A_{11}g$, $A_{21} = g^{-1}A_{11}$, $A_{22} = g^{-1}A_{11}g$.

称格 L 满足极大 (极小) 性条件, 如果 L 的每个升链 (降链) 是有限的. 如果 π 逆半群 S 的 π 逆子半群格 $\mathrm{sub}\pi S$ 满足极大 (极小) 性条件, 那么就说 S 满足极大 (极小) 性条件.

更一般地, 如果 π 逆半群 S 的 π 逆子半群格 $\mathrm{sub}\pi S$ 满足格性质 θ, 那么称 S 满足性质 θ. 特别地, 如果群 G 的子群格 $\mathrm{sub}gG$ 也满足格性质 θ, 那么称 G 满足性质 θ.

定理 6.2.3 设 S 为 π 逆半群, 则 S 满足极小 (大) 性条件, 当且仅当 E_S 和 $S\backslash \mathrm{Reg}S$ 都有限, 且 S 的每个极大子群满足极小 (大) 性条件.

证明 必要性. 设 π 逆半群 S 满足极小 (大) 性条件, 则 S 中没有无限基. 显然, 极小 (大) 性条件具有遗传性. 于是由引理 6.1.4 和引理 6.1.7 可知, E_S 和 $S\backslash \mathrm{Reg}S$ 都有限, 进而 S 的每个极大子群满足极小 (大) 性条件. 因此必要性得证.

充分性. 设 E_S 和 $S\backslash \mathrm{Reg}S$ 都有限, 且每个极大子群满足极小 (大) 性条件. 那么, 根据引理 6.1.6 及上述条件, S 中的任何理想序列都是有限的. 假设 $S = S_0 \supset$

6.2 其他有限性条件

$S_1 \supset S_2 \cdots \supset S_n \supset \{0\}$ 是 S 中的降链理想主序列, 即满足 S_i 是 S_{i-1} 中的极大理想, 而 S_{i-1}/S_i 是 0 单的或者是零积半群, 其中 $n \in Z^+, i = 1, 2, \cdots, n$.

首先考察 S_n. 若 S_n 中包含非零幂等元, 则由幂等元的有限性, S_n 是完全 0 单的 π 逆半群, 从而是有限维的 Brandt 半群. 因为任何有限维的 Brandt 半群都可被有限个同构于 $B(G,2)$ 的 Brandt 半群覆盖, 因此, S_n 可被有限个 Brandt 半群 $B(G,2)$ 覆盖, 其中 G 是 S 的极大子群. 因为有限个满足极小性条件的格的直积仍满足极小性条件, 进而由引理 6.2.1 和引理 6.2.2, S_n 满足极小性条件. 若 S_n 中不包含非零幂等元, 则 S_n 是诣零半群, 进而由非正则元的有限性, S_n 是有限诣零半群. 此时, S_n 仍然满足极小性条件.

现在再来考察 S_{n-1}. 若 S_{n-1}/S_n 中包含非零幂等元, 则由幂等元的有限性 S_{n-1}/S_n 是完全 0 单的 π 逆半群, 从而是有限维的 Brandt 半群. 同样, S_{n-1}/S_n 可被有限个 Brandt 半群 $B(G,2)$ 覆盖, 其中 G 是 S 的极大子群, 且由引理 6.2.1 和引理 6.2.2, S_{n-1}/S_n 满足极小性条件. 所以, S_{n-1} 满足极小性条件. 若 S_{n-1}/S_n 中不含非零幂等元, 则 S_{n-1}/S_n 是有限诣零半群, 因而满足极小性条件. 进而, S_{n-1} 仍然满足极小性条件.

重复上述过程依次考察 $S_{n-2}, \cdots, S_0 = S$, 可得 S 是有限诣零半群, 或者是有限维的 Brandt 半群, 从而 S 满足极小性条件.

同理可证 S 满足极大性条件. 这样证明了充分性. ∎

格 L 称为有有限长 r, 如果 L 的任何降链和升链的长都不超过 r, 且 r 是满足此性质的最小自然数. 格 L 称为有有限宽 r, 如果 L 中任何有限个元素的交 (或并) 等于这有限个元素中不超过 r 个元素的交 (或并), 且 r 是满足此性质的最小自然数.

显然, 当 S 是有限长 (宽) 的 π 逆半群时, E_S 和 $S\backslash \text{Reg}S$ 都有限, 且 S 的每个极大子群是有限长 (宽) 的. 而另一方面, 不难验证, 借助长 (宽) 为 r_1 的 π 逆半群所作的长 (宽) 为 r_2 的 π 逆半群的理想扩张的长 (宽) 不超过 $r_1 + r_2$. 根据引理 6.2.2, 如果 G 是长 (宽) 为 r 的群, 那么 Brandt 半群 $B(G,2)$ 的长 (宽) 不超过 $3r$ $(2r+2)$, 而 $B(G,2)$ 的宽不超过 $2r+2$. 所以, 完全仿照定理 6.2.3 的证明便有

定理 6.2.4 设 S 为 π 逆半群, 则 S 是有限长 (宽) 的, 当且仅当 E_S 和 $S\backslash \text{Reg}S$ 都有限, 且 S 的每个极大子群是有限长 (宽) 的.

如果格 L 的任何反链的长不超过固定的正整数 r, 且 r 是具此性质的最小自然数, 那么称 L 有有限 d 宽 r, 或者简单地说 L 是有限 d 宽的. 如果格 L 的任何反链都有限, 则称 L 为 NF 格. 显然, 有限 d 宽的格一定是 NF 格.

定理 6.2.5 设 S 为 π 逆半群, 则 $\text{sub}\pi S$ 是 NF 格, 当且仅当 S 中存在理想主序列, 使得每个主因子要么是有限诣零半群, 要么是有限 Brandt 半群, 要么是子群格为 NF 格的无限带零群.

证明 必要性. 设 subπS 是 NF 格, 则易见, S 没有无限基, 且对 S 的任意 π 逆子半群 A 来说, subπA 是 NF 格. 根据引理 6.1.4 和引理 6.1.7, E_S 和 $S\backslash \text{Reg}S$ 都有限, 且 S 的每个极大子群的子群格是 NF 格. 进而, S 中存在理想主序列, 使得每个主因子要么是有限诣零半群, 要么是有限 Brandt 半群, 要么是子群格是 NF 格的无限带零群.

充分性. 若 S 中存在理想主序列, 每个主因子或者是有限诣零的, 或者是有限维 Brandt 半群, 并且 S 的每个极大子群的子群格是 NF 格. 于是由引理 6.1.6, 每个主因子要么是有限诣零半群, 要么是有限 Brandt 半群, 要么是子群格是 NF 格的无限带零群. 由此不难证明, subπS 是 NF 格. ∎

定理 6.2.6 设 S 为 π 逆半群, 则 S 是有限 d 宽的, 当且仅当 S 中存在理想主序列, 使得每个主因子要么是有限诣零的, 要么是有限 Brandt 半群, 要么是有限 d 宽的无限带零群, 且这样的群最多只有一个.

证明 必要性. 由于有限 d 宽的格是 NF 格, 因此, 由定理 6.2.5, S 中存在理想主序列, 使得每个主因子要么是有限诣零半群, 要么是有限 Brandt 半群, 要么是子群格是 NF 格的无限带零群, 进而, 仿文献 [10] 中定理 18.12 即可证明, 这样的群最多只有一个.

充分性. 设 A, B 是 S 的两个理想, 且 A 和 B 都是有限 d 宽的, 则不难证明, 如果 A 与 B 之一有限, 则借助 A 所作的 B 的理想扩张是有限 d 宽的 π 逆半群. 现设 S 中存在满足定理条件的理想主序列, 不妨设其为

$$\{0\} = S_0 \subset S_1 \subset S_2 \subset \cdots \subset S_n = S.$$

由于 $S_0, S_1/S_0, S_2/S_1, \cdots, S/S_{n-1}$ 中最多只有一个是有限 d 宽的带零群, 而其余都有限. 因此, 可知 S 是有限 d 宽的 π 逆半群. ∎

6.3 诣零半群上的有限性条件

关于诣零半群, 下面的定理是显然的.

定理 6.3.1 设 S 是诣零半群, 则下列条件等价:

(1) sub$^{\vee}S$ 满足极大性条件;

(2) sub$^{\vee}S$ 满足极小性条件;

(3) sub$^{\vee}S$ 是有限长的;

(4) sub$^{\vee}S$ 是有限宽的;

(5) sub$^{\vee}S$ 是有限 d 宽的;

(6) sub$^{\vee}S$ 是 NF 格;

(7) sub$^{\vee}S$ 是有限的.

设 S 是有限诣零半群, J_0 是 S 的零元 0 所在的 $\mathcal{J}$ 类. 用 $\mathcal{J}^*$ 表示集合 $(S/\mathcal{J})\backslash\{J_0\}$, 并设 $|\mathcal{J}^*| = r$, $\mathcal{J}^* = \{J^{(1)}, J^{(2)}, \cdots, J^{(r)}\}$. 对任意的 $J \in \mathcal{J}^*$, 用 $l(J)$ 表示形如 $J < J^{(i_1)} < J^{(i_2)} < \cdots$ 的最大链的长度, 并对任意的 $0 \leqslant k \leqslant r$, 定义 $J(k) = \{J \in \mathcal{J}^* : l(J) = k\}$. 对每个 k, 令 $|J(k)| = p_k$, 其中 k, p_k 是非负整数. 将 $J^{(1)}, J^{(2)}, \cdots, J^{(r)}$ 按 $l(J^{(i)})$ 的大小顺序从大到小重新排列: 若 $l(J^{(i)}) = n_1$ 最大, 则将 $J(n_1)$ 中的 p_{n_1} 个元分别记为 $J_1, J_2, \cdots, J_{p_{n_1}}$. 若 $l(J^{(j)}) = n_2$ 次之, 则将 $J(n_2)$ 中的 p_{n_2} 个元分别记为 $J_{p_{n_1}+1}, J_{p_{n_1}+2}, \cdots, J_{p_{n_1}+p_{n_2}}$, 等等. 这样, $\mathcal{J}^* = \{J_1, J_2, \cdots, J_r\}$, 且 $J_i < J_j$ 蕴含 $i < j$(因为 $J_i < J_j$ 蕴含 $l(J_i) > l(J_j)$, 进而根据 $J_1, J_2, \cdots J_r$ 的下标的定义有 $i < j$). 对任意的 $1 \leqslant k \leqslant r$, 令

$$I_k = \{0\} \cup \left(\bigcup_{i \leqslant k} J_i\right).$$

不难验证, $I_k \in \mathrm{sub}^{\vee} S$, 且格区间 $[I_{k-1}, I_k]$ 只有两个元素, 就是 I_{k-1} 和 I_k. 因此,

$$\{0\} \subset I_1 \subset I_2 \subset \cdots \subset I_r = S.$$

这说明 $\mathrm{sub}^{\vee} S$ 的长为 r.

定理 6.3.2 若诣零半群 S 的非空子半群格 $\mathrm{sub}^{\vee} S$ 是有限长的, 则其长度为 $|S| - 1$.

6.4 全逆子半群格的长度

这一节中, 利用 3.2 节的结果来研究逆半群 S 的全逆子半群格 $\mathrm{subfi}S$ 的长度.

定理 6.4.1 设 S 为逆半群. 如果 $\mathrm{subfi}S$ 有有限长度, 那么 S 是完全半单的, 且 S 中只有有限多个非平凡 $\mathcal{J}$ 类, 他们都含有限多个幂等元.

证明 用 $\mathcal{J}^*$ 表示 S 的非平凡 $\mathcal{J}$ 类的集合. 设 $J \in \mathcal{J}^*$, 那么 $\mathcal{J}^*$ 中的每个形如

$$J = J^{(0)} < J^{(1)} < \cdots < J^{(k)} < \cdots$$

的升链必对应 $\mathrm{subfi}S$ 中的升链

$$I(J^{(0)}) \subset I(J^{(1)}) \subset \cdots \subset I(J^{(k)}) \subset \cdots.$$

因为 $\mathrm{subfi}S$ 有有限长, 因此 $\mathcal{J}^*$ 中的每个由 J 开始的这样的升链是有限的. 对 $\mathcal{J}^*$ 中的每个 J, 用 $d(J)$(J 的深度) 表示 $\mathcal{J}^*$ 中的由 J 开始的上述升链的最大长度. 容易证明, 对任意的 $J_1, J_2 \in \mathcal{J}^*$, 由 $J_1 < J_2$ 蕴涵 $d(J_1) > d(J_2)$. 令

$$\mathcal{J}^*(k) = \{J \in \mathcal{J}^* : d(J) = k\}, \quad 0 \leqslant k \leqslant n,$$

易见, $n \leqslant l(\text{subfi}S)$.

如果 $\mathcal{J}^*$ 是无限的, 那么必然存在 m, 使得 $\mathcal{J}^*(m)$ 是无限的. 现在假设 $J^{(1)}$, $J^{(2)}, \cdots$ 是 $\mathcal{J}^*(m)$ 的一个可数子集, 并且对每个 j, 记

$$I^{(j)} = \bigcup_{i \leqslant j} I(J^{(i)}).$$

因为 $J^{(j)} \subseteq I^{(j)}$, 而当 $i < j$ 时, $J^{(j)} \nsubseteq I^{(i)}$ (因为 $J^{(j)} < J^{(i)}$ 蕴涵 $d(J^{(j)}) > d(J^{(i)})$). 因此, $I^{(1)} \subset I^{(2)} \subset \cdots$ 是 subfi$S$ 中的无限链, 这与假设矛盾, 故 $\mathcal{J}^*$ 是有限的.

假设 S 不是完全半单的, 则 S 包含元素 x, 使得 $xx^{-1} > x^{-1}x$, 进而根据引理 1.2.7 不难证明,

$$\langle E_S, x, x^{-1} \rangle \supset \langle E_S, x^2, x^{-2} \rangle \supset \langle E_S, x^4, x^{-4} \rangle \supset \cdots \supset \langle E_S, x^{2n}, x^{-2n} \rangle \supset \cdots$$

是无限升链, 这是矛盾. 从而 S 是完全半单的.

最后再假设 $\mathcal{J}$ 类 J 包含无限多个幂等元, 并设 $e_0, e_1, e_2, \cdots$ 是其中的可数个幂等元. 令 $x_n \in R_{e_0} \cap L_{e_n}, n \geqslant 1$, 并令

$$A_n = \text{inv}\langle E_S, x_1, x_2, \cdots, x_n \rangle, \quad n \geqslant 1.$$

如果对某个 $n \geqslant 2$, $A_{n-1} = A_n$, 即 $x_n \in A_{n-1}$, 那么容易证明 $x_n = wx_i^{\pm 1}$, 其中 $w \in A_{n-1}$, 且 $1 \leqslant i \leqslant n-1$. 因此有 $x_n \mathcal{L} x_i^{-1} \mathcal{L} e_0$ 或者 $x_n \mathcal{L} x_i \mathcal{L} e_i$. 由此可得 $e_n = x_n^{-1} x_n = e_0$ 或者 $e_n = x_n^{-1} x_n = e_i$, 这和假设矛盾. 所以 $A_1 \subset A_2 \subset \cdots$ 就是 subfi$S$ 中的无限链, 此与已知条件矛盾. ∎

如果 S 是组合的逆半群且有有限长, 那么利用定理 6.4.1 和推论 3.2.5, subfi$S$ 是半模的, 并且满足 Jordan-Dedekind 链条件. 注意到, 若 X 是有限非空集合, 则 $l(\mathcal{E}(X)) = |X| - 1$ (见文献 [1]). 于是就有下列的结论.

定理 6.4.2 设 S 是组合逆半群, 且 subfi$S$ 有限长, 那么

$$l(\text{subfi}S) = \sum_{J \in \mathcal{J}^*} |E_J| - |\mathcal{J}^*|,$$

其中 $\mathcal{J}^*$ 是 S 的非平凡 $\mathcal{J}$ 类的集合.

证明 为了计算 subfi$S$ 的长度, 仅需要找出 subfi$S$ 中最大链的长度. 因为 S 是组合的, 所以, 对每个 $J \in \mathcal{J}^*$, 格 subfi(PF(J)) 具有长度 $|E_J| - 1$.

对 $\mathcal{J}^*$ 中的每个 J, 仍然用 $d(J)$ 表示 $\mathcal{J}^*$ 中的由 J 开始的升链的最大长度 (见定理 6.4.1 的证明), 并记 $n = \max d(J) : J \in \mathcal{J}^*, r = |\mathcal{J}^*|$,

$$\mathcal{J}^*(k) = \{J \in \mathcal{J}^* : d(J) = k\}, \quad 0 \leqslant k \leqslant n.$$

6.4 全逆子半群格的长度

将 $\mathcal{J}^*$ 中的元素按照 $\mathcal{J}^*(i)$ 的大小重新排序为：$J^{(1)}, J^{(2)}, \cdots, J^{(r)}$. 那么 $J^{(i)} < J^{(j)}$ 蕴涵 $i < j$ (因为 $J^{(i)} < J^{(j)}$ 蕴涵 $d(J^{(i)}) > d(J^{(j)})$). 记 $I^{(0)} = E_S$,

$$I^{(k)} = E_S \cup \Big(\bigcup_{j \leqslant k} J^{(j)} \Big), \quad 1 \leqslant k \leqslant r.$$

于是便得到升链

$$E_S = I^{(0)} < I^{(1)} < I^{(2)} < \cdots < I^{(r)} = S.$$

利用和定理 3.1.4 中相似的方法可以证明, 区间 $[I^{(n-1)}, I^{(k)}]$ 与 $\mathrm{subfi}(\mathrm{PF}(J^{(k)}))$ 同构. 因此

$$\begin{aligned}
l(\mathrm{subfi}S) &= \sum_{k=1}^{r} l(\mathrm{subfi}(\mathrm{PF}(J^{(k)}))) \\
&= \sum_{J \in \mathcal{J}^*} l(\mathrm{subfi}(\mathrm{PF}(J))) \\
&= \sum_{J \in \mathcal{J}^*} (|E_J| - 1) \\
&= \sum_{J \in \mathcal{J}^*} |E_J| - |\mathcal{J}^*|.
\end{aligned}$$

故定理得证. ∎

推论 6.4.3 如果 S 是有限的组合逆半群, 那么

$$l(\mathrm{subfi}S) = |E_S| - |S/\mathcal{J}|.$$

证明 因为当 S 是有限半群时, $|E_S \setminus (\bigcup_{J \in \mathcal{J}^*} E_J)| = |(S/\mathcal{J}) \setminus \mathcal{J}^*|$, 并且是有限的, 从而由定理 6.4.2 即可证明. ∎

第七章 逆半群的格同构

称逆半群 S 和逆半群 T 是格同构的,如果 subi$S$ 与 subi$T$ 是同构的. 如果 Φ 是 subi$S$ 与 subi$T$ 之间的格同构, 那么 Φ 称为 S 到 T 的格同构. 称 S 到 T 的映射 ϕ 诱导出 S 到 T 的格同构 Φ, 如果对任意的 $A \in \text{subi}S$, 总有 $A\Phi = A\phi = \{a\phi : a \in A\}$.

研究格同构的主要目的就是考察当两个逆半群的逆子半群格同构时, 这两个逆半群之间有怎样的关系. 文献 [9],[10] 中已经研究了单演逆半群, Brandt 半群以及 E 酉逆半群的格同构. 如果无限单演逆半群 S 和逆半群 T 格同构, 那么 S 和 T 同构; 当 S 是组合单演逆半群时, 格同构可被半群同构所诱导. 对至少包含三个非零幂等元的 Brandt 半群 S 来说, S 和逆半群 T 的格同构也可被它们之间的半群同构所诱导.

这一章主要讨论模逆半群、组合逆半群、完全半单逆半群以及基本逆半群的格同构, 其结果主要来自文献 [59],[61],[62].

7.1 部分基本双射和基本双射

设 E 和 F 是半格, 称映射 $\varphi: E \to F$ 是弱同构, 如果 φ 是双射, 且对任意的 $e, f \in E$,

(1) $e \leqslant f \Leftrightarrow e\varphi \leqslant f\varphi$;

(2) $e \| f \Leftrightarrow e\varphi \| f\varphi$.

不难证明, 半格之间的弱同构 φ 是同构, 当且仅当 φ 是保序的. 这个事实以后在本章中将不加说明地多次使用.

设 Φ 是逆半群 S 到逆半群 T 的格同构. 显然, $E_S \Phi = E_T$, 因此, Φ 在 subiE_S 上的限制 $\Phi|_{\text{subi}E_S}$ 是 subiE_S 到 subiE_T 的同构. 所以有下面的引理.

引理 7.1.1 设 S 和 T 都是逆半群, Φ 是 S 到 T 的格同构, 那么存在 E_S 到 E_T 的弱同构 φ, 使得对任意的 $e \in E_S$, 有 $\{e\}\Phi = \{e\varphi\}$.

引理 7.1.1 中, 由格同构 Φ 所确定的弱同构以后总表示为 ϕ_E.

由引理 7.1.1 即可知, 格同构 Φ 将 S 的极大子群 H_e 对应成 T 的极大子群 $H_{e\phi_E}$, 其中 $e \in E_S$, 也就是说, 限制 $\Phi|_{\text{subg}H_e}$ 是 subgH_e 到 subg$H_{e\phi_E}$ 的格同构. 由此可知, 如果 S 是组合的, 那么 T 也是组合的.

引理 7.1.2 设 S 和 T 都是逆半群. 如果 S 是单半群, 且 subi$S \cong$ subi$T$, 那么 T 也是单半群, 且弱同构 ϕ_E 是 $E_S \to E_T$ 的同构.

用 N_S 表示逆半群 S 的所有非群元的集合.

引理 7.1.3 设 S 和 T 都是逆半群, Φ 是 S 到 T 的格同构, 那么对每个 $x \in N_S$, 存在唯一的 $y \in T$, 使得

(1) $\mathrm{inv}\langle x\rangle\Phi = \mathrm{inv}\langle y\rangle$, $(xx^{-1})\phi_E = yy^{-1}$, $(x^{-1}x)\phi_E = y^{-1}y$;

(2) 映射 $\phi_N: x \to y$ 是 N_S 到 N_T 的双射;

(3) ϕ_N 保 $\mathcal{L}$ 关系和 $\mathcal{R}$ 关系;

(4) $\phi_{E\cup N} = \phi_E \cup \phi_N$ 是 $E_S \cup N_S$ 到 $E_T \cup N_T$ 的双射.

引理 7.1.2 和引理 7.1.3 的详细证明参见文献 [9] 的定理 44.1 以及命题 42.13 和推论 42.17.

由格同构 Φ 所确定的映射 $\phi_{E\cup N}$ 叫做基本部分双射, 以后总用 ϕ 表示.

引理 7.1.3 说明, 若 S 和 T 都是逆半群, Φ 是 S 到 T 的格同构, 那么存在唯一的双射 (即基本部分双射)$\phi: E_S \cup N_S \to E_T \cup N_T$, 使得 ϕ 保 $\mathcal{L}$ 关系和 $\mathcal{R}$ 关系, 且 $\phi|_{E_S} = \phi_E$ 以及

$$(aa^{-1})\phi = a\phi(a\phi)^{-1}, \quad (a^{-1}a)\phi = (a\phi)^{-1}a\phi,$$

其中 $a \in E_S \cup N_S$. 特别地, 如果 S 是组合逆半群, 那么 ϕ 是 S 到 T 的双射.

由文献 [9] 中定理 42.2 和定理 42.4 直接得, 如果 S 是组合的单演逆半群, 那么 S 到逆半群 T 的格同构 Φ 可被 ϕ 诱导, 且 ϕ 是 S 到 T 的同构.

设 Φ 是逆半群 S 到逆半群 T 的格同构, 并假设 S 的每个非平凡的 $\mathcal{D}$ 类至少包含两个幂等元, 即每个非平凡的 $\mathcal{D}$ 类包含非群元. 此时不难证明, S 的每个非平凡的 $\mathcal{R}$ 类中都有非群元. 若 e 是 S 的某个非平凡 $\mathcal{D}$ 类中的幂等元, 那么用 r_e 表示 $\mathcal{R}$ 类 R_e 中的某个固定的非群元. 显然, $r_e r_e^{-1} = e$.

设 $x \in \mathrm{Gr}S$, 并设 $H_x = H_e$ 是 x 所在的 $\mathcal{H}$ 类, $e \in E_S$. 记 $s = x^{-1}r_e$, 则 $ss^{-1} = x^{-1}r_e r_e^{-1} x = e$, 因此, $s\mathcal{R}r_e$. 进而,

$$s^{-1}s = r_e^{-1}xx^{-1}r_e = r_e^{-1}er_e = r_e^{-1}r_e,$$

所以, $s\mathcal{L}r_e$. 由此可得 $s \in H_{r_e}$, 即 s 不是群元, 并且

$$x = ex = (r_e r_e^{-1})x = r_e(r_e^{-1}x) = r_e s^{-1}.$$

现在定义映射 $\theta: S \to T$ 如下: 对任意的 $x \in S$,

$$x\theta = \begin{cases} x\phi, & \text{如果} x \in N_S, \\ r_e\phi(s\phi)^{-1}, & \text{如果} x \notin N_S. \end{cases}$$

这样定义的映射 θ 叫做由格同构 Φ 确定的基本映射, 基本映射有下面的性质:

引理 7.1.4[9]　设 S 和 T 都是逆半群，Φ 是 S 到 T 的格同构，S 的每个非平凡的 $\mathcal{D}$ 类至少包含两个幂等元，那么 θ 满足：

(1) $\theta|_{E_S \cup N_S} = \phi$, $\theta|_{E_S} = \phi_E$, $\theta|_{N_S} = \phi_N$;

(2) $(xx^{-1})\theta = x\theta(x\theta)^{-1}$, $(x^{-1}x)\theta = (x\theta)^{-1}x\theta$, 其中 $x \in S$;

(3) θ 保 $\mathcal{L}$ 关系和 $\mathcal{R}$ 关系；

(4) θ 是 S 到 T 的双射；

(5) 若 S 到 T 的同构 τ 诱导 Φ，且满足 $(xx^{-1})\tau = x\theta(x\theta)^{-1}$，其中 $x \in S$，则 $\tau = \theta$.

这个引理表明，基本映射 θ 是双射，所以 θ 叫做由格同构 Φ 确定的基本双射，以后总用 θ 表示. 同时还注意到，如果 S 的每个非平凡的 $\mathcal{D}$ 类至少包含两个幂等元，S 到逆半群 T 的格同构 Φ 可被 θ 诱导，且 θ 本身是同构，那么 θ 是唯一诱导 Φ 的同构.

7.2　模逆半群的格同构

命题 7.2.1　设 S 和 T 都是逆半群，Φ 是 S 到 T 的格同构，如果 S 是单模逆半群，那么 $(\ker \sigma_S)\Phi = \ker \sigma_T$.

证明　设 $\mathrm{subi}S \cong \mathrm{subi}T$，那么显然，$\mathrm{subfi}S \cong \mathrm{subfi}T$. 所以，$T$ 也是模逆半群. 于是，根据命题 3.5.20，有 $\ker \sigma_S = \{x \in S: xx^{-1} \| x^{-1}x\} \cup E_S$, $\ker \sigma_T = \{x \in T: xx^{-1} \| x^{-1}x\} \cup E_T$.

设 $u \in \ker \sigma_T$. 若 $u \in E_T$，则 $u \in E_S\Phi \subseteq (\ker \sigma_S)\Phi$. 现在假设 $u \notin E_T$，则 $uu^{-1} \| u^{-1}u$. 因为模逆半群是组合的，因此由引理 7.1.3 可知，存在 $x \in S$，使得 $u = x\phi$. 由此利用引理 7.1.3，有 $(xx^{-1})\phi_E \| (x^{-1}x)\phi_E$，进而由引理 7.1.1 即可得 $xx^{-1} \| x^{-1}x$. 于是，$x \in \ker \sigma_S$，从而，$\ker \sigma_T \subseteq (\ker \sigma_S)\Phi$.

对称地，有 $\ker \sigma_S \subseteq (\ker \sigma_T)\Phi^{-1}$. 故有 $(\ker \sigma_S)\Phi = \ker \sigma_T$. ∎

由 3.5 节中的结论我们知道，在单模逆半群 S 中，每个不在 $\ker \sigma_S$ 中的元素 x 要么是严格右正则元，要么是严格左正则元，从而，$\langle x, x^{-1} \rangle$ 是双循环半群. 因此，由引理 7.1.3 和命题 7.2.1 可得

命题 7.2.2　设 S 和 T 都是逆半群，Φ 是 S 到 T 的格同构，如果 S 是双循环半群，那么 T 也是双循环半群. 事实上，Φ 可以被 S 到 T 的唯一同构所诱导.

在命题 7.2.1 的条件下，如果 $x \in S$，但 $x \notin \ker \sigma_S$，那么不难看出，$\Phi|_{\mathrm{subi}\langle x, x^{-1}\rangle}$ 是 $\langle x, x^{-1} \rangle$ 到 $\langle x\phi, (x\phi)^{-1} \rangle$ 的格同构，而 $\phi|_{\langle x, x^{-1}\rangle}$ 是 $\langle x, x^{-1} \rangle$ 到 $\langle x\phi, (x\phi)^{-1} \rangle$ 的同构，且 $\phi|_{\langle x, x^{-1}\rangle}$ 诱导 $\Phi|_{\mathrm{subi}\langle x, x^{-1}\rangle}$.

引理 7.2.3　设 S 是单模逆半群.

(1) 如果 $a \in S$ 是严格右 (左) 正则的, 那么对任意满足 $e \leqslant aa^{-1}$ 的幂等元 e, 则 ea 也是严格右 (左) 正则的;

(2) 如果 $a, b \in S$, $a\sigma b$, 那么 a 是严格右 (左) 正则的, 当且仅当 b 是严格右 (左) 正则;

(3) 如果 $a, b \in S$ 是严格右 (左) 正则的, 且 $\langle a, a^{-1}\rangle \sigma = \langle b, b^{-1}\rangle \sigma$, 那么 $a\sigma b$.

证明 (1) 不妨设 $a \in S$ 是严格右正则元, 且 $e \in E_S$ 满足 $e \leqslant aa^{-1}$. 根据命题 3.5.20 知, $a \notin \ker \sigma$, 进而 $ea \notin \ker \sigma$. 显然, $ea\mathcal{R}a$. 而由 S 的阿基米德性可知, 存在 $n \in Z^+$, 使得 $a^{-n}a^n < e$. 由此, $a^{-n}ea^n \leqslant a^{-n}a^n < e$. 现在假设 ea 是左正则的, 即 $a^{-1}ea = (ea)^{-1}(ea) \geqslant e$. 那么 $a^{-2}ea^2 = a^{-1}(a^{-1}ea)a \geqslant a^{-1}ea \geqslant e$. 最后归纳可得 $a^{-n}ea^n \geqslant e$, 这是矛盾. 因此, ea 是严格右正则的. 当 $a \in S$ 是严格左正则元时, 类似可证 ea 也是严格左正则的.

(2) 设 $a\sigma b$, 且 a 是严格右正则的, 则 $a \notin \ker \sigma$, 进而, $b \notin \ker \sigma$, 由此 b 是严格右正则的或者是严格左正则的. 因为 $a\sigma b$, 因而, 存在 $e \in E_S$, 使得 $ea = eb$, 并不失一般性, 可以假设 $e \leqslant aa^{-1}$. 于是根据 (1), $ea = eb$ 是严格右正则的. 再一次利用 (1), b 不能是严格左正则的, 从而是严格右正则的.

(3) 因为 $\langle a, a^{-1}\rangle \sigma = \langle b, b^{-1}\rangle \sigma$, 所以存在 $w \in \langle b, b^{-1}\rangle \subseteq \langle E_S, b, b^{-1}\rangle$, 使得 $a\sigma = w\sigma$. 而由引理 1.2.7, 存在非零整数 n, 使得 $w = ww^{-1}b^n$. 由此有 $a\sigma = b^n\sigma$. 完全类似, 存在非零整数 m, 使得 $b\sigma = a^m\sigma$. 于是有 $a\sigma = a^{mn}\sigma = (a\sigma)^{mn}$. 而由引理 3.5.11 知, S/σ 是无挠群, 因此, $mn = 1$, 即 $n = \pm 1$. 此时, $a\sigma = b^{\pm 1}\sigma$. 但 b^{-1} 是严格左正则的, 所以根据 (2) 即得 $a\sigma = b\sigma$. ∎

引理 7.2.4 设 S 和 T 都是逆半群, Φ 是 S 到 T 的格同构. 如果 S 是单模逆半群, 且 $x, y \in S \setminus \ker \sigma_S$, $f \in E_S$, $y = fx$, 那么 $(\langle x, x^{-1}\rangle \Phi)\sigma_T = (\langle y, y^{-1}\rangle \Phi)\sigma_T$.

证明 令 $a = x\phi$, $b = y\phi$. 根据引理 7.1.3, $a, b \in T \setminus \ker \sigma_T$. 由 $y = fx$ 得 $\langle y, y^{-1}\rangle \subseteq \langle E_S, x, x^{-1}\rangle = E_S \vee \langle x, x^{-1}\rangle$, 进而,

$$\langle b, b^{-1}\rangle = \langle y, y^{-1}\rangle \Phi \subseteq E_S\Phi \vee \langle x, x^{-1}\rangle \Phi = E_T \vee \langle a, a^{-1}\rangle = \langle E_S, a, a^{-1}\rangle.$$

于是由引理 1.2.7, 存在非零整数 n, 使得 $b = bb^{-1}a^n$. 由此有 $b\sigma_T = a^n \sigma_T$. 设 $z = a^n\phi^{-1} \in \langle a^n, a^{-n}\rangle \Phi^{-1} \subseteq \langle x, x^{-1}\rangle$. 那么 $\langle z, z^{-1}\rangle \subseteq \langle x, x^{-1}\rangle$, 且

$$\begin{aligned}\langle y, y^{-1}\rangle = \langle b, b^{-1}\rangle \Phi^{-1} &\subseteq \langle E_T, a^n, a^{-n}\rangle \Phi^{-1} \\ &= E_T\Phi^{-1} \vee \langle a^n, a^{-n}\rangle \Phi^{-1} \\ &= \langle E_S, z, z^{-1}\rangle.\end{aligned}$$

再次利用引理 1.2.7, 存在非零整数 m, 使得 $y = yy^{-1}z^m$, 由此有 $x\sigma = y\sigma = z^m\sigma$.

因为 ϕ 在 $\langle x, x^{-1}\rangle$ 上的限制 $\phi|_{\langle x, x^{-1}\rangle}$ 是 $\langle x, x^{-1}\rangle$ 到 $\langle a, a^{-1}\rangle$ 上的同构, 所以, $z = a^n\phi^{-1} = (a\phi^{-1})^n = x^n$. 于是有 $x\sigma_S = x^{mn}\sigma_S$. 这样, 由于 $x\sigma_S$ 是无限阶元素,

因此 $mn = 1$, 进而 $n = \pm 1$. 故有

$$(\langle y, y^{-1}\rangle\Phi)\sigma_T = (\langle b, b^{-1}\rangle\Phi)\sigma_T = (\langle a, a^{-1}\rangle\Phi)\sigma_T = (\langle x, x^{-1}\rangle\Phi)\sigma_T,$$

从而证明了引理. ∎

推论 7.2.5 设 S 和 T 都是逆半群, Φ 是 S 到 T 的格同构. 如果 S 是单模逆半群, 且 $a, b \in S$, $a\sigma_S b$, 那么 $(a\phi)\sigma_T(b\phi)$.

证明 如果 $a \in \ker \sigma_S$, 那么由引理 7.2.3 可知, $b \in \ker \sigma_S$, 进而, $(a\phi)\sigma_T(b\phi)$. 现在假设 $a, b \notin \ker \sigma_S$. 因为 $a\sigma_S b$, 因此存在 $e \in E_S$, 使得 $ea = eb \notin \ker \sigma_S$. 于是, 利用上面的引理可得 $(\langle a, a^{-1}\rangle\Phi)\sigma_T = (\langle b, b^{-1}\rangle\Phi)\sigma_T$, 即 $\langle a\phi, a^{-1}\phi\rangle\sigma_T = \langle b\phi, b^{-1}\phi\rangle\sigma_T$. 故由引理 7.2.3 的 (3) 可得 $(a\phi)\sigma_T(b\phi)$. ∎

引理 7.2.6[9] 设 S 和 T 都是逆半群, Φ 是 S 到 T 的格同构. 如果 S 是 E 酉逆半群, 且 ϕ_E 是同构, 那么 T 也是 E 酉逆半群.

为了证明下面的引理, 先来看逆半群的一个性质. 设 S 是逆半群, 且 $a, b, c \in S$, $f \in E_S$. 如果 $a\mathcal{R}b\mathcal{L}f\mathcal{R}c\mathcal{L}a$, 那么存在 $x, y, u, v, s, t, w, r \in S$, 使得

$$a = bx, \quad b = ay = uf, \quad f = vb = cs, \quad c = ft = wa, \quad a = rc.$$

于是

$$a = bx = bfx = (bc)sx = rc = rfc = rv(bc), \quad bc = ayc = bwa,$$

从而 $a\mathcal{H}bc$.

命题 7.2.7 设 S 和 T 都是逆半群, Φ 是 S 到 T 的格同构. 如果 S 是单模逆半群, 那么 ϕ 是同态.

证明 设 $a, b \in S$, 并记 $f = (a^{-1}a)(bb^{-1})$, 则 $af = abb^{-1}$, $fb = a^{-1}ab$. 因为

$$ab = abb^{-1}b = (af)b, \quad af = (ab)b^{-1},$$

$$f = (a^{-1}a)(bb^{-1}) = a^{-1}(af) = (fb)b^{-1},$$

$$fb = a^{-1}(ab), \quad ab = aa^{-1}ab = a(fb),$$

所以

$$ab\mathcal{R}af\mathcal{L}f\mathcal{R}fb\mathcal{L}ab,$$

进而, 因为 $f\phi \in E_T$, 所以

$$(ab)\phi\mathcal{H}(af)\phi(fb)\phi.$$

但 T 是组合的, 因此

$$(ab)\phi = (af)\phi(fb)\phi. \tag{7.1}$$

又因为 $(fb)\sigma b$, 因此, $(fb)\phi\sigma(b\phi)\sigma(f\phi b\phi)$. 于是, $f\phi \leqslant (bb^{-1})\phi = b\phi b^{-1}\phi$, 从而

$$((fb)\phi, f\phi b\phi) \in \mathcal{R} \cap \sigma. \tag{7.2}$$

下面分两种情况来证明 $(fb)\phi = f\phi b\phi$.

(1) 如果 $b \in \ker\sigma_S$. 那么 $fb \in \ker\sigma_S$, $b\phi \in \ker\sigma_T$, 进而, $f\phi, (fb)\phi, f\phi b\phi \in \ker\sigma_T$. 因为由引理 3.5.15 知, $|\ker\sigma_T \cap R_{f\phi}| \leqslant 2$, 而 $f\phi \mathcal{R}(fb)\phi \mathcal{R} f\phi b\phi$, 所以有 $(fb)\phi = f\phi b\phi$, 或者 $f\phi = (fb)\phi$, 或者 $f\phi = f\phi b\phi$.

首先假设 $(fb)\phi = f\phi$, 则 $fb = f$(因为 ϕ 是双射). 注意到, 若 $x \in \ker\sigma_S$ (或者 $x \in \ker\sigma_T$), 则由命题 3.5.20, $x^2 = x^3$. 易见, $x^2 \in E_S$, 且 $x^2 x^{-1} = x^{-1}x^2 = x^2$. 特别地, 关于 b 和 $b\phi$ 就有

$$b^2\phi = [(b^{-1}b)(bb^{-1})]\phi = (b^{-1}b)\phi(bb^{-1})\phi$$
$$= (b\phi)^{-1}(b\phi)^2(b\phi)^{-1}) = (b\phi)^2.$$

又因为 $fb^2 = (fb)b = fb = f$, 所以

$$f\phi b\phi = (fb^2)\phi b\phi = f\phi b^2 \phi b\phi$$
$$= f\phi(b\phi)^2 b\phi = f\phi(b\phi)^3 \in E_T.$$

由此

$$f\phi b\phi = (fb)\phi = f\phi.$$

其次假设 $f\phi b\phi = f\phi$. 令 $e = f\phi, c = b\phi$. 则 $ec = e$, 而 (2.2) 式变为

$$((ec)\phi^{-1}, e\phi^{-1}c\phi^{-1}) \in \mathcal{R} \cap \sigma. \tag{7.3}$$

于是模仿前面的过程便可得 $(ec)\phi^{-1} = e\phi^{-1}b\phi^{-1}$. 这就是说 $fb = f$, 从而 $(fb)\phi = f\phi b\phi$.

这样, 无论 $f\phi = (fb)\phi$, 还是 $f\phi = f\phi b\phi$, 都有 $(fb)\phi = f\phi b\phi$.

(2) 如果 $b \notin \ker\sigma_S$. 令 $U = \langle E_S, b, b^{-1}\rangle$. 若 $x \in U \setminus E_S$, 则由引理 1.2.7, 存在非零整数 n, 使得 $x = xx^{-1}b^n$, 因此, $x\sigma = b^n\sigma$. 但由于 $b\sigma \neq 1$, 而 S/σ 是无挠群, 所以 $x\sigma \neq 1$. 这说明 $x \notin \ker\sigma_S$, 从而, U 是 E 酉的. 由此并结合 (7.2) 式不难证明

$$((fb)\phi, f\phi b\phi) \in \mathcal{R}_{U\phi} \cap \sigma_{U\phi}.$$

又由引理 7.2.6 知, $U\phi$ 是 E 酉的, 因此再根据定理 1.2.9 可得, $(fb)\phi = f\phi b\phi$.

完全类似可证, $(af)\phi = a\phi f\phi$.

现在, (7.1) 式就可变为

$$(ab)\phi = a\phi f\phi b\phi.$$

注意到
$$f\phi = (a^{-1}abb^{-1})\phi = (a^{-1}a)\phi(bb^{-1})\phi = (a\phi)^{-1}a\phi b\phi(b\phi)^{-1},$$
于是
$$(ab)\phi = a\phi((a\phi)^{-1}a\phi b\phi(b\phi)^{-1})b\phi = a\phi b\phi.$$
故 ϕ 是同态. ∎

结合上述命题和引理 7.2.3, 便得到单模逆半群的格同构的刻画.

定理 7.2.8 设 S 和 T 都是逆半群, Φ 是 S 到 T 的格同构. 如果 S 是单模(分配)逆半群, 那么 Φ 可以被 S 到 T 的唯一的同构所诱导.

7.3 组合逆半群的格同构

设 S 是逆半群, $a,b \in S$, 称 ab 为限制积, 如果 $a^{-1}a = bb^{-1}$. 不难验证, 若 ab 是限制积, 当且仅当 $a\mathcal{R}ab\mathcal{L}b$.

引理 7.3.1 设 S 是逆半群, A 是 S 的子集. 那么 A 是 S 的逆子半群, 当且仅当

(1) A 关于限制积和逆封闭;

(2) E_A 是半格;

(3) 若 $b \in S$, $bb^{-1} \in A$, 且 $b < a \in A$, 那么 $b \in A$.

证明 必要性是显然的, 下面证明充分性. 设 $a,b \in A$, 则 $a^{-1}, b^{-1} \in A$. 而由 (2) 即知, $a^{-1}abb^{-1} \in A$, 进而
$$(abb^{-1})^{-1}(abb^{-1}) = (a^{-1}ab)(a^{-1}ab)^{-1} = a^{-1}abb^{-1} \in A.$$
又由于 $a^{-1}ab \leqslant b \in A$, 所以由 (3) 得 $a^{-1}ab \in A$. 因为 $a^{-1}, b^{-1} \in A$, 所以根据对偶性也可以证明 $abb^{-1} \in A$. 于是, $ab = aa^{-1}abb^{-1}b = (abb^{-1})(a^{-1}ab) \in A$(因为 $(abb^{-1})(a^{-1}ab)$ 是限制积). 故 A 是逆子半群. ∎

引理 7.3.2 设 S 和 T 都是逆半群, ψ 是 S 到 T 的双射, 且 ψ 诱导出 subfi$S$ 到 subfi$T$ 的某个同构. 如果 $a,b \in S$, $b \notin E_S$, $b < a$, 那么存在非零整数 n, 使得 $b\psi \leqslant (a\psi)^n$.

证明 首先, 由于 $b < a$, 因此, $b = bb^{-1}a \in E_S \vee \langle a, a^{-1} \rangle$, 进而, $b\psi \in E_T \vee \langle a\psi, (a\psi)^{-1} \rangle = \langle E_T, a\psi, (a\psi)^{-1} \rangle$. 因为 $b \notin E_S$, 所以 $b\psi \notin E_S\psi = E_T$. 于是, 利用引理 1.2.7 即可证明引理. ∎

定理 7.3.3 设 S 和 T 都是组合逆半群, Φ 是 S 到 T 的格同构, 那么存在唯一的双射 $\phi: S \to T$, 使得 ϕ 诱导 Φ, 且满足:

(1) $\phi|_{E_S} = \phi_E$;

(2) ϕ 保持 $\mathcal{R}$ 关系和 $\mathcal{L}$ 关系;

(3) 若 $a, b \in S$, $b < a$, 且 $b \notin E_S$, 则存在非零整数 n, 使得 $b\phi \leqslant (a\phi)^n$, 且 ϕ^{-1} 也有这样的性质.

反之, 满足上述条件 (1), (2) 和 (3) 的双射 $\phi: S \to T$ 一定诱导出 S 到 T 的一个格同构.

证明 必要性. (1) 和 (2) 由引理 7.1.3 即可证. 由于 ϕ 诱导 subi$S$ 和 subi$T$ 之间的同构, 因此也诱导 subfi$S$ 和 subfi$T$ 之间的同构, 所以由引理 7.3.2 即可证明 (3) 成立.

充分性. 假设 ϕ 是 S 到 T 的满足 (1)~(3) 的双射, 那么不难证明, 对任意的 $a \in S$, 总有 $(a\phi)^{-1} = a^{-1}\phi$, 且 ϕ^{-1} 也满足 (1)~(3).

设 $A \in \mathrm{subi}S$. 任取 $a, b \in A$, 且 $(a\phi)^{-1}a\phi = b\phi(b\phi)^{-1}$, 则 $a\phi\mathcal{R}a\phi b\phi\mathcal{L}b\phi$. 于是根据 (2), $a^{-1}a = bb^{-1}$, 进而 $a\mathcal{R}ab\mathcal{L}b$, 再由 (2) 即得 $a\phi\mathcal{R}(ab)\phi\mathcal{L}b\phi$. 但由于 T 是组合的, 所以 $a\phi b\phi = (ab)\phi \in A\phi$. 这就是说, $A\phi$ 关于限制积是封闭的. 其次, 如果假设 $a \in A$, $b \in S$, 且 $b\phi(b\phi)^{-1} \in A\phi$, $b\phi < a\phi$, 那么由 (2) 可知, $b\phi(b\phi)^{-1} = (bb^{-1})\phi$, 进而 $bb^{-1} \in A$, 并由 (3) 可得, 存在非零整数 n, 使得 $b \leqslant a^n$. 于是由引理 7.3.1 知, $b \in A$, 从而 $b\phi \in A\phi$. 另外, 由 (1) 容易验证, $E_{A\phi}$ 显然是 E_T 的子半格. 这样, $A\phi \in \mathrm{subi}T$.

现在不难证明, 映射 $\Phi: A \to A\phi$ 是 subi$S$ 到 subi$T$ 的同构. ∎

逆半群 S 称为拟阿基米德的, 如果对任意的 $e \in E_S$ 和 $a \in N_S$, 当 e 小于或等于 $\langle a, a^{-1} \rangle$ 中的每个幂等元时, 则 $e < a$.

引理 7.3.4 设 S 是拟阿基米德逆半群, ϕ 是 S 到逆半群 T 上的双射, 且满足:

(1) ϕ 在 E_S 上的限制 $\phi|_{E_S}$ 是 E_S 到 E_T 的同构;

(2) ϕ 保持 $\mathcal{L}$ 关系和 $\mathcal{R}$ 关系;

(3) 对每个 $a \in N_S$, 限制 $\phi|_{\mathrm{inv}\langle a \rangle}$ 是 $\mathrm{inv}\langle a \rangle$ 上的同构;

(4) ϕ 诱导出 subfi$S$ 到 subfi$T$ 的一个同构.

那么对任意的 $a \in S$, $a \in E_S \cup N_S$, 由 $b < a$ 蕴涵 $b\phi < a\phi$.

证明 若 $a \in E_S$, 则由 $b < a$ 即可得 $b \in E_S$. 因为 $\phi|_{E_S}$ 是同构, 因此, $b\phi < a\phi$. 下面假设 $a \in N_S$.

首先设 $b \in E_S$. 由 $b < a$ 可得 $b < aa^{-1}$, 进而有 $b\phi < (aa^{-1})\phi = a\phi(a\phi)^{-1}$. 于是, $b\phi\mathcal{R}b\phi a\phi$. 令 $c = (b\phi a\phi)\phi^{-1}$, 则 $c\mathcal{R}b$. 假设 $b\phi a\phi \notin E_T$, 那么由 $b\phi a\phi < a\phi$ 以及 (对 ϕ^{-1} 应用) 引理 7.3.2 知, 存在非零整数 n, 使得

$$c = (b\phi a\phi)\phi^{-1} \leqslant ((a\phi)\phi^{-1})^n = a^n,$$

由此得 $c = cc^{-1}a^n = ba^n = b \in E_T$, 这是矛盾. 所以, $b\phi a\phi \in E_T$, 即 $b\phi < a\phi$.

其次设 $b \notin E_S$. 如果假设对任意的 $n \in Z^+$ 有 $bb^{-1} < a^n a^{-n}$, 且 $b^{-1}b < a^{-n}a^n$, 那么对所有的 $n > 1$,

$$bb^{-1} = b(b^{-1}b)b^{-1} \leqslant a(a^{-n}a^n)a^{-1} \leqslant a^{-(n-1)}a^{n-1}.$$

由此, bb^{-1} 小于 $\mathrm{inv}\langle a\rangle$ 中的每个幂等元, 所以, $bb^{-1} < a$(因为 S 是拟阿基米德的). 于是, $b = bb^{-1}a = bb^{-1} \in E_S$, 矛盾. 这表明, 一定存在最大正整数 n, 使得 $bb^{-1} < a^n a^{-n}$ 但 $bb^{-1} \not< a^{n+1}a^{-(n+1)}$, 或者 $b^{-1}b < a^{-n}a^{-n}$ 但 $bb^{-1} \not< a^{-(n+1)}a^{n+1}$.

现在不妨设 $bb^{-1} < a^n a^{-n}$, 则由 $b < a$ 可得 $b < a^n a^{-(n-1)}$. 因此根据引理 7.3.2, 存在非零整数 k, 使得 $b\phi < (a^n a^{-(n-1)})^k \phi$ ($\phi|_{\mathrm{inv}\langle a\rangle}$ 是同构).

若 $k = 1$, 则 $b\phi < (a^n a^{-(n-1)})\phi = (a\phi)^n(a\phi)^{-(n-1)} \leqslant a\phi$.

若 $k > 1$, 则不难验证, $(a^n a^{-(n-1)})^k = a^{n+k-1}a^{-(n-1)}$. 因此

$$bb^{-1}\phi \leqslant [(a^{n+k-1}a^{-(n-1)})(a^{n+k-1}a^{-(n-1)})^{-1}]\phi = (a^{n+k-1}a^{-(n+k-1)})\phi.$$

于是, 由 $\phi|_{E_S}$ 是同构以及 $k > 1$ 可得

$$bb^{-1} \leqslant a^{n+k-1}a^{-(n+k-1)} \leqslant a^{n+1}a^{-(n+1)}.$$

由 n 的最大性得 $bb^{-1} = a^{n+1}a^{-(n+1)}$. 此时, 再利用 $b < a$ 就有 $b = a^{n+1}a^{-n}$, 进而, $b\phi = (a\phi)^{n+1}(a\phi)^{-n} < a\phi$.

若 $k < 0$, 则 $b^{-1}b \leqslant a^{n-k-1}a^{-(n-k-1)} \leqslant a^n a^{-n}$. 因此利用 $b < a$ 又可得 $bb^{-1} \leqslant a^{n+1}a^{-(n+1)}$, 从而也可证明 $b\phi < a\phi$.

当 $b^{-1}b < a^{-n}a^n$ 时, 和上面完全一样, 也可证明 $b\phi < a\phi$.

故引理得证. ∎

定理 7.3.5　设 S 是组合的拟阿基米德逆半群, Φ 是 S 到逆半群 T 的格同构, 且弱同构 $\phi_E : E_S \to E_T$ 是同构, 那么 Φ 可被 S 到 T 的唯一的同构诱导.

证明　根据文献 [8] 中定理 3.1.5 可知, 如果两个逆半群之间的映射 τ 是保序的, 保限制积的 (即若 ab 是限制积, 则 $a\tau b\tau = (ab)\tau$ 是限制积), 而在幂等元半格上的限制是同态, 那么该映射本身是同态.

由于 S 是组合逆半群, 所以基本双射 $\theta = \phi$. 设 $a, b \in S$, 且 ab 是限制积, 则 $a\mathcal{R}ab\mathcal{L}b$, 而 ϕ 是保 $\mathcal{L}$ 关系和 $\mathcal{R}$ 关系的, 因此 $a\phi\mathcal{R}(ab)\phi\mathcal{L}b\phi$. 另一方面, 由 $a^{-1}a = bb^{-1}$ 可得 $(a\phi)^{-1}a\phi = (a^{-1}a)\phi = (bb^{-1})\phi = b\phi(b\phi)^{-1}$, 因此, $a\phi b\phi$ 也是限制积, 进而, $a\phi\mathcal{R}a\phi b\phi\mathcal{L}b\phi$. 于是由 S 的组合性即得 $(ab)\phi = a\phi b\phi$.

此外, 由于 ϕ 诱导 Φ, 因此, ϕ 也诱导 $\mathrm{subfi}S$ 到 $\mathrm{subfi}T$ 的同构, 于是根据引理 7.3.4, ϕ 是保序的.

故 ϕ 是同构. ∎

7.4 完全半单逆半群的格同构

在文献 [9],[10] 中已经证明, 如果 S 是至少包含三个非零幂等元的 Brandt 半群, Φ 是 S 到逆半群 T 的格同构, 则基本双射 θ 是同构. 但如果 Brandt 半群 S 恰好包含两个非零幂等元, 那么基本双射 θ 是否为同构目前还是未知的 [60].

这一节主要讨论每个非组合的 $\mathcal{D}$ 类至少包含三个幂等元的完全半单逆半群的格同构.

引理 7.4.1 设 S 是完全半单逆半群, S 的每个非组合的 $\mathcal{D}$ 类至少包含两个幂等元. 如果 Φ 是 S 到逆半群 T 的格同构, 那么 Φ 可被基本双射 θ 诱导.

证明 如果 $a \in E_S \cup N_S$, 那么 $\mathrm{inv}\langle a\rangle\Phi = \mathrm{inv}\langle a\phi\rangle = \mathrm{inv}\langle a\theta\rangle$. 现在假设 $a \in \mathrm{Gr}S$, 并设 $a \in H_e$, 其中 $e \in E_S, a \notin E_S$. 由 7.1 节的讨论可知, 存在 $s \in H_{r_e}$, 使得 $a = r_e s^{-1}$, 且 $a\theta = r_e\phi(s\phi)^{-1}$.

注意到主因子 $\mathrm{PF}(J_e)$ 是 Brandt 半群, 因此可设

$$\mathrm{PF}(J_e) = \mathcal{M}^0(I, G, I; E).$$

因为 $a \in H_e, r_e\mathcal{H}s$, 且 $r_e, s \in R_e$, 所以可设

$$a = (i, g, i), \quad r_e = (i, g_1, j), \quad s = (i, g_2, j), \quad i \neq j.$$

显然, $\mathrm{inv}\langle a\rangle \subseteq \mathrm{inv}\langle r_e, s\rangle \cap H_e$. 若 $x \in \mathrm{inv}\langle r_e, s\rangle \cap H_e$, 那么由于 $r_e s, sr_e \notin J_e$, 由此不难看出, $x \in \langle r_e s^{-1}\rangle \cup \langle sr_e^{-1}\rangle$, 即 $x \in \mathrm{inv}\langle a\rangle$. 从而, $\mathrm{inv}\langle a\rangle = \mathrm{inv}\langle r_e, s\rangle \cap H_e$, 进而

$$\begin{aligned}\mathrm{inv}\langle a\theta\rangle &= \mathrm{inv}\langle r_e\phi, s\phi\rangle \cap H_{e\phi} = \mathrm{inv}\langle r_e, s\rangle\Phi \cap H_e\Phi \\ &= (\mathrm{inv}\langle r_e, s\rangle \cap H_e)\Phi = \mathrm{inv}\langle a\rangle\Phi.\end{aligned}$$

这就证明了 θ 诱导出 Φ. ∎

定理 7.4.2 设 S 和 T 都是完全半单逆半群, 映射 τ 是 S 到 T 的保 $\mathcal{L}$ 关系和 $\mathcal{R}$ 关系的双射. 那么 τ 诱导 S 到 T 的格同构 Φ, 当且仅当

(1) $\tau|_{E_S} = \phi_E$;

(2) 若 $a, b \in S, b < a$, 且 $b \notin E_S$, 则存在非零整数 n, 使得 $b\tau \leqslant (a\tau)^n$, 且 τ^{-1} 也有这样的性质;

(3) 对任意的 $e \in E_S$, 则 τ 诱导出 H_e 到 $H_{e\tau}$ 的格同构;

(4) 若 $a, b \in N_S, ab$ 是限制积, 则当 $ab \in N_S$ 时, $(ab)\tau = a\tau b\tau$, 当 $ab \in \mathrm{Gr}S$ 时, $(ab)\tau$ 与 $a\tau b\tau$ 生成相同的子群 (T 中).

如果 S 和 T 的每个非组合的 $\mathcal{D}$ 类至少包含两个幂等元, 那么 S 到逆半群 T 的每个格同构都可被唯一的保 $\mathcal{L}$ 关系和 $\mathcal{R}$ 关系的双射诱导该双射就是由此格同构确定的基本双射 θ.

证明 必要性. 设保 $\mathcal{L}$ 关系和 $\mathcal{R}$ 关系的双射 τ 诱导 S 到 T 的格同构 Φ, 那么 (1), (2) 和 (3) 成立是显然的, 现在来证明 (4).

首先, 由 S 的完全半单性不难证明, 对任意的 $x \in N_S$, 都有

$$\mathrm{inv}\langle x \rangle \cap D_x = \{x, x^{-1}, xx^{-1}, x^{-1}x\}.$$

假设 ab 是限制积, 且 $a, b, ab \in N_S$, 则 $a\mathcal{R}ab\mathcal{L}b$. 进而, 由 $\mathrm{PF}(J_x)$ 是 Brandt 半群不难验证

$$\mathrm{inv}\langle a, b\rangle \cap D_a = (\mathrm{inv}\langle a \rangle \cup \mathrm{inv}\langle b \rangle \cup \mathrm{inv}\langle ab \rangle) \cap D_a.$$

又由于 τ 保 $\mathcal{L}$ 关系和 $\mathcal{R}$ 关系, 所以, $a\tau b\tau$ 也是限制积, 且 $a\tau \mathcal{R}(ab)\tau \mathcal{L} b\tau$, 而 $a\tau, b\tau, a\tau b\tau \in N_S$. 于是

$$\mathrm{inv}\langle a\tau, b\tau\rangle \cap D_{a\tau} = (\mathrm{inv}\langle a\tau \rangle \cup \mathrm{inv}\langle b\tau \rangle \cup \mathrm{inv}\langle a\tau b\tau \rangle) \cap D_{a\tau}.$$

由此不难得到, $(ab)\tau \in \mathrm{inv}\langle a\tau b\tau \rangle$, 且 $(ab)\tau \mathcal{H} a\tau b\tau$, 进而有 $(ab)\tau = a\tau b\tau$.

再假设 ab 是限制积, $a, b \in N_S$, 但 $ab \in \mathrm{Gr}S$. 则 $a \in H_{b^{-1}}$, $ab \in H_f$, 其中 $f = aa^{-1} = b^{-1}b$. 由 (3) 知 $\mathrm{inv}\langle (ab)\tau \rangle = \mathrm{inv}\langle ab \rangle \tau$. 注意到主因子 $\mathrm{PF}(J_a)$ 是 Brandt 半群, 因此, $\mathrm{inv}\langle ab \rangle = \mathrm{inv}\langle a, b \rangle \cap H_f$. 于是

$$\mathrm{inv}\langle (ab)\tau \rangle = \mathrm{inv}\langle ab \rangle \tau = (\mathrm{inv}\langle a, b \rangle \cap H_f)\tau = \mathrm{inv}\langle a\tau, b\tau \rangle \cap H_{f\tau}.$$

完全类似可得 $\mathrm{inv}\langle a\tau b\tau \rangle = \mathrm{inv}\langle a\tau, b\tau \rangle \cap H_{f\tau}$. 故 $\mathrm{inv}\langle a\tau b\tau \rangle = \mathrm{inv}\langle (ab)\tau \rangle$, 从而证明了 (4).

充分性. 设双射 τ 满足定理的条件 (1)~(4), 则不难看出, τ^{-1} 也满足 (1)~(4). 为了证明 τ 诱导 Φ, 只需要证明: 若 $A \in \mathrm{sub}iS$, 则一定有 $A\tau \in \mathrm{sub}iT$. 事实上, 根据引理 7.3.1, 为了证明 $A\tau \in \mathrm{sub}iT$, 仅需验证 $A\tau$ 关于逆元和限制积封闭即可.

设 $a \in A$. 若 $a \in \mathrm{Gr}S$, 则利用 (3) 即可得 $(a\tau)^{-1} \in \mathrm{inv}\langle a\tau \rangle = \mathrm{inv}\langle a \rangle \tau \in A\tau$. 若 $a \in N_S$, 则 $a^{-1} \in N_S$, 且显然, aa^{-1} 是限制积. 进而, 利用 (4) 即可得

$$\mathrm{inv}\langle a\tau a^{-1}\tau \rangle = \mathrm{inv}\langle (aa^{-1})\tau \rangle = \{(aa^{-1})\tau\} = \{a\tau(a\tau)^{-1}\}.$$

于是, 再由 τ 保 $\mathcal{L}$ 关系和 $\mathcal{R}$ 关系即可得 $(a\tau)^{-1} = a^{-1}\tau \in A\tau$. 这证明了 $A\tau$ 的每个元素在其中有逆元.

设 $a, b \in A$, 且 $a\tau b\tau$ 是 T 中的限制积. 易见, ab 是 A 中的限制积.

若 $a, b \in N_S$, 则由 (4) 即可得 $a\tau b\tau \in A\tau$.

若 $a, b \in \mathrm{Gr}S$, 则 $a^{-1}a = bb^{-1}$, 进而由 (3) 可知 $a\tau b\tau \in A\tau$.

若 $a \in \mathrm{Gr}S$, $b \in N_S$, 则 $a\mathcal{R}b$, $ab\mathcal{H}b$, 因此, $a = (ab)b^{-1}$ 是限制积, 且 $ab, b^{-1} \in N_S$. 显然, $a\tau \in H_e\tau$, $b\tau \in N_T$, $a\tau b\tau \mathcal{H} b\tau$, 其中 $e = aa^{-1}$. 记 $c = (a\tau b\tau)\tau^{-1}$, 则 $c\mathcal{H}b$, 且

7.4 完全半单逆半群的格同构

$cb^{-1} \in H_e$, cb^{-1} 是 S 中的限制积. 又注意到 $(b\tau)^{-1} = b^{-1}\tau$, 于是根据 (4),

$$\mathrm{inv}\langle (cb^{-1})\tau \rangle = \mathrm{inv}\langle c\tau b^{-1}\tau \rangle = \mathrm{inv}\langle a\tau b\tau (b\tau)^{-1}\rangle = \mathrm{inv}\langle a\tau\rangle \in H_{e\tau}.$$

而由 (3) 有 $\mathrm{inv}\langle a\tau\rangle = \mathrm{inv}\langle a\rangle\tau$ 和 $\mathrm{inv}\langle (cb^{-1})\tau\rangle = \mathrm{inv}\langle cb^{-1}\rangle\tau$, 进而, $\mathrm{inv}\langle a\rangle = \mathrm{inv}\langle cb^{-1}\rangle$. 利用引理 1.2.7, 存在非零整数 n, 使得

$$cb^{-1} = cb^{-1}(cb^{-1})^{-1}a^n = ea^n = a^n,$$

由此 $c = a^n b \in A$. 故 $a\tau b\tau = c\tau \in A\tau$.

若 $b \in \mathrm{Gr}S$, $a \in N_S$, 则完全类似可证 $a\tau b\tau \in A\tau$.

这样, 我们就证明了 $A\tau \in \mathrm{subi}T$, 故定理得证. ∎

引理 7.4.3 设 S 是完全半单逆半群, S 的每个非组合的 $\mathcal{D}$ 类至少包含三个幂等元, Φ 是 S 到逆半群 T 的格同构, 那么由 Φ 确定的基本双射 θ 是保限制积的.

证明 若 $a, b \in S$, 且 ab 是限制积, 则 $a^{-1}a = bb^{-1}$, 即 $a\mathcal{R}ab\mathcal{L}b$. 而 θ 保 $\mathcal{L}$ 关系和 $\mathcal{R}$ 关系, 因此,

$$a\theta \mathcal{R}(ab)\theta \mathcal{L}b\theta. \tag{7.4}$$

注意到 $\mathrm{PF}(J_a)$ 是 Brandt 半群, 所以可设 $\mathrm{PF}(J_a) = \mathcal{M}^0(I, G, I; E)$, 其中 $|I| \geqslant 3$. 由上面的讨论可知 $a, b, ab \in J_a$. 由于 $a^{-1}a = bb^{-1}$, 因此存在 $i, j, k \in I$ 和 $g, h \in G$, 使得

$$a = (i, g, j), \quad b = (j, h, k),$$

进而, $ab = (i, gh, k)$. 设 $e = (i, 1, i)$, 且 $r_e = (i, r, l) \in R_e \backslash \mathrm{Gr}S$, 显然 $i \neq l$, 这里 1 是 G 的单位元.

下面证明 $(ab)\theta = a\theta b\theta$.

分下列六种情况来证明.

(1) 设 i, j, k 两两互不相同. 那么显然, $a, b, ab \in N_S$, $a^{-1} \notin H_b$, 由此得 $a^{-1}\theta \notin H_{b\theta}$, 且 $a\theta = a\phi \in N_T$, $b\theta = b\phi \in N_T$, $(ab)\theta = (ab)\phi \in N_T$,

$$ab \notin \mathrm{inv}\langle a\rangle \cup \mathrm{inv}\langle b\rangle. \tag{7.5}$$

由 (7.5) 又可得

$$(ab)\theta \notin \mathrm{inv}\langle a\theta\rangle \cup \mathrm{inv}\langle b\theta\rangle. \tag{7.6}$$

但 $\mathrm{inv}\langle ab\rangle \subseteq \mathrm{inv}\langle a, b\rangle$, 所以

$$\mathrm{inv}\langle (ab)\theta\rangle = \mathrm{inv}\langle ab\rangle\Phi \subseteq \mathrm{inv}\langle a, b\rangle\Phi = \mathrm{inv}\langle a\theta, b\theta\rangle. \tag{7.7}$$

另一方面, 由 $a^{-1}a = bb^{-1}$ 可得

$$(a\theta)^{-1}a\theta = (a^{-1}a)\theta = (bb^{-1})\theta = b\theta(b\theta)^{-1},$$

进而
$$a\theta \mathcal{R} a\theta b\theta \mathcal{L} b\theta. \tag{7.8}$$

这样, $a\theta, b\theta, a\theta b\theta, (ab)\theta \in J_{a\theta}$. 由 (7.4) 式和 (7.8) 式可得 $(ab)\theta \mathcal{H} a\theta b\theta$, 因此 $a\theta b\theta \in N_T$. 注意到 $\mathrm{PF}(J_{a\theta})$ 也是 Brandt 半群, 因此, $a\theta, b\theta, a\theta b\theta$ 在主因子 $\mathrm{PF}(J_{a\theta})$ 中与 a, b, ab 在 $\mathrm{PF}(J_a)$ 中有相同的性质. 于是, 由 (7.6) 式和 (7.7) 式以及 $(ab)\theta \mathcal{H} a\theta b\theta$ 不难得 $(ab)\theta = a\theta b\theta$.

(2) 设 $i = j \neq k \neq l$. 则 $b, ab \in N_S$, $a \in H_e$, $b \in R_e \setminus (H_e \cup H_{r_e})$. 令 $s = a^{-1} r_e$, 则 $a = r_e s^{-1}$. 此时, $ab = r_e(s^{-1}b) \in N_S$, 且
$$ss^{-1} = e = r_e r_e^{-1} = bb^{-1}, \tag{7.9}$$
$$(s^{-1}b)(s^{-1}b)^{-1} = s^{-1}s = (a^{-1} r_e)^{-1}(a^{-1} r_e) = r_e^{-1} r_e, \tag{7.10}$$
$$(s^{-1}b)^{-1}(s^{-1}b) = b^{-1} ss^{-1} b = b^{-1} eb = b^{-1} b. \tag{7.11}$$

由 (7.10) 式可知 $r_e(s^{-1}b)$ 是限制积, 且 $r_e, s^{-1}b, r_e(s^{-1}b) \in N_S$, $r_e^{-1} \notin H_{s^{-1}b}$. 而由 (7.9) 式可得 $s^{-1}b$ 也是限制积, 且 $s^{-1}, b, s^{-1}b \in N_S$, $s \notin H_b$. 于是利用情况 (1), 我们有
$$(ab)\theta = (r_e s^{-1} b)\theta = r_e \theta(s^{-1} b)\theta = r_e \theta s^{-1} \theta b\theta = a\theta b\theta.$$

(3) 设 $i = j \neq k = l$. 则 $b, ab \in N_S$, $a \in H_e$, $b \in H_{r_e}$. 由于 $|I| \geqslant 3$, 因此存在 $z \in R_e \setminus (H_{r_e} \cup H_e)$. 于是由 $zz^{-1} = e$ 可得 $ab = aeb = azz^{-1}b$. 易见, $az, z^{-1}b \in N_S$. 因为
$$(xz)^{-1} = z^{-1} x^{-1} \in R_{z^{-1}} \cap L_{a^{-1}},$$
$$R_{z^{-1}} \cap L_{a^{-1}} = R_{z^{-1}} \cap L_{z^{-1}} = H_{z^{-1}},$$
因此, $zb^{-1} \in R_{z^{-1}} \cap L_b \neq H_{z^{-1}}$. 由此有 $(az)^{-1} \notin H_{z^{-1}b}$, $z \notin H_b$. 于是由 $z\theta \mathcal{R} b\theta$ 并利用 (1) 和 (2) 即可得
$$(ab)\theta = (azz^{-1}b)\theta = (az)\theta(z^{-1}b)\theta = a\theta z\theta z^{-1}\theta b\theta$$
$$= a\theta z\theta(z\theta)^{-1} b\theta = a\theta b\theta.$$

(4) 设 $i = k \neq j$. 即 $a, b \in N_S$, 且 $ab \in \mathrm{Gr}S$, $a^{-1} \in H_b$. 显然, $a^{-1}a = bb^{-1}$. 那么利用 (2) 和 (3) 可得
$$a\theta = (aa^{-1}a)\theta = (abb^{-1})\theta = (ab)\theta(b\theta)^{-1}.$$

又注意到 $ab \mathcal{R} b^{-1}$, 因此, $(ab)\theta \mathcal{R} (b\theta)^{-1}$, 即
$$((ab)\theta)^{-1}(ab)\theta = (ab)\theta((ab)\theta)^{-1} = (b\theta)^{-1} a\theta.$$

7.4 完全半单逆半群的格同构

于是
$$(ab)\theta = (ab(ab)^{-1}ab)\theta = (ab)\theta(ab)^{-1}\theta(ab)\theta$$
$$= [(ab)\theta(b\theta)^{-1}]b\theta = a\theta b\theta.$$

(5) 设 $i \neq j = k$, 即 $a\mathcal{L}b$, $a, ab \in N_S$, $b \in \mathrm{Gr}S$. 则 $b = a^{-1}ab$, $a^{-1}\mathcal{H}(ab)^{-1}$. 因此, a^{-1} 和 ab 满足 (4) 的情况, 于是

$$b\theta = (a^{-1}ab)\theta = (a\theta)^{-1}(ab)\theta.$$

又因为 $a\mathcal{R}ab$, 所以, $a\theta \mathcal{R}(ab)\theta$, 即 $a\theta(a\theta)^{-1} = (ab)\theta((ab)\theta)^{-1}$, 由此有

$$(ab)\theta = (ab)\theta((ab)\theta))^{-1}(ab)\theta = a\theta(a\theta)^{-1}(ab)\theta = a\theta b\theta.$$

(6) 设 $i = j = k$. 则 $a, b, ab \in H_e$, 并存在 $s, t \in H_{r_e}$, 使得 $a = r_e s^{-1}$, $b = r_e t^{-1}$. 不难验证, $ar_e \mathcal{H} r_e$, 进而 $ar_e \mathcal{H} t$. 因此, ar_e 和 t^{-1} 满足 (4) 的条件, 于是

$$(ab)\theta = (ar_e t^{-1})\theta = (ar_e)\theta(t\theta)^{-1}.$$

再对 a 和 r_e 应用 (3) 即可得

$$(ab)\theta = (ar_e)\theta(t\theta)^{-1} = a\theta r_e \theta(t\theta)^{-1} = a\theta(r_e t^{-1})\theta = a\theta b\theta.$$

综上所述, θ 保限制积, 从而引理得证. ∎

引理 7.4.4 设 S 是逆半群, S 的每个非组合的 $\mathcal{D}$ 类至少包含三个幂等元, Φ 是 S 到逆半群 T 的格同构, 弱同构 ϕ_E 是同构, 且对任意的 $a \in E_S \cup N_S$ 和 $b \in S$ 总有 $b < a$ 蕴涵 $b\theta \leqslant a\theta$, 那么 θ 是保序的, 从而是同构.

证明 首先, 由引理 7.4.3 知, θ 是保限制积的. 设 $a \in \mathrm{Gr}S \backslash E_S$, $b \in S$, $b < a$. 则 $b = bb^{-1}a = ab^{-1}b$. 再不妨设 $a \in H_f$, $f \in E_S$. 根据假设, 存在 $g \in E_S \cap D_a$, 使得 $g \neq f$. 设 $r \in R_f \cap L_g$, 并令 $s = r^{-1}a$, 那么 $s \in L_f \cap R_g$, 且 $a = rs$. 注意到, $r^{-1}r = g = ss^{-1}$, 所以, $a = rs$ 是限制积, 从而有 $a\theta = r\theta s\theta$.

记 $e = bb^{-1}$, $h = b^{-1}b$, 则 $b = ea = ah$. 因此

$$b = ebh = eah = (er)(sh).$$

易见, $er \in R_e$, $sh \in L_h$, 且

$$(rs)hs^{-1}r^{-1} = aha^{-1} = (ah)(ah)^{-1} = e = fef = (rr^{-1})err^{-1}.$$

于是由 $r^{-1}rs = s$ 可得

$$(er)^{-1}(er) = r^{-1}er = shs^{-1} = (sh)(sh)^{-1},$$

即 $(er)(sh)$ 是限制积, 所以, 由 θ 保限制积可得 $b\theta = (er)\theta(sh)\theta$. 其次, $er < r \in N_S$, 因而 $(er)\theta \leqslant r\theta$. 类似地, $(sh)\theta \leqslant s\theta$. 故再次利用 θ 保限制积便得 $b\theta \leqslant r\theta s\theta = a\theta$.

这样, θ 保序, 保限制积, 且 $\theta|_{E_S} = \phi_E$ 是同构, 故 θ 本身是同构 [8]. ∎

定理 7.4.5 设 S 是完全半单的拟阿基米德逆半群, S 的每个非组合的 $\mathcal{D}$ 类至少包含三个幂等元, Φ 是 S 到逆半群 T 的格同构, 且弱同构 ϕ_E 是同构, 那么由 Φ 确定的基本双射 θ 是 S 到 T 的同构, 且 θ 是唯一一个诱导 Φ 的同构.

证明 和定理 7.3.5 的证明一样, 只需要证明 θ 保序, 保限制积, 在 E_S 上的限制是同态.

因为 $\theta|_{E_S} = \phi_E$, 因此, $\theta|_{E_S}$ 是同构. 根据 7.4.3, θ 保限制积.

设 $a \in N_S$. 若 $\text{inv}\langle a \rangle$ 是自由逆半群, 或者核 $\ker(\text{inv}\langle a \rangle)$ 是双循环半群, 那么 $\text{inv}\langle a \rangle$ 是组合的; 若 $\ker(\text{inv}\langle a \rangle)$ 是循环群, 并设 e 是其中的单位元, 那么 e 是 $\text{inv}\langle a \rangle$ 中的最小幂等元, 因此, $e < a$, 即 $e = ea$. 这表明 $\ker(\text{inv}\langle a \rangle) = \{e\}$ 是平凡的, 因此, $\text{inv}\langle a \rangle$ 也是组合的. 这样, $\theta|_{\text{inv}\langle a \rangle}$ 是同构. 又根据引理 7.4.1, θ 诱导 Φ, 进而诱导同构 $\text{subfi}S \to \text{subfi}T$. 于是, 利用引理 7.3.4 可知, 若 $b \in S, a \in N_S \cup E_S, b < a$, 则 $b\theta < a\theta$.

现在根据引理 7.4.4, θ 是同构, 再利用引理 7.1.4 和引理 7.4.1 即可证明定理. ∎

定理 7.4.5 说明, 如果完全半单的拟阿基米德逆半群 S 的每个非组合的 $\mathcal{D}$ 类至少包含三个幂等元, 且 S 到逆半群 T 的格同构 Φ 确定的弱同构 ϕ_E 是同构, 那么基本双射 θ 是同构, 且 Φ 可被 θ 诱导.

下面要讨论的是用 "拟连接" 替换定理 7.4.5 中的 "拟阿基米德" 后的另一类完全半单逆半群 S 到逆半群 T 的格同构. 我们将看到, 关于这类逆半群, 基本双射 θ 是也同构, 格同构也可被 θ 所诱导.

设 S 是逆半群, $a, b \in S, b < a$, 显然, $bb^{-1} < aa^{-1}, b^{-1}b < a^{-1}a$. 称 b 可被 a 拟覆盖, 如果 $bb^{-1} \not< a^2a^{-2}$, 或者 $b^{-1}b \not< a^{-2}a^2$. 此时易见, $a \in N_S$. 称 S 是拟连接的, 如果 $E_S \cup N_S$ 是 S 的序理想 (在 S 的自然偏序关系下), 并当 $a, b \in N_S, b < a$ 时, 存在 $b_0, b_1, b_2, \cdots, b_n$, 使得 $b = b_0 < b_1 < \cdots < b_n = a$, 且对每个 $k = 1, 2, \cdots, n$ 都满足: b_{k-1} 可被 b_k 拟覆盖.

引理 7.4.6 设 Φ 是逆半群 S 到逆半群 T 的格同构, 且弱同构 ϕ_E 是同构. 若 $a \in E_S \cup N_S, e \in E_S, e < a$, 则 $e\theta < a\theta$.

证明 若 $a \in E_S$, 则由 ϕ_E 是同构即得 $e\theta < a\theta$. 下面设 $a \in N_S$.

因为 $e < a$, 所以, $ea = ae = e$, 由此 $a^{-1}e = ea^{-1} = e$. 因此, 对任意的 $w \in \text{inv}\langle a \rangle$, 有 $we = ew = e$, 进而 $\text{inv}\langle a, e \rangle = \text{inv}\langle a \rangle \cup \{e\}$.

如果 $e \in \text{inv}\langle a \rangle$, 则 e 是 $\text{inv}\langle a \rangle$ 中的零元, 进而, $\text{inv}\langle a \rangle$ 是组合的. 由此可知, $\theta|_{\text{inv}\langle a \rangle}$ 是 $\text{inv}\langle a \rangle$ 上的同构, 所以, $e\theta < a\theta$.

如果 $e \notin \text{inv}\langle a \rangle$, 则 $\text{inv}\langle a\theta, e\theta \rangle = \text{inv}\langle a\theta \rangle \cup \text{inv}\langle e\theta \rangle$, $e\theta \notin \text{inv}\langle a\theta \rangle$. 现在假设

7.4 完全半单逆半群的格同构

$e\theta a\theta \in \mathrm{inv}\langle a\theta\rangle$. 那么

$$e\theta \geqslant (e\theta)(a\theta)(a\theta)^{-1} = (e\theta a\theta)(e\theta a\theta)^{-1} \in E_{\mathrm{inv}\langle a\theta\rangle}.$$

又因为 ϕ_E 是同构,而对任意的 $f \in E_{\mathrm{inv}\langle a\rangle}$, 有 $e \leqslant f$, 因此, $e\theta \leqslant f\theta$. 特别地, $e\theta \leqslant (e\theta a\theta)(e\theta a\theta)^{-1}$. 进而, $e\theta = (e\theta a\theta)(e\theta a\theta)^{-1} \in E_{\mathrm{inv}\langle a\theta\rangle}$, 这和假设 $e \notin \mathrm{inv}\langle a\rangle$ 矛盾, 故 $e\theta a\theta = e\theta$, 即 $e\theta < a\theta$. ∎

引理 7.4.7 设 Φ 是逆半群 S 到逆半群 T 的格同构,且弱同构 ϕ_E 是同构. 若 $a, b \in N_S$, $b < a$, 且 b 可被 a 拟覆盖, 那么 $b\theta < a\theta$.

证明 不妨设 $bb^{-1} \not\leqslant a^2 a^{-2}$ ($b^{-1}b \not\leqslant a^{-2}a^2$ 的情况可类似证明). 首先, 若 $bb^{-1} = a^2 a^{-2}$, 则 $b = (a^2 a^{-2})a \in \mathrm{inv}\langle a\rangle$, 进而由 $b \in N_S$ 可得 $b \notin \ker(\mathrm{inv}\langle a\rangle)$ (如果存在核的话). 于是

$$b\theta = (a^2 a^{-2}a)\theta = (a\theta)^2(a\theta)^{-2}(a\theta) < a\theta.$$

下面总假设 $bb^{-1} \not\leqslant a^2 a^{-2}$.

根据引理 7.1.3 可得 $\mathrm{inv}\langle a\theta\rangle = \mathrm{inv}\langle a\rangle\Phi$, $\mathrm{inv}\langle b\theta\rangle = \mathrm{inv}\langle b\rangle\Phi$. 因为 $b = (bb^{-1})a \in E_S \vee \mathrm{inv}\langle a\rangle$, 因此

$$b\theta \in \mathrm{inv}\langle b\rangle\Phi \subseteq E_S\Phi \vee \mathrm{inv}\langle a\rangle\Phi = E_T \vee \mathrm{inv}\langle a\theta\rangle.$$

由引理 1.2.7, 存在非零整数 n, 使得 $b\theta = (b\theta)(b\theta)^{-1}(a\theta)^n$, 进而

$$b\theta \leqslant (a\theta)^n.$$

注意到 θ 保 $\mathcal{R}$ 关系, 因此, $(b\theta)(b\theta)^{-1} = (bb^{-1})\theta$, 故而有 $(bb^{-1})\theta \leqslant (a\theta)^n(a\theta)^{-n}$.

如果假设 $n > 1$, 那么

$$(a\theta)^n(a\theta)^{-n} \leqslant (a\theta)^2(a\theta)^{-2} = (a^2 a^{-2})\theta,$$

又 ϕ_E 是同构, 所以, $bb^{-1} \leqslant a^2 a^{-2}$, 矛盾. 如果假设 $n < 0$, 则

$$(b\theta)^{-1}(b\theta) = (a\theta)^{-n}(bb^{-1})\theta(a\theta)^n \leqslant (a\theta)^{-n}(a\theta)^n \leqslant (a\theta)(a\theta)^{-1},$$

进而, $(b^{-1}b)\theta < (aa^{-1})\theta$, 即 $b^{-1}b < aa^{-1}$. 再由 $b < a$ 可得 $bb^{-1} = b(b^{-1}b)b^{-1} \leqslant b(aa^{-1})b^{-1} \leqslant a^2 a^{-2}$, 这又是矛盾. 故必有 $n = 1$, 即 $b\theta < a\theta$. ∎

推论 7.4.8 设 Φ 是逆半群 S 到逆半群 T 的格同构,且弱同构 ϕ_E 是同构. 若 S 是拟连接逆半群, $a \in E_S \cup N_S$, $b \in S$, $b < a$, 则 $b\theta < a\theta$.

证明 设 $a \in E_S \cup N_S$, $b \in S$, 且 $b < a$. 由引理 7.4.6, 当 $b \in E_S$ 时, 结论是成立的; 而当 $a \in E_S$ 时, 则 $b \in E_S$, 所以由 ϕ_E 是同构即得 $b\theta < a\theta$. 下面设 $a \in N_S$.

因为 $E_S \cup N_S$ 是序理想, 所以, 现在只需要考虑 $b \in N_S$ 的情况. 由假设, 存在 $b_0, b_1, \cdots, b_n \in S$, 使得 $b = b_0 < b_1 < \cdots < b_n = a$, 且 $b_k \in N_S$, b_{k-1} 可被 b_k 拟覆盖, 其中 $k = 1, \cdots, n$. 于是由引理 7.4.7 即可证明结论. ∎

定理 7.4.9 设完全半单逆半群 S 的每个非组合的 $\mathcal{D}$ 类至少包含三个幂等元, Φ 是 S 到逆半群 T 的格同构. 如果 S 是拟连接的, 且弱同构 ϕ_E 是同构, 那么 Φ 可被 S 到 T 的唯一同构所诱导.

证明 首先, 根据引理 7.4.1, 基本双射 θ 诱导格同构 Φ. 其次, 由引理 7.4.3, θ 保限制积. 于是, 根据推论 7.4.8 和引理 7.4.4 即可证明 θ 是同构, 进而是诱导 Φ 的唯一同构. ∎

7.5 基本逆半群的格同构

逆半群 S 称为基本的, 如果对所有的 $e \in E_S$ 都有 $x^{-1}ex = y^{-1}ey$ 时, 那么 $x = y$, 其中 $x, y \in S$.

文献 [9] 中已经证明, 如果基本逆半群 S 和逆半群 T 格同构, 那么 T 也是基本逆半群. 这里我们将进一步证明, 当基本逆半群 S 是拟连接的, 且它的每个非平凡 $\mathcal{D}$ 类至少包含两个幂等元时, 那么 S 和 T 是同构的.

引理 7.5.1 设逆半群 S 的每个非平凡 $\mathcal{D}$ 类至少包含两个幂等元, Φ 是 S 到逆半群 T 的格同构, 且 ϕ_E 是同构. 若对任意的 $a \in N_S$ 和 $b \in S, b < a$ 蕴涵 $b\theta < a\theta$, 那么对任意的 $a \in N_S$ 以及 $e \in E_S$, 有 $(a^{-1}ea)\theta = (a\theta)^{-1}(e\theta)(a\theta)$.

证明 首先, 若 $e = aa^{-1}$, 则显然有

$$(a^{-1}ea)\theta = (a^{-1}a)\theta = (a\theta)^{-1}a\theta = (a\theta)^{-1}(e\theta)(a\theta).$$

下面假设 $e \neq aa^{-1}$, 并令 $f = eaa^{-1}$, 那么 $f\theta = (e\theta)(a\theta)(a\theta)^{-1}$, 进而, $f\theta a\theta = e\theta a\theta$.

若 $f = aa^{-1}$, 则 $aa^{-1} < e$, $ea = a$, 因此

$$(ea)\theta = a\theta = a\theta(a\theta)^{-1}a\theta = e\theta a\theta = f\theta a\theta.$$

若 $f \neq aa^{-1}$, 则 $f < aa^{-1}$. 注意到 $fa < a$, 所以, $(fa)\theta < a\theta$, 进而

$$(fa)\theta = (fa)\theta((fa)\theta)^{-1}a\theta = (faa^{-1}f)\theta a\theta = f\theta a\theta.$$

此时, $(ea)\theta = (eaa^{-1}a)\theta = (fa)\theta = f\theta a\theta$. 于是

$$(a^{-1}ea)\theta = ((ea)\theta)^{-1}(ea)\theta = (f\theta a\theta)^{-1}(f\theta a\theta) = (a\theta)^{-1}(e\theta)(a\theta).$$

从而引理得证. ∎

7.5 基本逆半群的格同构

引理 7.5.2 设逆半群 S 的每个非平凡 $\mathcal{D}$ 类至少包含两个幂等元，Φ 是 S 到逆半群 T 的格同构. 如果 ϕ_E 是同构，且对任意的 $a \in N_S$ 和 $e \in E_S$ 总有 $(a^{-1}ea)\theta = (a\theta)^{-1}(e\theta)(a\theta)$ 成立，那么对所有的 $a \in S$ 和 $e \in E_S$ 此式都成立.

证明 设 $a \in \mathrm{Gr}S$, $f = aa^{-1} = a^{-1}a$. 设 $r_f \in N_S \cap R_f$, 并记 $s = a^{-1}r_f$, 则 $a = r_f s^{-1}$, 进而, $a\theta = (r_f\theta)(s\theta)^{-1}$. 因此, 对 $s^{-1} \in N_S$ 和 $r_f^{-1}er_f \in E_S$ 利用假设可得

$$(a^{-1}ea)\theta = (s(r_f^{-1}er_f)s^{-1})\theta = (s\theta)(r_f^{-1}er_f)\theta(s\theta)^{-1}.$$

进而, 对 $r_f \in N_S$ 和 $e \in E_S$ 再利用假设可得

$$(s\theta)(r_f^{-1}er_f)\theta(s\theta)^{-1} = (s\theta)(r_f\theta)^{-1}(e\theta)(r_f\theta)(s\theta)^{-1} = (a\theta)^{-1}(e\theta)(a\theta).$$

从而引理得证. ∎

引理 7.5.3 设 S 和 T 是逆半群, φ 是 S 到 T 的双射, 且限制 $\varphi|_{E_S}$ 是同构. 如果 S 和 T 中有一个是基本逆半群, 那么 φ 是 S 到 T 的同构, 当且仅当对所有的 $a \in S$ 和 $e \in E_S$ 总有 $(a^{-1}ea)\varphi = (a\varphi)^{-1}(e\varphi)(a\varphi)$.

证明 显然, 只需要证明充分性. 假设所有的 $a \in S$ 和 $e \in E_S$, 总有 $(a^{-1}ea)\varphi = (a\varphi)^{-1}(e\varphi)(a\varphi)$.

首先设 T 是基本逆半群, 并设 $x, y \in S$, 那么对任意的 $e \in S$, 有

$$\begin{aligned}
((xy)\varphi)^{-1}(e\varphi)((xy)\varphi) &= ((xy)^{-1}e(xy))\varphi = (y^{-1}(x^{-1}ex)y)\varphi \\
&= (y\varphi)^{-1}((x^{-1}ex)\varphi)(y\varphi) \\
&= (y\varphi)^{-1}(x\varphi)^{-1}(e\varphi)(x\varphi)(y\varphi) \\
&= (x\varphi y\varphi)^{-1}(e\varphi)(x\varphi y\varphi).
\end{aligned}$$

于是由 T 是基本逆半群可得 $(xy)\varphi = x\varphi y\varphi$, 即 φ 是同构.

再设 S 是基本逆半群, 并令 $\psi = \varphi^{-1}$, 那么 ψ 是 T 到 S 的双射, 而 $\psi|_{E_T}$ 是 E_T 到 E_S 的同构, 且不难证明, 对任意的 $u \in T$ 和 $f \in E_T$, 总有 $(u^{-1}fu)\psi = (u\psi)^{-1}(f\psi)(u\psi)$. 于是, 和上面完全类似即可证 ψ 是同构, 进而 φ 也是同构. ∎

定理 7.5.4 设 S 是基本逆半群, S 的每个非平凡 $\mathcal{D}$ 类至少包含两个幂等元, Φ 是 S 到逆半群 T 的格同构. 如果 S 是拟连接的, 且弱同构 ϕ_E 是同构, 那么基本双射 θ 是同构.

证明 由推论 7.4.8, 引理 7.5.1, 引理 7.5.2 和引理 7.5.3 即可证明. ∎

参 考 文 献

[1] Birkgov G. Theory of lattices(Russian) [M]. Moscow: Science Press, 1984.
[2] Crawley P, Dilworth R P. Algebraic theory of lattices [M]. Prentice-Hall: N. J., 1973.
[3] Clifford A H, Preston G B. The algebraic theory of semigeoups [M]. Vol. I, II, Providence R.I.: Amer. Math. Soc., 1976.
[4] Howie J M. Fundamentals of semigroup theory [M]. Oxford: Clarendon Press, 1995.
[5] Howie J M. An introduction to semigroup theory [M]. London: Academic Press, 1976.
[6] Petrich M. Lectures in semigroups [M]. Berlin: Akademie-Verlag, 1977.
[7] Petrich M. Inverse semigroups [M]. New York: Wiley, 1984.
[8] Mark V L. Inverse semigroups [M]. Singapore: World Scientific Publ. Co., 1998.
[9] Shevrin L N, Ovsyannikov A J. Semigroups and their subsemigroup lattices [M]. Dordrecht: Kluwer, 1996.
[10] Шеврин Л Н, Овсянников А Я. Полугруппы и их подполугрупповые реШетки [M]. Свердловск: Урал. ун-т, 1990.
[11] Курош А Г. Теория групп [M]. Москва: Наука, 1967.
[12] Мельников О А. Общая алгебра [M]. Москва: Наука, Т.1, 66-290.
[13] O'carroll L. A note on free inverse semigroups [J]. Proc. Edinburgh Math. Soc., 1974, 19(2): 17-23.
[14] Hall T E. On regular semigroups [J]. J. Algebra, 1973, 24: 1-24.
[15] Munn W D. Free inverse semigroups [J]. Proc. London Math. Soc., 1974, 29(3): 385-404.
[16] Shevrin L N. On the theory of epigroup (I) [J]. Russian Acad. Sci. Sb. Math., 1995, 82(2): 485-512.
[17] Shevrin L N. On the theory of epigroup (II) [J]. Russian Acad. Sci. Sb. Math., 1995, 83(1): 133-154.
[18] Shiryaev V M. Semigroups with $\wedge$-semidistributive subsemigroup lattice [J]. Semigroup Forum, 1985, 31: 47-68.
[19] Suzuki M. Structure of a group and the structure of its lattice of subgroups [M]. Berlin: Springer-Verlag, 1956.
[20] Bogdanovic S. Semigroups with a system of subsemigroups [M]. Novi Sad: Novi Sad University, 1985.
[21] Tamura T. Commutative semigroups whose lattice of congruences is a chain [J]. Bull. Soc. Math. France, 1969, 97: 369-380.
[22] Tian Z J. Basic properties of eventually inverse semigroups [J]. Southeast Asian Bull. Math., 2006, 30: 561-571.
[23] 田振际. π-逆半群的若干等价条件 [J]. 兰州铁道学院学报, 2000, 19(4): 42-44.
[24] Tian Z J, Yan K M. Eventually inverse semigroups whose lattice of eventually inverse subsemigroups is semimodular [J]. Semigroup Forum, 2003, 63: 334-338.
[25] Tian Z J. π-Inverse semigroups whose lattice of π-inverse subsemigroups is 0-distributive or 0-modular [J]. Semigroup Forum, 1998, 58: 334-338.\ bibitemeas Easdown D. Biordered sets of eventually regular semigroups [J]. Proc. London Math. Soc., 1984, 49(3): 483-503.
[26] Edwards P M. Eventually regular semigroups [J]. Bull. Austral. Math. Soc., 1983, 28: 23-38.

[27] Napolitani F. Elementi ∪-quasidistributivi nel reticolo dei sottogruppi di un gruppo [J]. Ricerche Mat., 1965, 14: 93–101.
[28] Napolitani F. Elementi ∩-quasidistributivi ed u.c.r. elemebt del reticolo dei sottogruppi di un gruppo finito [J]. Ricerche Mat., 1968, 17: 95–108.
[29] Tian Z J. Eventually inverse semigroups whose lattice of eventually inverse subsemigroups is ∧-semidistributive [J]. Semigroup Forum, 2000, 61: 333–340.
[30] 田振际. π-逆子半群格是∧-半分配格的π-逆半群 [J]. 数学进展, 1998, 27(4): 363–364.
[31] 田振际, π-逆子半群格是模格的π-逆半群 [J]. 系统科学与数学, 1997, 17(3): 226–231.
[32] Tian Z J. π-Inverse semigroups whose lattice of π-inverse subsemigroups is complemented (in Russian) [J]. Northeast. Math. J., 1994, 10(3): 330–336.
[33] Tian Z J, Guo X J. The lattice of subsemigroups of a nilsemigroup [J]. Southeast Asian Bull. Math., 1999, 23: 513–519.
[34] 田振际. π-逆半群的剩余有限性 [J]. 兰州大学学报 (自然科学版), 2003, 39(3): 4–7.
[35] Curzio M. Alcune osservazione sul reticolo dei sottogruppi d'un gruppo finito [J]. Ricerche Mat., 1957, 6: 96–110.
[36] Ershova T I. Inverse semigroups with certain types of inverse subsemigroups [J]. Mat. Zap. Ural. Univ., 1969, 1(1): 62–76.
[37] Fuchs L. Infinite abelian groups [M]. Vol.1, New York: Academic Press, 1970.
[38] Higgins P M. Techniques of Semigroup Theory [M]. Oxford: Oxford University Press, 1992.
[39] Jones P R. Semimodular inverse semigroups [J]. J. London Math. Soc., 1978, 17(2): 446–456.
[40] Jones P R. Distributive inverse semigroups [J]. J. London Math. Soc., 1978, 17(2): 457–466.
[41] Johnston K G, Jones P R. Semidistributive inverse semigroups [J]. J. Australian Math. Soc., 2001, 71: 37–51.
[42] Johnston K G, Jones P R. Modular inverse semigroups [J]. J. Australian Math. Soc., 1987, 43: 47–63.
[43] Reilly N R. Bisimple inverse semigroups [J]. Trans. Amer Math. Soc., 1978, 17: 457–466.
[44] Tamura T. On a monoid whose submonoids form a chain [J]. J. Gakugei Tokushima Univ., 1954, 5: 8–16.
[45] Jones P R. Inverse semigroups whose full inverse subsemigroups form a chain [J]. Glasgow Math. J., 1981, 22: 159–165.
[46] 田振际. 0-分配的逆半群 [J]. 数学进展, 2004, 33(3): 378–381.
[47] Tian Z J. 0-Semidistributive inverse semigroups [J]. communications in Algebra. to appear.
[48] Tian Z J, Xu Z B. The lattice of full subsemigroups of an inverse semigroup [J]. Semigroup Forum. to appear.
[49] Cheong K H, Jones P R. The lattice of convex subsemilattices of a semilattice [J]. Semigroup Forum, 2003, 67: 111–124.
[50] Stern M. Semimodular lattices [M]. Cambridge: Cambridge University Press, 1999.
[51] Jones P R, Tian Z J, Xu Z B. On the lattice of full eventually regular subsemigroups [J]. Communications in Algebra, 2005, 33: 2587–2600.
[52] Tian Z J, Yan K M. Strongly eventually inverse semigroups whose lattice of full eventually inverse subsemigroups form a chain [C]. Advances in Algebra. Singapore: World Scientific Publ. Co., 2003, 486–493.
[53] 田振际. π-逆半群上的有限性条件 [J]. 兰州铁道学院学报, 1997, 16(4): 83–86.
[54] 田振际. π-逆半群上的几个有限性条件 [J]. 兰州铁道学院学报, 1998, 17(4): 118–121.

[55] Jones P R. Inverse semigroups and their lattices of inverse subsemigroups [C]. Lattices, Semigroups and Universal Algebra. J. Almeida et al, eds.. New York: Plenum, 115–127, 1990.

[56] Jones P R. Lattice isomorphisms of inverse semigroups [J]. Proc. Edinburgh Math. Soc., 1978, 21: 149–157.

[57] Jones P R. Lattice isomorphisms of distributive inverse semigroups [J]. Quart. J. Math. Oxford., 1979, 30(2): 301–314.

[58] Jones P R. Inverse semigroups determined by their lattices of inverse subsemigroups [J]. J. Austral. Math. Soc., 1981, 30A: 321–346.

[59] Johnston K G. Lattice isomorphisms of modular inverse semigroups [J]. Proc. Edinburgh Math. Soc., 1988, 31: 441–446.

[60] Shevrin L N, Ovsyannikov A J. Semigroups and their subsemigroups lattices [J]. Semigroup Forum, 1983, 27: 1–154.

[61] Jones P R. Lattice isomorphisms of inverse semigroups [J]. Glasgow Math. J., 2004, 46: 193–204.

[62] Jones P R. Lattice isomorphisms of inverse semigroups II [J]. Semigroup Forum. to appear.